高等教育应用型规划教材　设计专业

室内装饰设计制图

刘利剑　吕　大　李永刚　著

辽宁科学技术出版社

图书在版编目（CIP）数据

室内装饰设计制图 / 刘利剑，吕大，李永刚著. —沈阳：辽宁科学技术出版社，2015.6

ISBN 978-7-5381-8313-9

Ⅰ.①室…　Ⅱ.①刘…　②吕…　③李…　Ⅲ.①室内装饰设计—建筑制图　Ⅳ.①TU238

中国版本图书馆CIP数据核字（2013）第235780号

出版发行：辽宁科学技术出版社
（地址：沈阳市和平区十一纬路29号　邮编：110003）
印 刷 者：沈阳海世达印务有限公司
经 销 者：各地新华书店
幅面尺寸：185mm × 260mm
印　　张：13.5
字　　数：200千字
出版时间：2015年6月第1版
印刷时间：2015年6月第1次印刷
责任编辑：郭　健　曹　阳
封面设计：万　岳
版式设计：万　岳
责任校对：徐　跃

书　　号：ISBN 978-7-5381-8313-9
定　　价：38.00元

联系电话：024-23284536
邮购热线：024-23284502
E-mail:purple6688@126.com
http://www.lnkj.com.cn

前　言

改革开放30多年来，我国的室内装饰装修业得到了快速发展，但对于蓬勃发展的房屋建筑室内装饰装修行业和庞大的设计从业队伍而言，相应的国家标准和规范，尤其是建筑装饰装修领域的制图规范多年来却一直缺失，导致设计单位只能根据需要制订各自内部的制图标准，再加上设计人员水平不一，造成制图语言不统一，对图纸的阅读交流、施工监理等造成诸多不便。随着《房屋建筑室内装饰装修制图标准》（JGJ/T 244—2011）的颁布，我国建筑室内装饰装修设计的制图工作便有章可循。本书根据这一标准，同时参考房屋建筑制图的相关标准，对室内装饰装修制图基础知识及绘制有关内容作了一次梳理，以能够帮助读者尽快理解掌握这些较新的知识，并能应用到实际教学及工作中。

本书在编写过程中具有如下特点：

1. 重点突出，注意区别与联系。本书重点在于室内装饰装修图的绘制与识别，通过制图基础知识的逐渐深入，层层渗透，力求使读者能够由易入难，快速准确地掌握相关知识。同时，根据室内装饰装修图的特点，注意把握其与房屋建筑制图之间的联系与区别，定位准确。

2. 紧密联系实际，注重实效性。书中选用的各种图纸大多选自实际工程图纸，书中的小型插图尽量选取工程实例中的局部造型、构配件，使学生在学习过程中通过实际训练，尽快培养专业适应能力。

3. 简洁实用，强调创新性。书中采用了最新的国家标准、规程及技术资料，使其更加实用和符合实际，同时致力于学生创新精神和实践能力的培养，引导学生自主学习，拓展学习的时间和空间。

4. 每章章始增加了“学习内容”和“基本要求”，章末增加了“本章复习指引”和“复习思考题”，引导读者更好地学习和掌握各章的内容。

此外，书中在阐述上力求深入浅出，循序渐进，分散难点，便于自学；在内容上力求画图与读图结合，理论与实践结合；在插图上较多使用分步图，说明作图过程及步骤；在每节中的重要概念及专业术语处加注下画线和着重号，以便读者阅读与分析。

本书由大连工业大学组织编写，刘利剑、吕大、李永刚著，参与写作的还有大连工业大学的张新欣老师、辽宁建筑职业学院的何靖泉主任、吉林建筑大学建筑装饰学院的孙雷副院长等。本书在编写过程中，得到了辽宁科学技术出版社的全力支持与帮助。此外，还要感谢我们的学生在组稿编辑过程中所付出的努力，他们为本书的部分图纸绘制和文字整理工作提供了有效的帮助，他们是沈文岳、刘世坤、江一夫、张子豪等同学。同时，也感谢在本书编写过程中提供技术支持的大连金炬建筑装饰设计工程有限公司总监李磊先生。

虽然我们努力使本书成为实用性强、难易适中、有利于教学的教材，但囿于作者水平有限，本书难免有不足与疏漏，恳请使用本书的教师、学生和广大读者批评指正，也希望本书能对从事该领域学习、研究的人士有所帮助！

胡利剑

2015年5月于大连

目　录

第一章 绪 论

第一节　室内装饰设计制图的学习目的

第二节　室内装饰设计制图的学习方法

第三节　我国古代制图的成就

【学习内容】

学习了解工程图样在室内装饰设计中的作用，了解本课程的性质、任务及学习方法。

【基本要求】

熟悉工程图样在室内装饰设计中的作用，树立严谨求实、耐心细致、善于思考、勤于实践的学习态度。

第一节　室内装饰设计制图的学习目的

在室内工程中需要根据设计完善的图纸进行施工，图纸是室内工程中不可缺少的重要技术资料，所有从事工程技术的人员都必须熟练掌握绘制图纸和识图的能力。不会绘图，就无法表达自己的构思；不会读图，就无法理解别人的设计意图。因此工程图一直被称为工程界的共同语言。

“室内装饰设计制图”是一门既有理论又有实践的室内工程类专业的主干技术基础课。这门课程研究绘制和阅读工程图样的理论和方法，其主要任务是：

1. 学习、贯彻房屋建筑室内装饰装修制图标准和相关的专业制图标准。

2. 熟悉、掌握正投影法的基本理论和应用，具有一定的空间想象能力和空间图解能力。

3. 熟悉、掌握室内工程图样及相关专业图样的图示内容、表达方法、规定规范。

4. 正确使用绘图工具和设备，掌握尺规作图、徒手绘图和计算机绘图的基本技能和技巧。

5. 掌握阅读工程图样的正确步骤和方法，具备正确阅读一般建筑工程图样和相关专业图样的能力。

学生学完本课程后应达到如下的要求：

1. 掌握各种投影法的基本理论和作图方法。

2. 能用作图方法解决一般的空间度量问题和定位问题。

3. 能正确绘制出符合国家制图标准的图纸，掌握作图技能，并能正确地阅读室内装饰装修图纸。

第二节　室内装饰设计制图的学习方法

1. 本课程是一门实践性较强的主干技术基础课程，它来源于生产实践，又直接为生产实践服务。鉴于图样在工程技术中的重要作用，不允许在图样上出现丝毫的差错，图中多画或少画一条线，遗漏或写错一个尺寸数字，都会给工程带来严重的损失。因此，在学习过程中，必须具备高度的责任心，养成实事求是的科学态度和严肃认真、耐心细致、一丝不苟的学习、工作作风。

2. 本课程注重实际应用及技能的培养，因此，除上课认真听讲、积极思考、课外看书自学外，更重要的是多画图、多读图、多想象，循序渐进，由易到难，努力培养空间想象能力，深入理解从三维立体到二维图形之间的转换规律及由二维图形想象出三维立体形状的正确方法。

3. 要养成正确使用绘图仪器和工具的习惯，严格遵守国家标准和规定，遵循正确的作图步骤和方法，不断提高绘图效率。

4. 投影原理、三面投影图和空间形体的表达方法是室内装饰设计制图的重点，也是学好有关专业图的基础，因此必须达到熟练掌握的程度，特别要注意掌握形体分析法，学会把复杂形体分解为简单形体组合的思维方法，从而提高绘图和读图的能力。

5. 在由浅入深的学习过程中，要有意识地培养自学能力和创新能力，这是21世纪工程技术人员必须具备的基本素质。

第三节　我国古代制图的成就

制图同其他学科一样，是人们在长期生产实践活动中创造、总结和发展起来的。中国是世界上文明发达最早的国家之一。在数千年的悠久历史中，勤劳智慧的中国劳动人民创造了辉煌灿烂的文化。在科学技术方面，我国曾为世界文明的发展做出过卓越的贡献，留下了丰富的遗产。与科学技术密切相关的制图技术，也相应地取得了辉煌的成就。

早在3000年前，我国劳动人民就创造了规、矩、绳、墨、悬、水等制图工具，在营造技术上也早已广泛使用类似现代所用的正投影或轴测投影原理来绘制图样。1977年在河北省平山县一座古墓（公元前4世纪战国时期中山王墓）中发掘的建筑平面图铜板，不仅采用了现代人采用的正投影原理绘图，而且还以当时的中山国尺寸长度为单位，选用了1：500缩小的比例，并标注了尺寸，这是世界范围内罕见的建筑图样遗物，它有力地证明了中国在2000多年前已经能在施工之前进行设计和绘制工程图样。宋代（公元12世纪）李诫所著的34卷《营造法式》，是世界上最早的建筑规范巨著，对建筑技术、用工用料估算以及建筑装饰等均有详细的论述。书中有图样6卷，计图1000余幅，“图样”一词从此肯定下来并沿用至今。

在世界范围内，1795年法国数学家加斯帕得·蒙诺创造了按多面正投影法绘制工程图的方法，并出版了画法几何著作，使制图的投影理论和方法系统化，为工程制图奠定了理论基础。在肯定我国古代制图技术方面卓越成就的同时，我们必须览古励今，鞭策自己，为早日实现制图技术的现代化和自动化做出贡献。

本章复习指引

室内装饰设计制图课程是学生必修的一门专业基础课，是以后学习专业课、生产实习、课程设计和毕业设计必须具备的基础知识是学生毕业后从事工程技术工作读图和画图时必须掌握的一种技能。因此，我们必须明确学习的目的和要求。

1. 根据课程的特点，讲究学习方法，提高学习效果。

2. 概括了解工程制图的发展概况，激励我们学好本门课程的积极性。

复习思考题

1. 为什么要学习《室内装饰设计制图》？有什么要求？

2.《室内装饰设计制图》主要包括哪几方面内容？学习时要注意什么方法？

第二章　房屋建筑室内装饰装修制图标准

【学习内容】

本章的任务首先是了解和熟悉关于图纸幅面、图线、字体、比例、尺寸标注等基本制图标准。

【基本要求】

通过本章的学习，掌握基本制图标准。

为便于指导生产和进行技术交流，必须对图样的表达方法、尺寸标准、所采用符号等制订出统一的规定。对于建筑行业而言，特别是房屋建筑工程制图设计，目前所有工程设计人员在设计、施工、管理中必须严格执行的国家标准主要是：《房屋建筑制图统一标准》(GB/T 50001—2010）、《总图制图标准》（GB/T 50103—2010）、《建筑制图标准》（GB/T 50104—2010）、《建筑结构制图标准》（GB/T 50105—2010）、《建筑给水排水制图标准》（GB/T 50106—2010）、《暖通空调制图标准》（GB/T 50114—2010）。随着《房屋建筑室内装饰装修制图标准》（JGJ/T 244—2011）的颁布，我国建筑室内装饰装修设计的制图工作已有章可循，也逐步走向法制化、标准化。

《房屋建筑室内装饰装修制图标准》（JGJ/T 244—2011）由中华人民共和国住房和城乡建设部颁布，自2012年3月1日起实施。该标准适用于新建、改建、扩建的房屋建筑室内装饰装修各阶段的设计图、竣工图，原有房屋建筑、构筑物等室内装饰装修工程的实测图，房屋建筑室内装饰装修的通用设计图、标准设计图，房屋建筑室内装饰装修的配套工程图。同时，该标准适用于采用计算机制图和手工制图方式绘制的图样。

我们从学习制图的第一天起，就应该严格遵守以上7项国标中每一项规定以及其他相关标准，养成一切遵守国家条例的优良品质。

第一节　图纸幅面、标题栏、图线、字体、比例

一、图纸幅面

图纸幅面是指图纸宽度与长度组成的图面。虽然国内有些室内装饰装修设计单位在图纸幅面的形式上有所不同，但《房屋建筑制图统一标准》（GB/T 50001）中对图纸图幅的规定能满足室内装饰装修设计的要求。

1. 图纸幅面尺寸应符合表2–1的规定及图2–2 ~ 图2–4的格式。绘制图样时，应采用表2–1中规定的图纸基本幅面尺寸，尺寸单位为：mm。基本幅面代号有A_0、A_1、A_2、 A_3、A_4五种。

绘制技术图样时，应优先采用表2– 1 所规定的基本幅面。必要时，也允许选用表2– 2 所规定的加长幅面。这些幅面的尺寸是由基本幅面的短边成整数倍增加后得出的。图纸的短边尺寸不应加长，A_0 ~ A_3幅面尺寸可加长如图2–1所示。

表2–1　基本幅面（第一选择）(mm)

幅面代号	A_0	A_1	A_2	A_3	A_4
$b \times l$	841 × 1189	594 × 841	420 × 594	297 × 420	210 × 297
c	10			5	
a	25				

注：b，幅面短边尺寸；l，幅面长边尺寸；a，图框线与装订边间宽度；c，图框线与幅面线间宽度。

表2–2　图纸长边加长尺寸（mm）

幅面代号	长边尺寸	长边加长后的尺寸
A_0	1189	1486（$A_0+l/4$）　1635（$A_0+3l/4$）　1783（$A_0+l/2$）　1932（$A_0+5l/8$） 2080（$A_0+3l/4$）　2230（$A_0+7l/8$）　2378（A_0+l）
A_1	841	1051（$A_0+l/4$）　1261（$A_0+l/2$）　1471（$A_1+3l/4$）　1682（A_1+l） 1892（$A_1+5l/4$）　2102（$A_1+3l/2$）
A_2	594	743（$A_2+l/4$）　891（$A_2+l/2$）　1041（$A_2+3l/4$）　1189（A_2+l） 1338（$A_2+5l/4$）　1486（$A_2+3l/2$）　1635（$A_2+7l/4$）　1783（A_2+2l） 1932（$A_2+9l/4$）　2080（$A_2+5l/2$）
A_3	420	630（$A_3+l/2$）　841（A_3+l）　1051（$A_3+3l/2$）　1261（A_3+2l） 1471（$A_3+5l/2$）　1682（A_3+3l）　1892（$A_3+7l/2$）

注：有特殊需要的图纸，可采用$b \times l$为841mm × 891mm与1189mm × 1261mm的幅面。

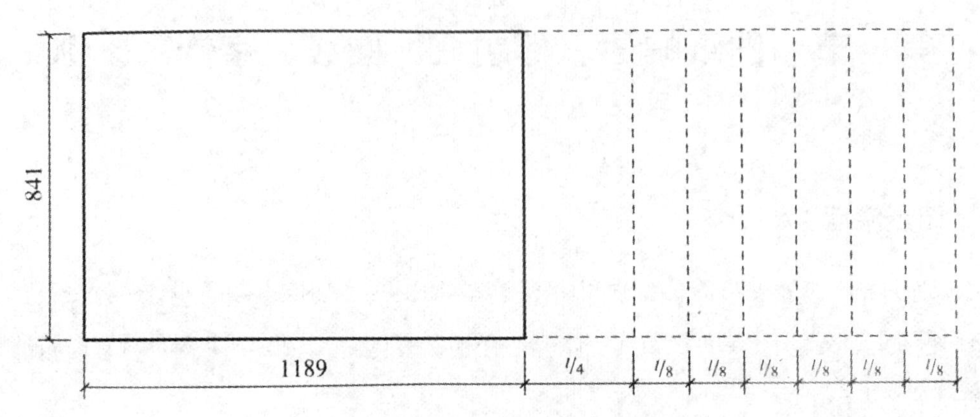

图2-1 图纸长边加长示意（以A_0图纸为例）

2. 图纸以短边作为垂直边称为横式，以短边作为水平边称为立式。A_0~A_3图纸宜横式使用，必要时也可立式使用。

二、图框格式

在图纸上必须用粗实线画出图框，其格式分为不留装订边和留装订边两种格式，但同一套图纸只能采用一种格式。图框尺寸与《技术制图 图纸幅面和格式》（GB/T 14689）规定一致，但图框内

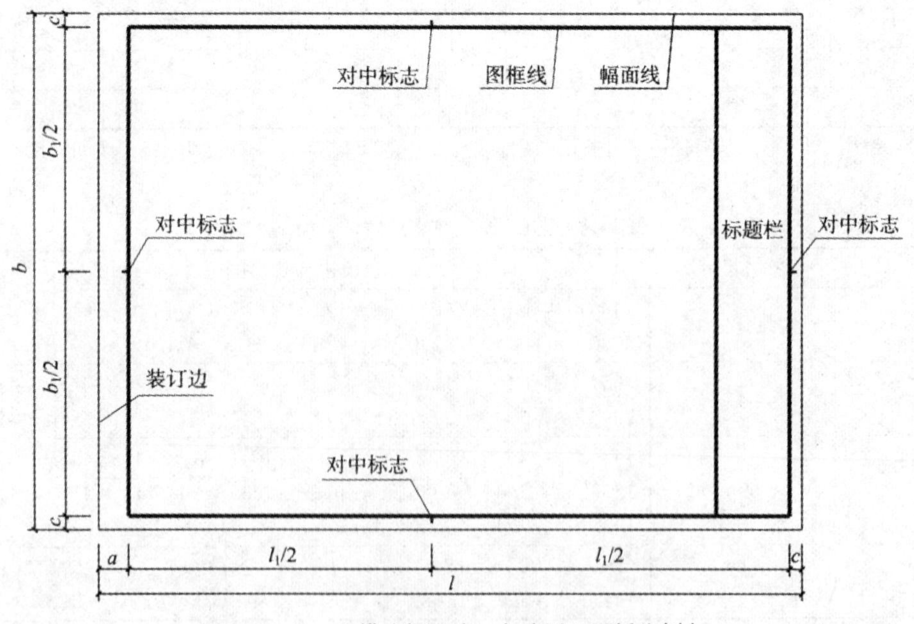

图2-2 A_0 ~ A_3横式幅面（一）（以A_0图纸为例）

标题栏根据室内装饰装修设计的需要略有调整。

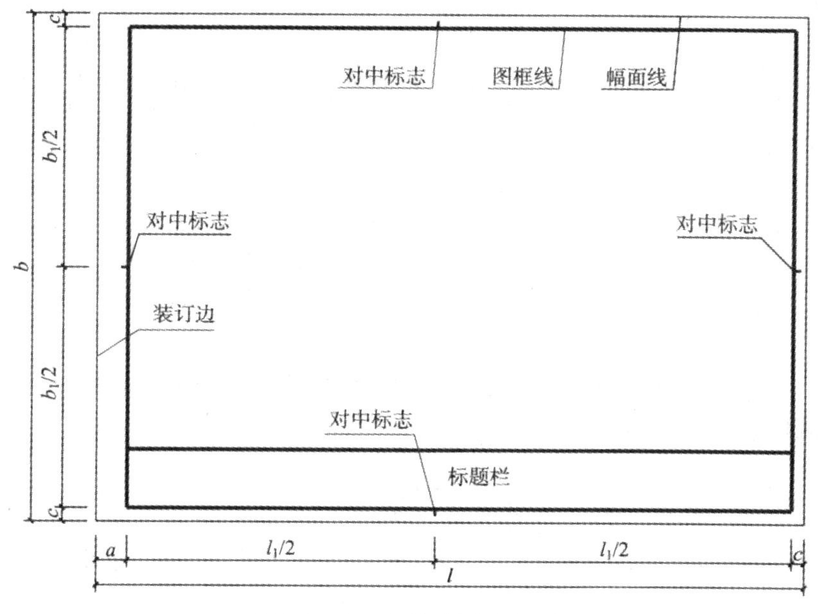

图2-3　$A_0 \sim A_3$横式幅面（二）

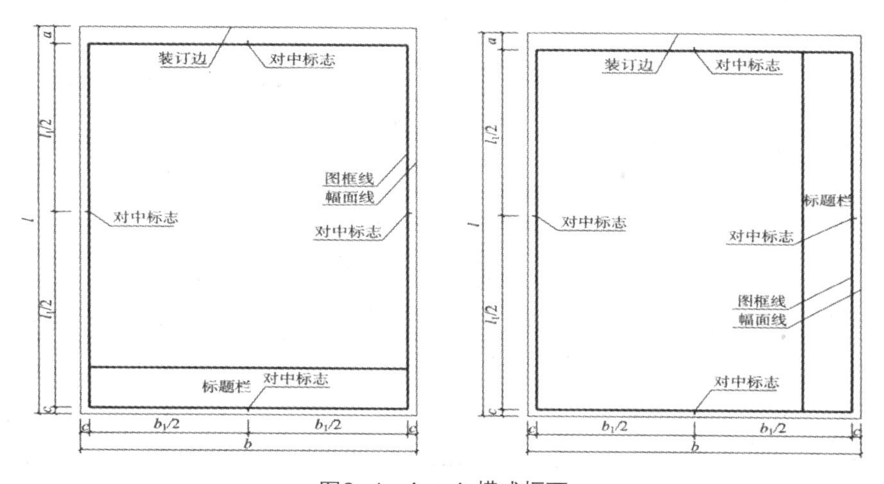

图2-4　$A_0 \sim A_4$横式幅面

加长幅面的图框尺寸，按所选用的基本幅面大一号的图框尺寸确定。例如，$A_2 \times 3$的图框尺寸，按A_1的图框尺寸确定，即a为20mm（或c为10mm），而$A_3 \times 4$的图框尺寸，按A_2的图框尺寸确定，即a为10mm（或c为10mm）。

三、标题栏

1. 图纸中应有标题栏、图框线、幅面线、装订边线和对中标志。图纸的标题栏及装订边的位置应符合以下要求。

（1）横式使用的图纸，应按图2–2和图2–3的形式布置。

（2）立式使用的图纸，应按图2–4的形式布置。

2. 标题栏可按图2–5a、b所示，根据工程需要选择确定其内容、尺寸、格式及分区。签字栏应包括实名列和签名列。

涉外工程的标题栏内，各项主要内容的中文下方应附有译文，设计单位上方或左方，应加“中华人民共和国”字样。

设计单位名称区
注册师签章区
项目经理区
修改记录区
工程名称区
图号区
签字区
会签栏

注：宽度40 ~ 70mm

a

设计单位名称区	注册师签章区	项目经理区	修改记录区	工程名称区	图号区	签字区	会签栏

注：高度：30 ~ 50mm

b

图2–5标题栏

四、图线

图线是表示工程图样的线条。图线是由线形和线宽组成。为了表达工程图样的不同内容，并能够分清主次，须使用不同的线形和线宽的图线。每个图样绘制前，应根据复杂程度与比例大小，先确定基本的线宽*b*，再选用表中相应的线宽组。

1. 线宽指图线的宽度，以*b*表示，线宽宜从下列线宽系列中选取：1.4mm、1.0mm、0.7mm、0.5mm、0.35mm、0.25mm、0.18mm、0.13mm，见表2–3。线宽不小于0.1mm。本条文根据房屋建筑室内装饰装修制图的特点去掉了《房屋建筑制图统一标准》中2.0mm线宽，增加了室内装饰装修制图常用的0.25mm、0.18mm、0.13mm线宽。调整了线宽比，即特粗线：粗线：中粗线：细线≈4：3：2：1。

表2–3　线宽组（mm）

线宽比	线宽组			
b	1.4	1.0	0.7	0.5
0.7*b*	1.0	0.7	0.5	0.35
0.5*b*	0.7	0.5	0.35	0.25
0.25*b*	0.35	0.25	0.18	0.13

注：需要微缩的图纸，不宜采用0.18mm及更细的线宽；同一张图纸内，各不同线宽中的细线，可统一采用较细的线宽组的细线。

2. 房屋建筑室内装饰装修设计制图中的线形应采用实线、虚线、单点长画线、折断线、波浪线、点线、样条曲线、云线等，应选用表2–4所示的常用线形。根据房屋建筑室内装饰装修制图的特点，增加了点线、样条曲线和云线3种线形。

表2-4　房屋建筑室内装饰装修设计制图中线形

名称		线形	线宽	一般用途
实线	粗		b	1. 平、剖面图中被剖切的建筑和装饰装修构造的主要轮廓线 2. 房屋建筑室内装饰装修立面图的外轮廓线 3. 房屋建筑室内装饰装修构造详图、节点图中被剖切部分的主要轮廓线 4. 平、立、剖面图的剖切符号
	中粗		$0.7b$	1. 平、剖面图中被剖切的建筑和装饰装修构造的次要轮廓线 2. 房屋建筑室内装饰装修详图中的外轮廓线
	中		$0.5b$	1. 房屋建筑室内装饰装修构造详图中的一般轮廓线 2. 小于$0.7b$的图形线、家具线、尺寸线、尺寸界线、索引符号、标高符号、引出线，地面、墙面的高差分界线
	细		$0.25b$	图形和图例的填充线
虚线	中粗		$0.7b$	1. 表示被遮挡部分的轮廓线（不可见） 2. 表示被索引图样的范围 3. 拟建、扩建房屋建筑室内装饰装修部分轮廓线（不可见）
	中		$0.5b$	1. 表示平面中上部的投影轮廓线 2. 预想放置的建筑或构件
	细		$0.25b$	表示内容与中虚线相同，适合小于$0.5b$的不可见轮廓线
单点长画线	中粗		$0.7b$	运动轨迹线
	细		$0.25b$	中心线、对称线、定位轴线
折断线	细		$0.25b$	不需要画全的断开界线
波浪线	细		$0.25b$	1. 不需要画全的断开界线 2. 构造层次的断开界线 3. 曲线形构件断开界线
点线	细		$0.25b$	制图需要的辅助线
样条曲线	细		$0.25b$	1. 不需要画全的断开界线 2. 制图需要的引出线
云线	中		$0.5b$	1. 圈出被索引的图样范围 2. 标注材料的范围 3. 标注需要强调、变更或改变的区域

3. 同一张图纸内，相同比例的各图样，应选用相同的线宽组。

4. 图纸的图框和标题栏线，可采用表2–5的线宽。

表2–5　图框线、标题栏线的宽度（mm）

幅面代号	图框线	标题栏外框线	标题栏分格线、会签栏线
A_0、A_1	b	0.5b	0.25b
A_2、A_3、A_4	b	0.7b	0.35b

注：线宽主要对计算机绘图规定，但也可用于手工绘图参考。

5. 图线画法:

（1）相互平行的图线，其净间隙或线中间隙不宜小于0.2mm。

（2）虚线、单点长画线或双点长画线的线段长度和间隔，宜各自相等。

（3）单点长画线或双点长画线，当在较小图形中绘制有困难时，可用实线代替。

（4）单点长画线或双点长画线的两端，不应是点。点画线与点画线交接或点画线与其他图线交接时，应是线段交接。

（5）虚线与虚线交接或虚线与其他图线交接时，应是线段交接。虚线为实线的延长线时，不得与实线连接。

（6）图线不得与文字、数字或符号重叠、混淆，不可避免时，应首先保证文字等的清晰。

图线交接方式可见表2–6。

五、 字体

在工程制图中除了绘制恰当的图线外，还要正确注写文字、数字和符号，它们都是表达图纸内容的语言。

1. 图纸上所需书写的文字、数字或符号等，均应笔画清晰、字体端正、排列整齐；标点符号应清楚正确。对于手工制图的图纸，字体的选择及注写方法应符合《房屋建筑制图统一标准》的规定。对于计算机绘图，均可采用自行确定的常用字体等，不作强制性规定。

2. 文字的字高，应从表2–7中选用。字高大于10mm 的文字宜采用True Type 字体，如需书写更大的字，其高度应按$\sqrt{2}$倍数递增。

表2-6 图线交接方式

名称	正确	错误
虚线与虚线相交	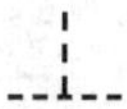	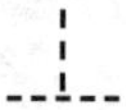
虚线与实线相交		
中心线相交		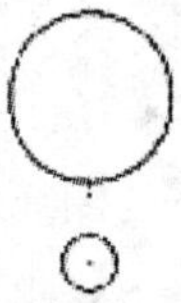
虚线圆与中心线相交		

表2-7 文字的字高（mm）

字体种类	中文矢量字体	True Type字体及非中文矢量字体
字高	3.5、5、7、10、14、20	2、4、6、8、10、14、20

3. 图样及说明中的汉字，宜采用长仿宋字体（中文矢量字体）或黑体（True Type字体），同一张图纸字体种类不应超过两种。长仿宋体的宽度与高度的关系应符合表2-8的规定，黑体字的宽度与高度应相同。大标题、图册封面、地形图等的汉字，也可书写成其他字体，但应易于辨认。长仿宋体字高宽关系如表2-8所示。

表2-8 长仿宋体字高宽关系（mm）

字高	20	14	10	7	5	3.5
字宽	14	10	7	5	3.5	2.5

4. 技术图样中常用的字母有拉丁字母和希腊字母两种。在字形方面分A型和B型。A型字体的笔画宽度(d)为字高(h)的十四分之一，B型字体的笔画宽度(d)为字高(h)的十分之一。但在同一图样上，只允许选用一种形式的字体。拉丁字母和希腊字母每种为大写和小写两种，大写字母和小写字母又可分别写成直体和斜体两种形式，斜体字字头向右倾斜，与水平基准线成75°（如图2–6所示）。

5. 拉丁字母、阿拉伯数字与罗马数字的字高，应不小于2.5mm。书写规则如表2–9所示。

表2–9　拉丁字母、阿拉伯数字与罗马数字书写规则

书写格式	一般字体	窄字体
大写字母高度	h	h
小写字母高度（上下均无延伸）	$7h$ / 10	$10h$ / 14
小写字母伸出的头部或尾部	$3h$ / 10	$4h$ / 14
笔画宽度	$1h$ / 10	$1h$ / 14
字母间距	$2h$ / 10	$2h$ / 14
上下行基准线最小间距	$15h$ / 10	$21h$ / 14
词间距	$6h$ / 10	$6h$ / 14

6. 数量的数值注写，应采用正体阿拉伯数字。各种计量单位凡前面有量值的，均应采用国家颁布的单位符号注写。单位符号应采用正体字母。

7. 分数、百分数和比例数的注写，应采用阿拉伯数字和数学符号，例如：四分之三、百分之二十五和一比二十应分别写成3/4、25%和1：20。

8. 当注写的数字小于1时，必须写出个位的“0”，小数点应采用圆点，齐基准线书写，例如0.01。图样中的数学符号、物理量符号、计量单位符号以及其他符号、代号，应分别符合国家的有关法令和标准的规定。如图2–6所示：

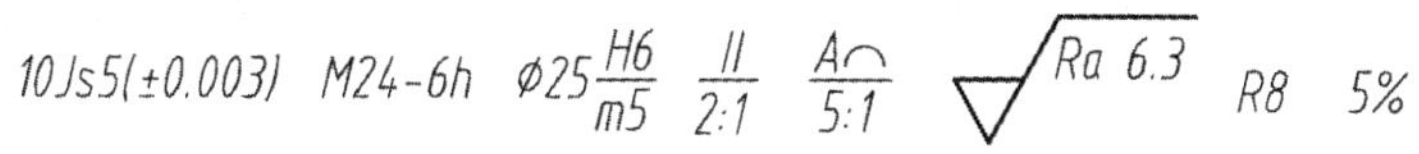

10Js5(±0.003)　M24-6h　$\phi 25\frac{H6}{m5}$　$\frac{II}{2:1}$　$\frac{A\frown}{5:1}$　$\sqrt{Ra\ 6.3}$　R8　5%

图2–6　各种符号的书写

六、 比例

比例是表示图样尺寸与物体尺寸的比值，在工程制图中注写比例能够在图纸上反映物体的实际尺寸。

1. 图样的比例，应为图形与实物相对应的线性尺寸之比。比例的大小，是指其比值的大小，如1：50 大于1：100 。

2. 比例的符号为“：”，比例应以阿拉伯数字表示，如1：1、1 ：2 、1：100 等。

3. 比例宜注写在图名的右侧，字的基准线应取平；比例的字高宜比图名的字高小1号或2号（图2–7）。

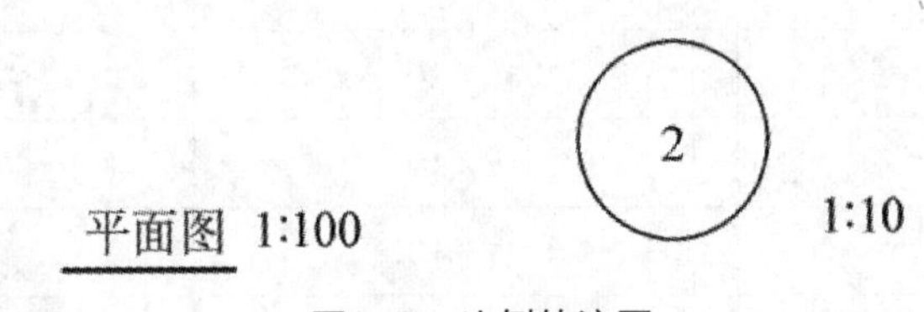

图2–7　比例的注写

4. 图样的比例应根据图样用途与被绘对象的复杂程度选取。房屋建筑室内装饰装修制图中常用比例宜为1：1 、1：2 、1：5 、1：10 、1：15 、1：20 、1：25 、1：30 、1：40 、1：50 、1：75 、1：100 、1：150 、1：200 。

5. 特殊情况下也可自选比例，这时除应注出绘图比例外，还必须在适当位置绘制出相应的比例尺。

6. 绘图所用的比例，应根据房屋建筑室内装饰装修设计的不同部位、不同阶段的图纸内容和要求，从表2–10中选用。

表2–10　房屋建筑室内装饰装修设计比例

比例	部位	图纸内容
1：200 ~ 1：100	总平面、总顶棚平面	总平面布置图、总顶棚平面布置图
1：100 ~ 1：50	局部平面、局部顶棚平面	局部平面布置图、局部顶棚平面布置图
1：100 ~ 1：50	不复杂的立面	立面图、剖面图
1：50 ~ 1：30	较复杂的立面	立面图、剖面图

续表

比例	部位	图纸内容
1：30～1：10	复杂的立面	立面放大图、剖面图
1：10～1：1	平面及立面中需要详细表示部位	详图
1：10～1：1	重点部位的构造	节点图

7. 一般情况下，一个图样应选用一种比例。根据表达目的不同，同一图纸中的图样可选用不同比例。由于房屋建筑室内装饰装修设计中的细部内容多，故常使用较大的比例。但在较大规模的房屋建筑室内装饰装修设计中，根据要求要采用较小的比例。表示比例，可以采用比例尺图示法表达，比例尺中文字高度为6.4mm（所有图幅），字体均为“简宋”。比例尺的表达见图2-8。

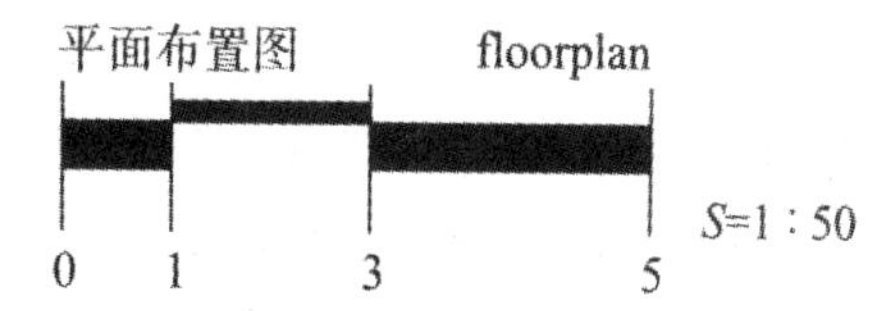

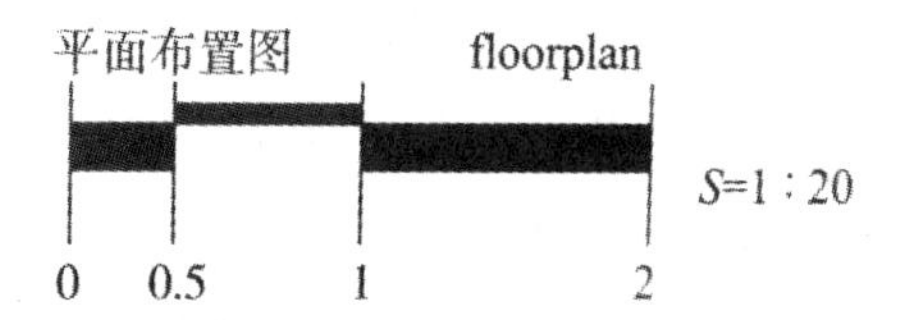

图2-8　比例尺图示法的表达

第二节 符号

一、剖切符号

一般剖切部位应根据图纸的用途和设计深度，在平面图上选择能反映工程物体内部形态、构造特征以及有代表性的部位剖切，剖视图的剖切方向由平面图中的剖切符号来表示。在标注剖切符号时，需同时对剖切面进行编号，剖面图的名称一般用其编号来命名，如1–1 剖面图、2–2 剖面图。要在绘制的剖面图下方注明相对应的剖面图名称，在平面图中标示好剖面符号，如与图相对应的名称为1–1 剖面图、2–2 剖面图、3–3 剖面图。

根据《技术制图　图样画法剖视图和断面图》（GB/T 17452），“SECTION” 的中文名称确定为“剖视图”，但考虑到房屋建筑专业的习惯叫法，决定仍然沿用原有名称“剖面图”。

1. 剖切符号应符合下列规定：

（1）剖视的剖切符号应由剖切位置线、投射方向线和索引符号组成。剖切位置线位于图样被剖切的部位，以粗实线绘制，长度宜为8～10mm；投射方向线平行于剖切位置线由细实线绘制，一段应与索引符号相连，另一段长度与剖切位置线平行且长度相同。绘制时，剖视的剖切符号不应与其他图线相接触（图2–9a）。也可采用国际统一和常用的剖视方法（图2–9b）。

（2）剖切位置应能反映物体构造特征和设计需要标明的部位。

（3）剖切符号应标注在需要表示装饰装修剖面内容的位置上。

（4）局部剖面图（不含首层）的剖切符号应标注在被剖切部位的最下面一层的平面图上。

（5）剖视的方向由图面中剖切符号表示。

（6）剖视的剖切符号的编号宜采用阿拉伯数字或字母，编写顺序按剖切部位在图样中的位置由左至右、由下至上编排，并注写在索引符号内。

（7）索引符号内编号的表示方法应符合规定。

2. 采用由剖切位置线、引出线及索引符号组成的断面的剖切符号（图2–10）应符合下列规定：

（1）断面的剖切符号应由剖切位置线、引出线及索引符号组成。剖切位置线应以粗实线绘制，长度宜为8～10mm 。引出线由细实线绘制，连接索引符号和剖切位置线。

（2）断面的剖切符号的编号宜采用阿拉伯数字或字母，编写顺序按剖切部位在图样中的位置由

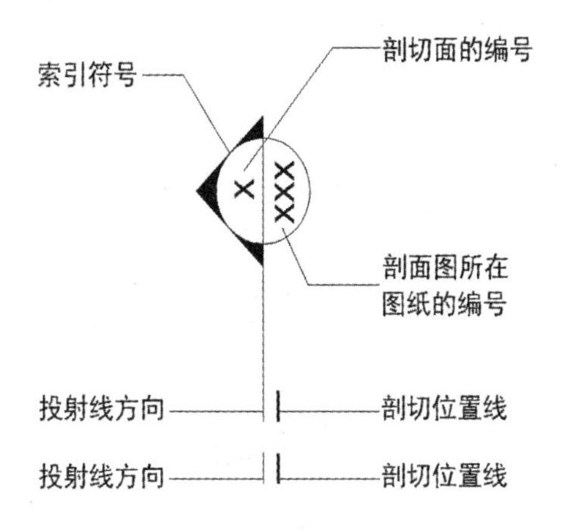

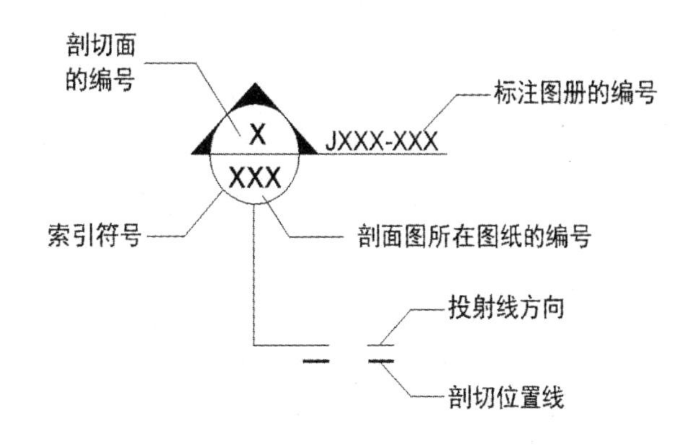

a

b

图2-9　剖视的剖切符号

左至右、由下至上编排，并应注写在索引符号内。

（3）索引符号内编号的表示方法应符合规定。

（4）剖切符号应标注在需要表示装饰装修剖面内容的位置上。

（5）剖面图或断面图，如与被剖切图样不在同一张图内，应在剖切位置线的另一侧注明其所在图纸的编号，也可以在图上集中说明。根据房屋建筑室内装饰装修图纸大小差异较大的情况，剖切符号的剖切位置线的长度一般为8～10mm，制图中可酌情选择。

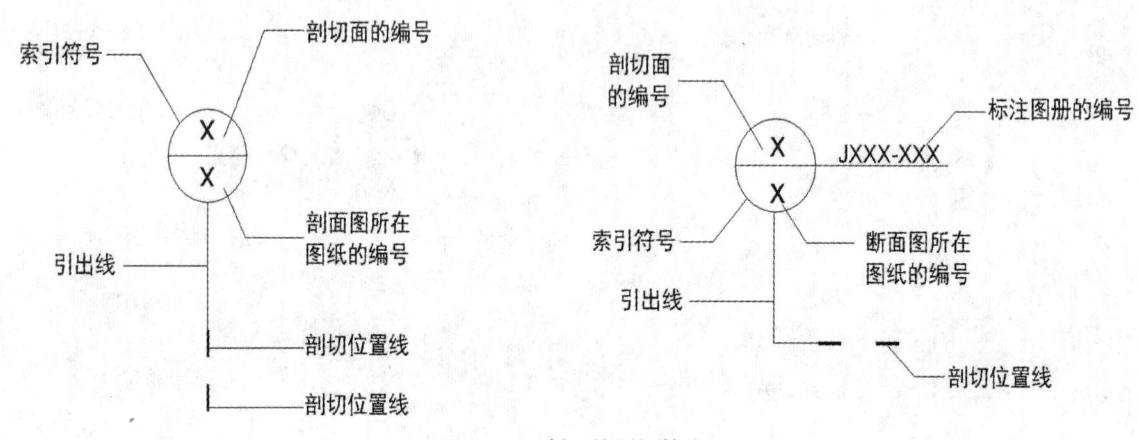

图2-10　断面的剖切符号

二、索引符号与详图符号

房屋建筑室内装饰装修制图在使用索引符号时，有的圆内注字较多，一般规定索引符号中圆的直径为8～10mm；由于在立面索引符号中需表示出具体的方向，因此索引符号需附有三角形箭头表示；当立面图、剖面图的图纸量较少时，对应的索引符号可仅注图样编号，不注索引图所在页次；立面索引符号可采用三角形箭头转动，数字、字母保持垂直方向不变的形式，剖切索引符号可采用三角形箭头与数字、字母同方向转动的形式。因为房屋建筑室内装饰装修制图中，图样编号较复杂，所以可出现数字与字母组合在一起编写的形式。

1. 索引符号根据用途的不同可分为立面索引符号、剖切索引符号、详图索引符号、设备索引符号、部品部件索引符号、材料索引符号。

2. 表示室内立面在平面上的位置及立面图所在图纸编号，应在平面图上使用立面索引符号（图2-11）。

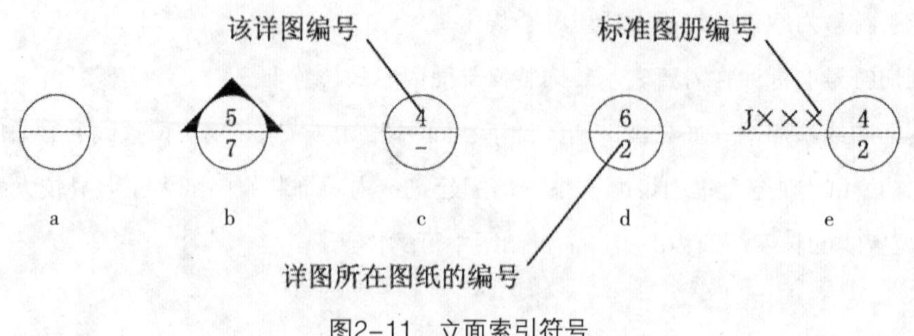

图2-11　立面索引符号

3. 当索引符号用于索引剖面详图时，应在被剖切的部位绘制剖切位置线。引出线所在一侧应为剖视方向，如图2–12所示。

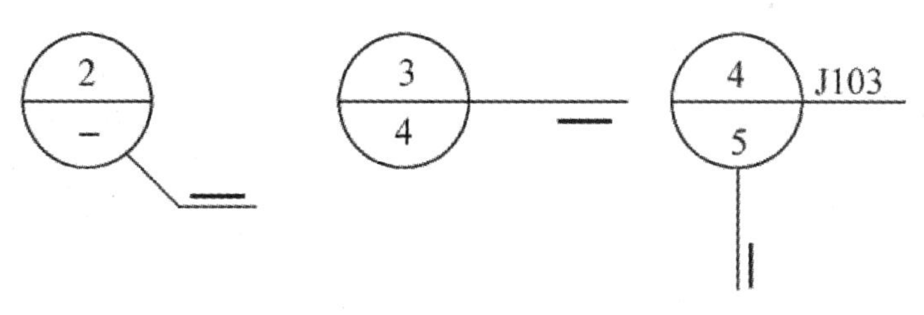

图2–12　剖切索引符号

4. 表示局部放大图样在原图的位置上及本图样所在页码，应在被索引图样上使用详图索引符号（图2–13）。

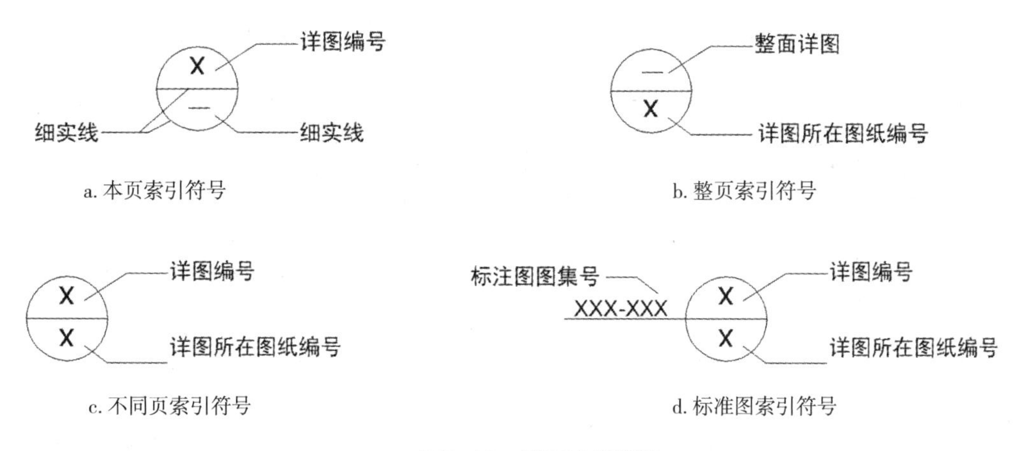

图2–13　详图索引符号

5. 表示各类设备（含设备、设施、家具、洁具等）的品种及对应的编号，应在图样上使用设备索引符号（图2–14）。

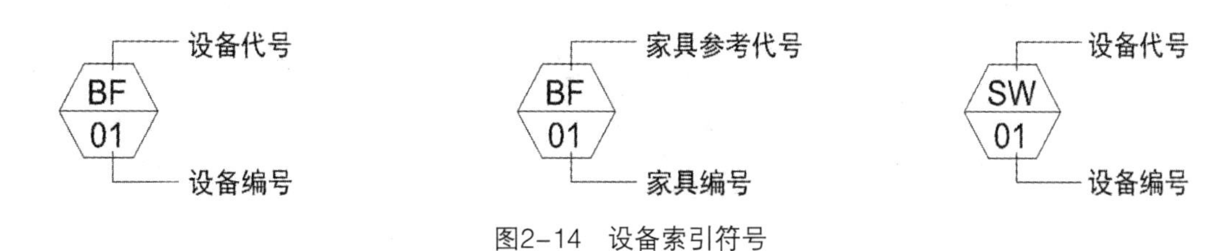

图2–14　设备索引符号

6. 表示各类部品部件（含五金、工艺品及装饰品、灯具、门等）的品种及对应的编号，应在图样上使用部品部件索引符号（图2–15）。

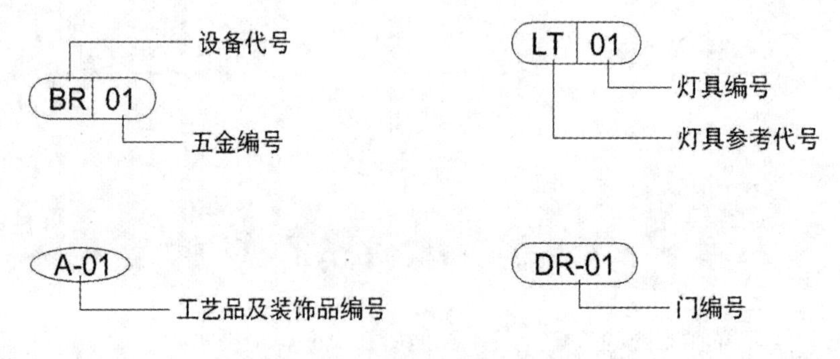

图2–15　部品部件索引符号

7. 表示各类材料的品种及对应的编号，应在图样上使用材料索引符号（图2–16）。

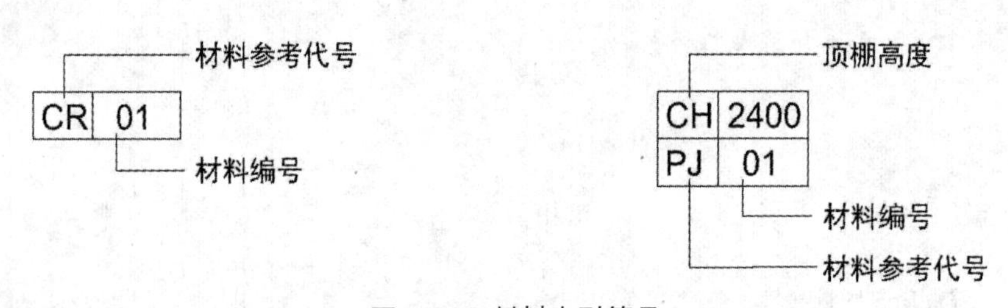

图2–16　材料索引符号

8. 索引符号的绘制应符合以下规定：

（1）立面索引符号由圆、水平直径组成，圆及水平直径应以细实线绘制。根据图面比例，圆圈直径可选择8～10mm。圆圈内注明编号及索引图所在页码。立面索引符号附以三角形箭头，三角形箭头方向同投射方向，但圆圈中水平直线、数字及字母（垂直）的方向不变（图2–17）。

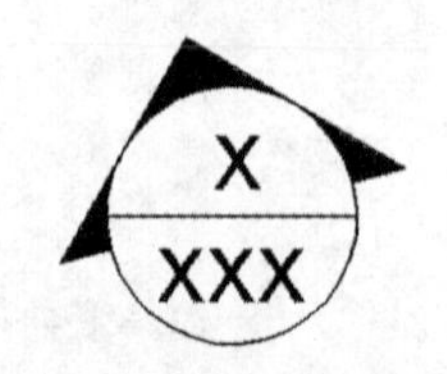

图2–17　立面索引符号

（2）剖切索引符号和详图索引符号均由圆圈、直径组成，圆及直径应以细实线绘制。根据图面比例，圆圈直径可选择8～10mm 。圆圈内注明编号及索引图所在页码。剖切索引符号附以三角形箭头，三角形箭头方向与圆中直径、数字及字母（垂直于直径）的方向保持一致，并一起随投射方向而变（图2-18）。

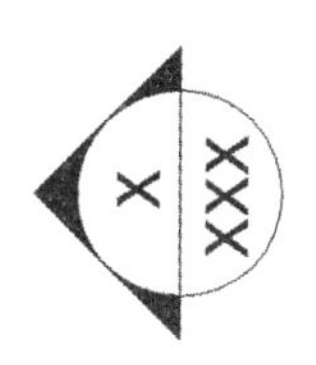

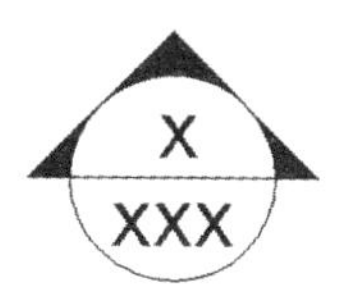

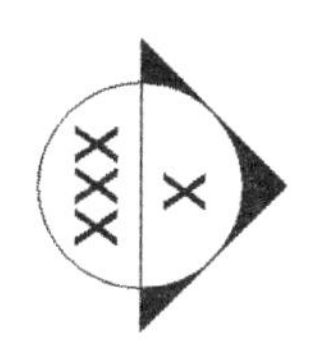

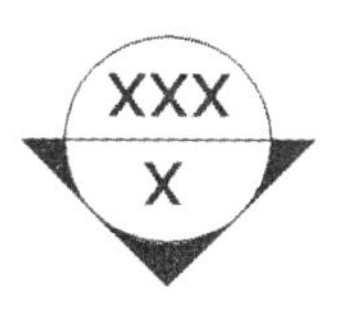

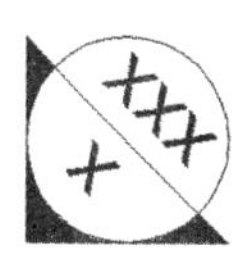

图2-18　剖切索引符号

（3）索引图样时，应以引出圈将被放大的图样范围完整圈出，并由引出线连接引出圈和详图索引符号。图样范围较小的引出圈以圆形中粗虚线绘制（图2-19a）；范围较大的引出圈以有弧角的矩形中粗虚线绘制（图2-19b），也可以云线绘制（图2-19c）。

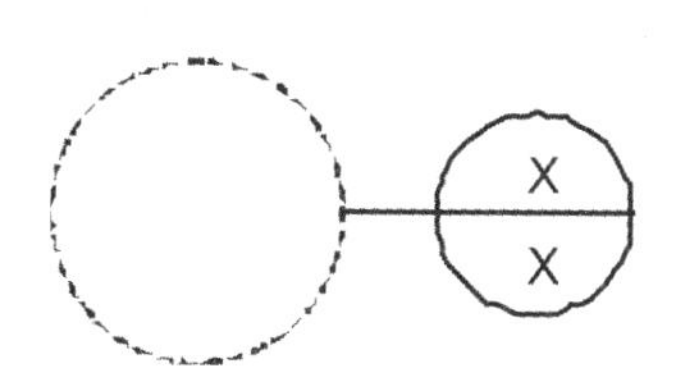

a. 范围较小的索引符号

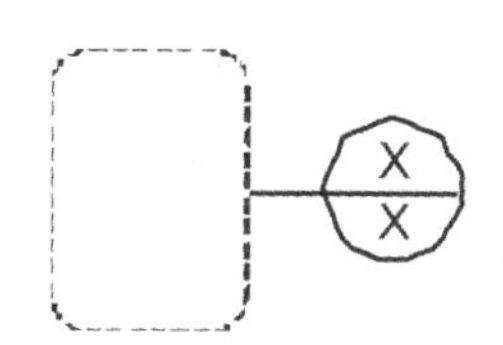

b. 范围较大的索引符号

c. 范围较大的索引符号

图2-19　索引符号

（4）设备索引符号由正六边形、水平内径线组成，正六边形、水平内径线应以细实线绘制。根据图面比例. 正六边形长轴可选择8～12mm。正六边形内应注明设备编号及设备品种代号（图2-14）。

（5）部品部件索引符号、材料索引符号，均应以细实线绘制，横向长度可选择8～14mm，竖向长度可选择4～8mm。图样应注明部品部件或材料代号及编号（图2-15、图2-16）。

9. 索引符号的编号（图2-20）应按下列规定编写：

（1）引出图如与被索引图在同一张图纸内，应在索引符号的上半圆中用阿拉伯数字或字母注明该索引图的编号，在下半圆中间画一段水平细实线（图2-13b）。

（2）引出字母如与被索引的详图不在同一张图纸内，应在索引符号的上半圆中用阿拉伯数字或字母注明该详图的编号，在索引符号的下半圆中用阿拉伯数字或字母注明该详图所在的图纸的编号。数字较多时，可加文字标注（图2-13 c）。

（3）索引出的详图，如采用标准图，应在索引符号水平直径的延长线上加注该标准图集的编号（图2-13a）。需要标注比例时，文字在索引符号右侧或延长线下方，与符号下端对齐。

（4）在平面图中采用立面索引符号时，应采用阿拉伯数字或字母为立面编号代表各投影方向并应以顺时针排序（图2-20）。

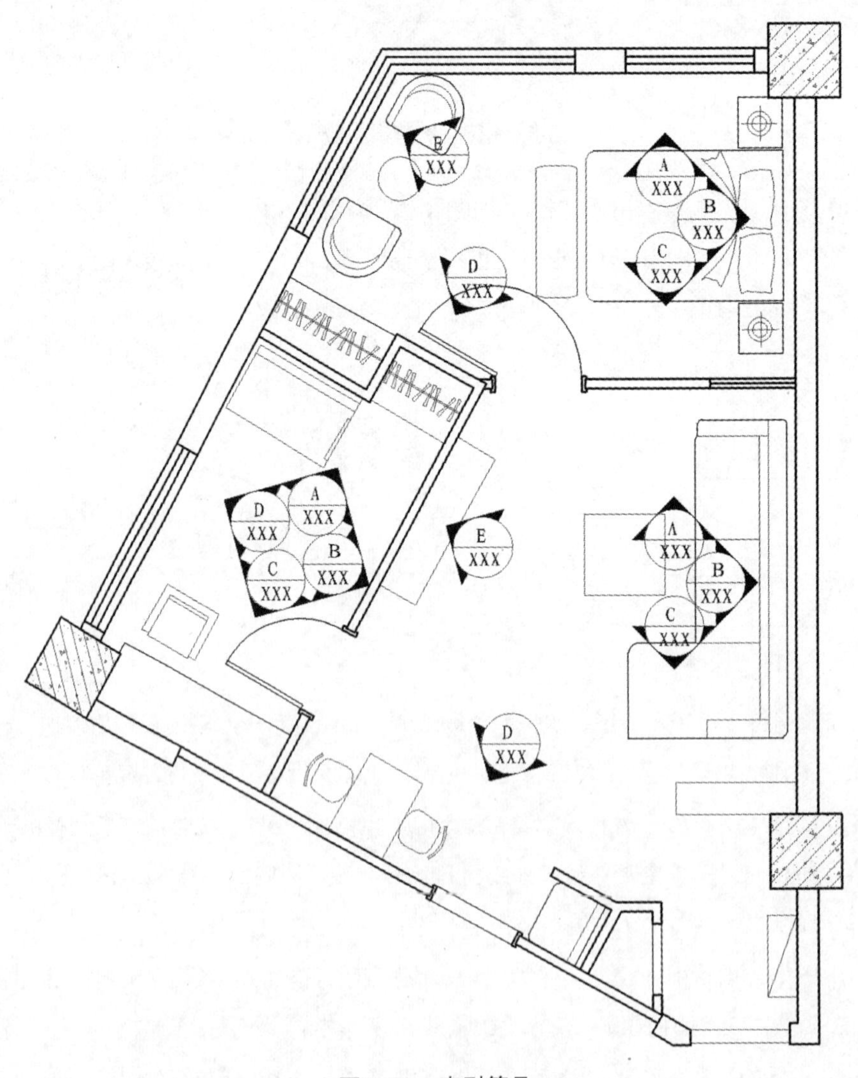

图2-20　索引符号

（5）房屋建筑室内装饰装修设计制图中，图样编号较为复杂，允许出现数字与字母合在一起编写的形式。

10. 零件、钢筋、杆件、设备等的编号宜以直径为5～6mm（同一图样应保持一致）的细实线圆表示，其编号应用阿拉伯数字按顺序编写（图2-21）。消火栓、配电箱、管井等的索引符号，直径宜以4～6mm为宜。

11. 详图的位置和编号，应以详图符号表示。详图符号的圆应以直径为14mm粗实线绘制。详图编号应符合下列规定：

（1）详图与被索引的图样同在一张图纸内时，应在详图符号内用阿拉伯数字注明详图的编号（图2-22a）。

（2）详图与被索引的图样不在同一张图纸内时，应用细实线在详图符号内圈画一水平直径，在上半圆中注明详图编号，在下半圆中注明被索引的图纸的编号（图2-22b）。

图2-21 零件、钢筋等的编号

5

a

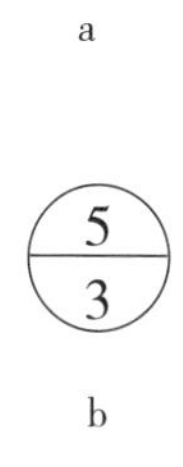

b

图2-22 与被索引图样不在同一张图纸内的详图符号

三、图名编号

由于房屋建筑室内装饰装修设计图纸内容丰富且复杂，图号的规范有利于图纸的绘制、查阅和管理，故编制图号编号。图名编号用来表示图样编排的符号。

1. 房屋建筑室内装饰装修需要编号的图纸有：平面图、索引图、顶棚平面图、立面图、剖面图、详图等。

2. 图名编号应由圆、水平直径、图名和比例组成。圆及水平直径均应由细实线绘制，圆直径根据图面比例，可选择8～12mm。

3. 图名编号的绘制应符合下列规定：

（1）用来表示被索引出的图样时，应在图号圆圈内画一水平直径，上半圆中应用阿拉伯数字或字母注明该图样编号，下半圆中应用阿拉伯数字或字母注明该图索引符号所在图纸编号（图2–23）；

图2–23　索引图与被索引图的图样不在同一张图纸的图名编号

（2）索引出的详图图样如与索引图同在一张图纸内，圆内可用阿拉伯数字或字母注明详图编号，也可在圆圈内画一水平直径，上半圆中用阿拉伯数字或字母注明编号，下半圆中间画一段水平细实线（图2–24）。

图2–24　索引图与被索引图的图样在同一张图纸的图名编号

4. 图名编号引出的水平直线上端宜用中文注明该图的图名，其文字与水平直线前端对齐或居中。

四、引出线

为了使文字说明、材料标注、索引符号等标注不影响图样的清晰，应采用引出线的形式来表示。

1. 引出线应以细实线绘制，宜采用水平方向的直线，与水平方向成30°、45°、60°、90°的直线，或经上述角度再折为水平线。文字说明宜注写在水平线的上方（图2–25a），也可注写在水平线的端部（图2-25b）。索引详图的引出线，应与水平直径相连接（图2-25c）。

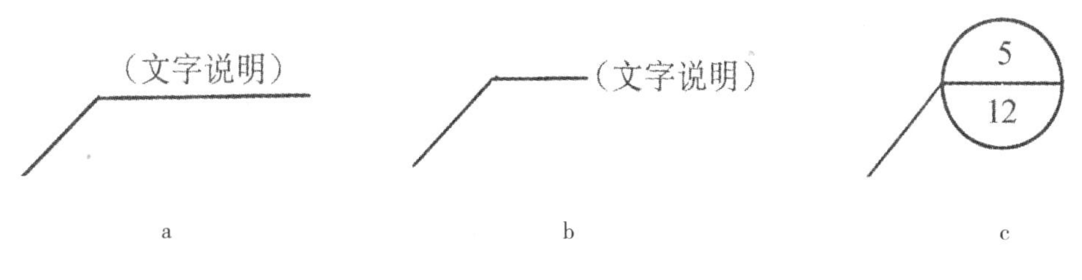

图2-25　引出线

2. 同时引出的几个相同部分的引出线，宜互相平行（图2-26a），也可画成集中于一点的放射线（图2-26b）。

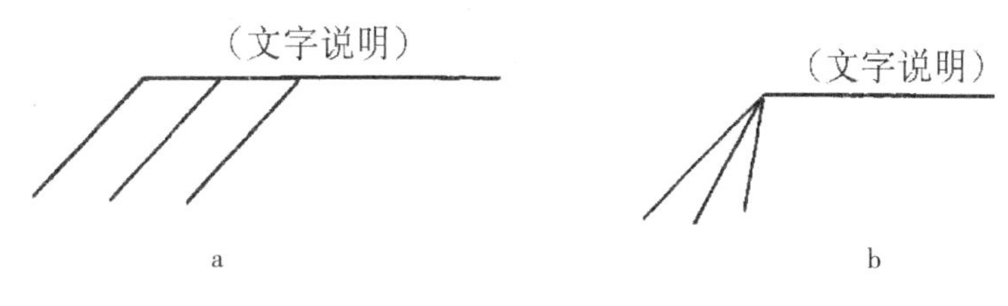

图2-26　共同引出线

3. 多层构造或多个部位共用引出线，应通过被引出的各层或各部位，并用圆点示意对应位置。文字说明宜注写在水平线的上方，或注写在水平线的端部，说明的顺序应由上至下，并应与被说明的层次对应一致；如层次为横向排序，则由上至下的说明顺序应与由左至右的层次对应一致（图2-27）。

4. 引出线起止符号可采用圆点绘制（图2-28a），也可采用箭头绘制（图2-28b）。起止符号的大小应与本图样尺寸的比例相协调。

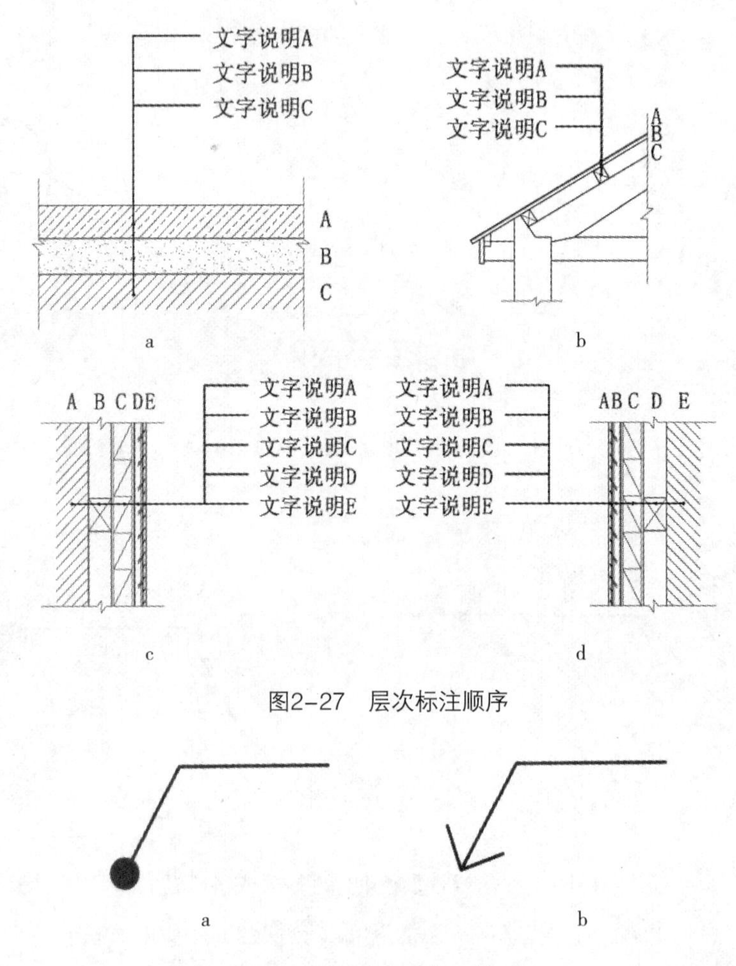

图2-27　层次标注顺序

a　　b

图2-28　引出线起止符号

五、其他符号

1. 对称符号应由对称线和分中符号组成。对称线应用细单点长画线绘制；分中符号应用细实线绘制。分中符号可采用两对平行线或英文缩写。采用平行线为分中符号时，平行线用细实线绘制，其长度宜为6～10mm，每对的间距宜为2～3mm；对称线垂直平分于两对平行线，两端超出平行线宜为2～3mm（图2-29）。

2. 连接符号应以折断线或波浪线表示需连接的部位。两部位相距过远时，折断线或波浪线两端靠图样一侧应标注大写拉丁字母表示连接编号。两个被连接的图样应用相同的字母编号（图2-30）。

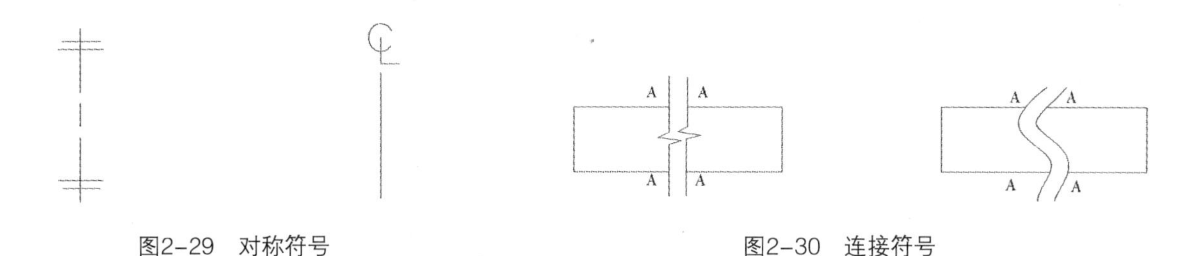

图2-29　对称符号　　　　图2-30　连接符号

3. 指北针的形状宜如图2-31所示，其圆的直径宜为24mm，用细实线绘制；指针尾部的宽度宜为3mm，指针头部应注“北”或“N”字。需用较大直径绘制指北针时，指针尾部的宽度宜为直径的1/8。指北针应绘制在房屋建筑室内装饰装修设计整套图纸的第一张平面图上，并应位于明显位置。

4. 对图纸中局部变更部分宜采用云线，并宜注明修改版次（图2-32）。

图2-31　指北针　　　　图2-32　变更云线

5. 转角符号应以垂直线连接两端交叉线并加注角度符号表示。转角符号用于表示立面的转折（图2-33）。

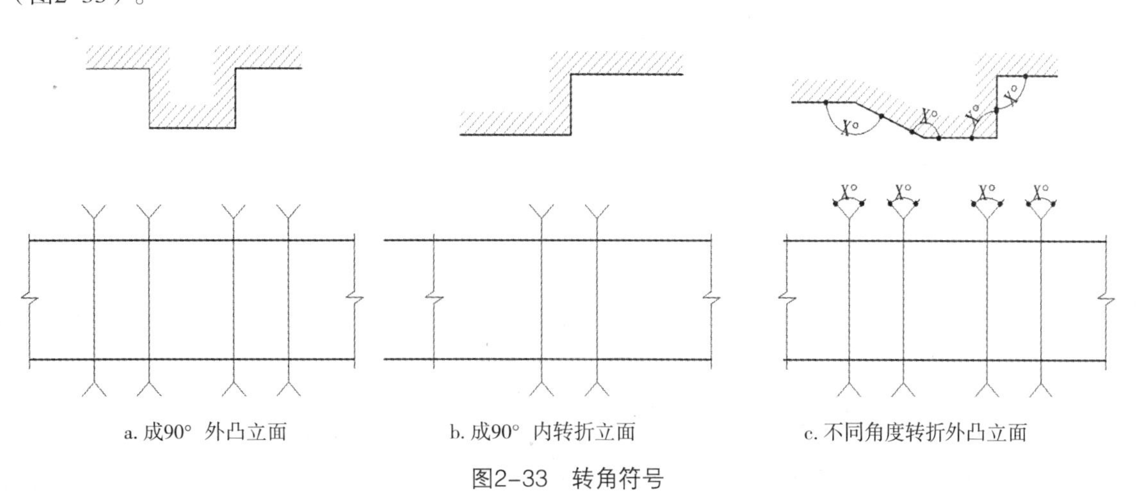

a. 成90°外凸立面　　b. 成90°内转折立面　　c. 不同角度转折外凸立面

图2-33　转角符号

第三节　定位轴线

确定房屋中的墙、柱、梁和屋架等主要承重构件位置的基准线，称为定位轴线，它使房屋的平面位置简明有序。

1. 定位轴线应用细点画线绘制。

2. 定位轴线应编号，编号应注写在轴线端部的圆内。圆应用细实线绘制，直径为8～10mm。定位轴线圆的圆心，应在定位轴线的延长线或延长线的折线上。

3. 平面图上定位轴线的编号，宜标注在图样的下方或左侧。横向编号应用阿拉伯数字，从左至右顺序编写；竖向编号应用大写拉丁字母，从下至上顺序编写（图2–34）。

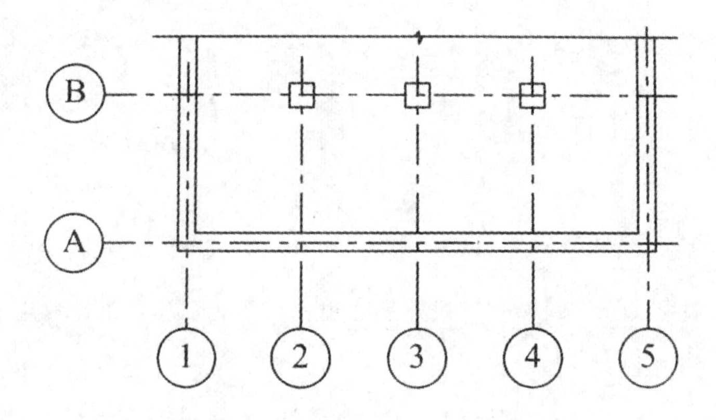

图 2–34　定位轴线的编号顺序

4. 拉丁字母作为轴线号时，应全部采用大写字母，不应用同一个字母的大小写来区分轴线号。拉丁字母的I 、O 、Z 不得用作轴线编号。如字母数量不够使用，可增用双字母或单字母加数字注脚，如A_A、B_A··· Y_A；或A_1 、B_1 ··· Y_1。

5. 组合较复杂的平面图中定位轴线也可采用分区编号（图2–35）。编号的注写形式应为“分区号–该分区编号”。分区号采用阿拉伯数字或大写拉丁字母表示。

6. 附加定位轴线的编号，应以分数形式表示，并应符合下列规定：

（1）两根轴线间的附加轴线，应以分母表示前一轴线的编号，分子表示附加轴线的编号。编号

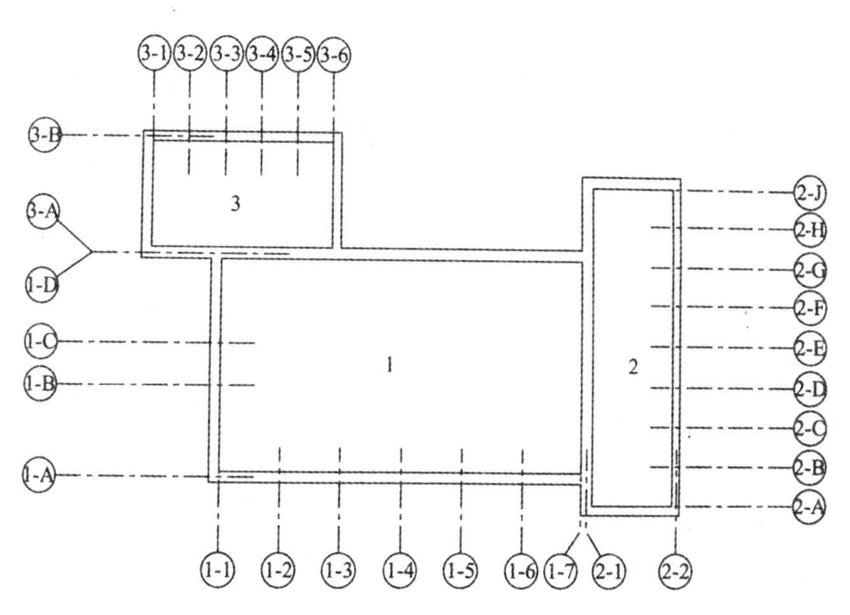

图2–35　定位轴线的分区编号

宜用阿拉伯数字顺序编写，如：

(1/2)表示2 号轴线之后附加的第一根轴线；

(3/c)表示c 号轴线之后附加的第三根轴线。

（2）1 号轴线或A 号轴线之前的附加轴线的分母应以01 或0A 表示，如：

(1/01)表示1 号轴线之前附加的第一根轴线。

(3/0A)表示A 号轴线之前附加的第三根轴线。

7. 一个详图适用于几根轴线时，应同时注明各有关轴线的编号（图2–36）。

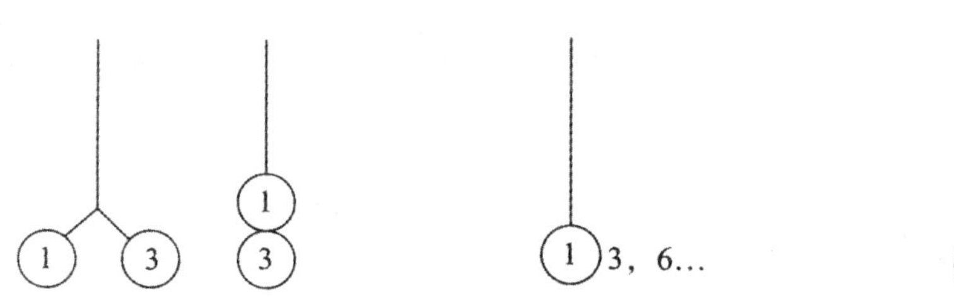

a. 用于2根轴线时　　b. 用于3根或3根以上轴线时

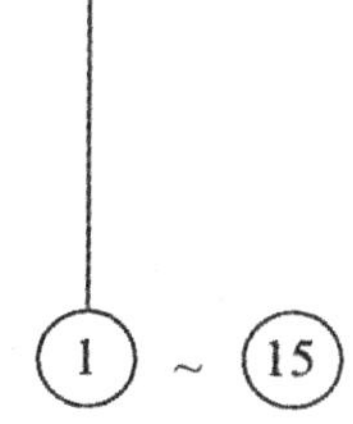

c. 用于3根以上连续编号的轴线时

图2–36　详图的轴线编号

8. 通用详图中的定位轴线，应只画圆，不注写轴线编号。

9. 圆形与弧形平面图中的定位轴线，其径向轴线应以角度进行定位，其编号宜用阿拉伯数字表示，从左下角开始，若径向轴线很密，角度间隔很小时可从−90° 开始，按逆时针顺序编写；其环向轴线宜用大写拉丁字母表示，从外向内顺序编写（图2-37a、b）。

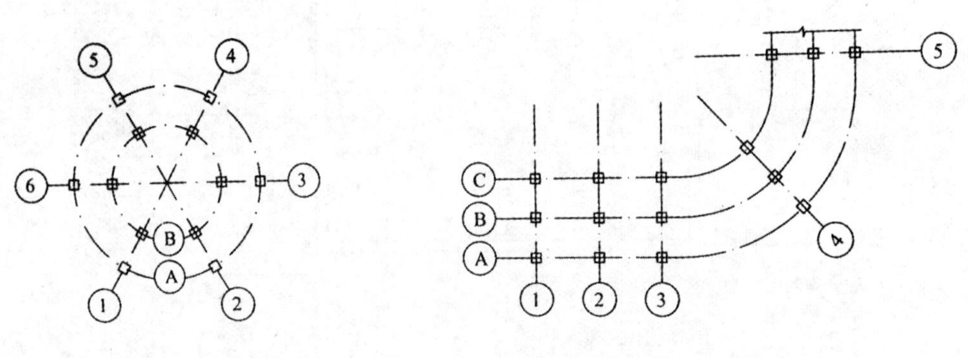

a. 圆形平面定位轴线的编号

b. 弧形平面定位轴线的编号

图2-37　定位轴线编号

10. 折线形平面图中定位轴线的编号可按图2-38的形式编写。

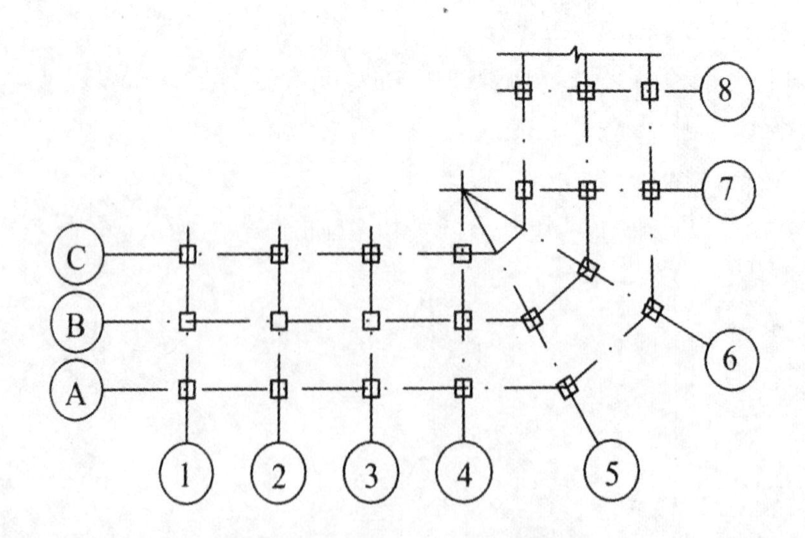

图2-38　折线形平面定位轴线的编号

第四节 尺寸标注

在绘制工程图样时，图形仅表达物体的形状，还必须标注完整的尺寸数据并配以相关文字说明，才能作为施工等工作的依据。

一、尺寸界线、尺寸线及尺寸起止符号

1. 图样上的尺寸，包括尺寸界线、尺寸线、尺寸起止符号和尺寸数字（图2–39）。

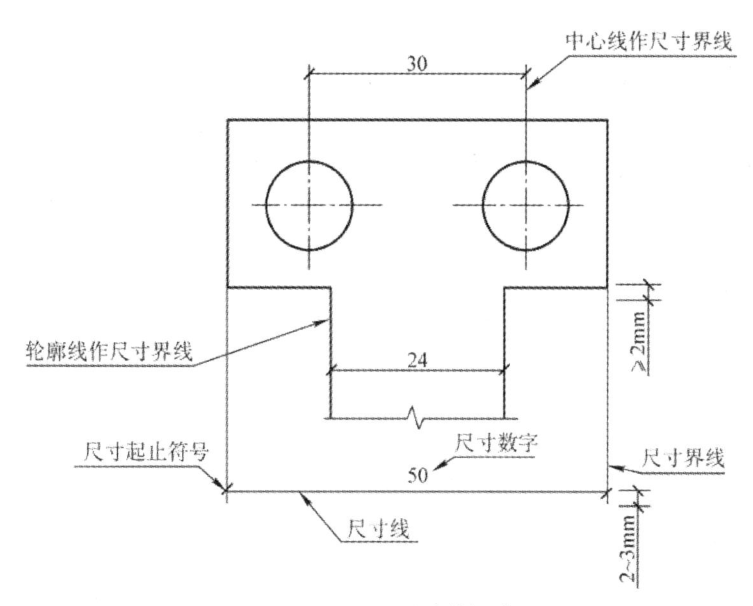

图2–39 尺寸的组成

2. 尺寸界限用于表示所注尺寸的范围。它引自轮廓线、轴线或对称中心线，也可用这些线作尺寸界限。尺寸界线应用细实线绘制，一般应与被注长度垂直，其一端应离开图样轮廓线不小于2mm，另一端宜超出尺寸线2 ~ 3mm（图2–39）。

3. 尺寸线用于表示所注尺寸的起点和终点。应用细实线绘制，应与被注长度平行。

4. 尺寸起止符号一般用中粗斜短线绘制，其倾斜方向应与尺寸界线成顺时针45°，长度宜为

2～3mm。半径、直径、角度与弧长的尺寸起止符号，宜用箭头表示（图2-40）。一般情况下，尺寸起止符号可用斜短线，也可用小圆点，圆弧的直径、半径等用箭头。轴测图中用小圆点效果比较好。

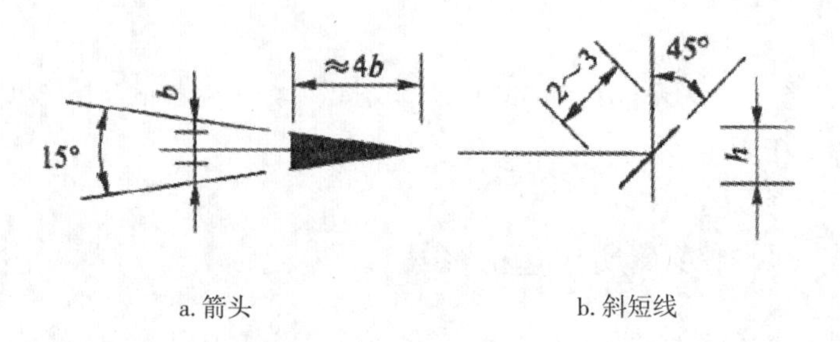

a. 箭头　　b. 斜短线

图2-40　箭头尺寸

二、尺寸数字

1. 图样上的尺寸，应以尺寸数字为准，不得从图上直接量取。

2. 图样上的尺寸单位，除标高及总平面以米为单位外，其他必须以毫米为单位。

3. 尺寸数字的方向，应按图2-41a的规定注写。若尺寸数字在30° 斜线区内，宜按图2-41b的形式注写。

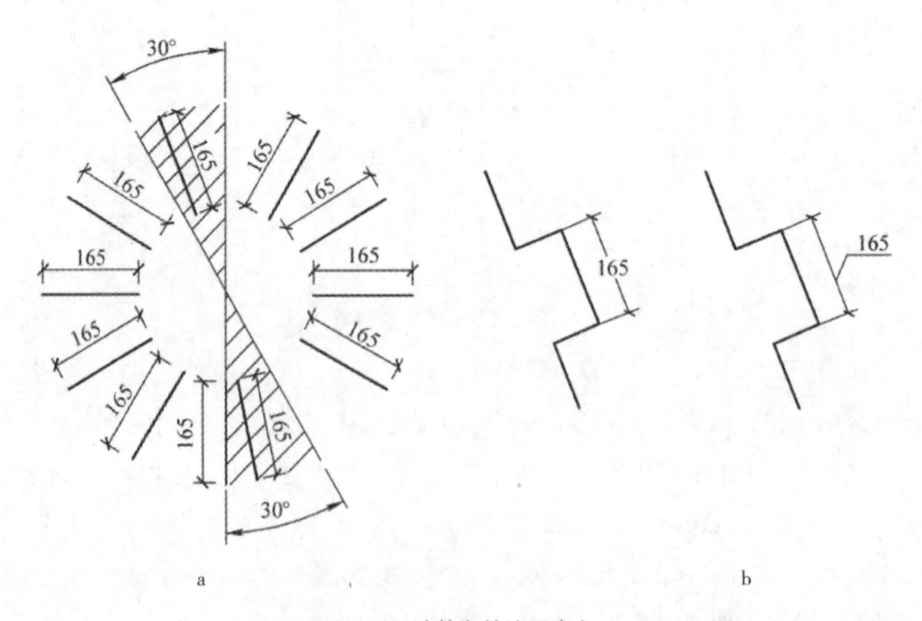

a　　b

图 2-41　尺寸数字的注写方向

4. 尺寸数字一般应依据其方向注写在靠近尺寸线的上方中部。如没有足够的注写位置，最外边的尺寸数字可注写在尺寸界线的外侧，中间相邻的尺寸数字可上下错开注写在离该尺寸线较近处（图2–42）。

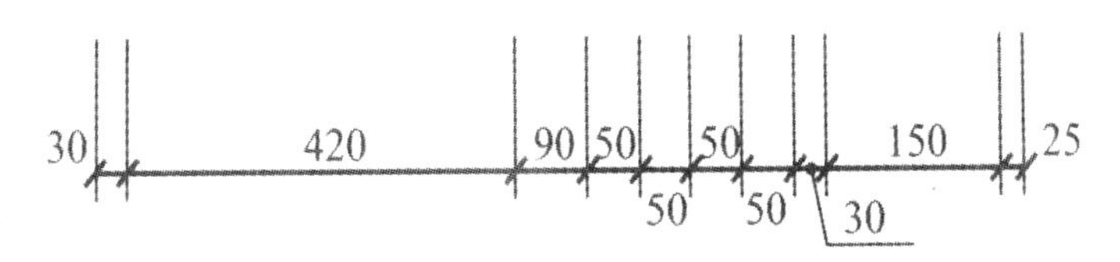

图2–42　尺寸数字的注写位置

三、尺寸的排列与布置

1. 尺寸分为总尺寸、定位尺寸、细部尺寸3种。绘图时，应根据设计深度和图纸用途确定所需注写的尺寸。

2. 尺寸标注应清晰，不应与图线、文字及符号等相交或重叠（图2–43）。

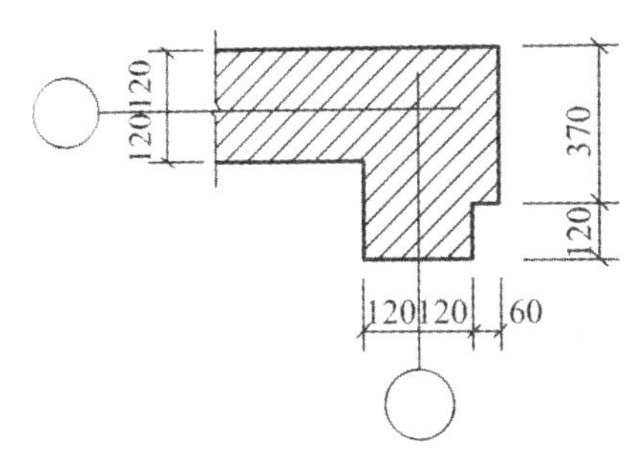

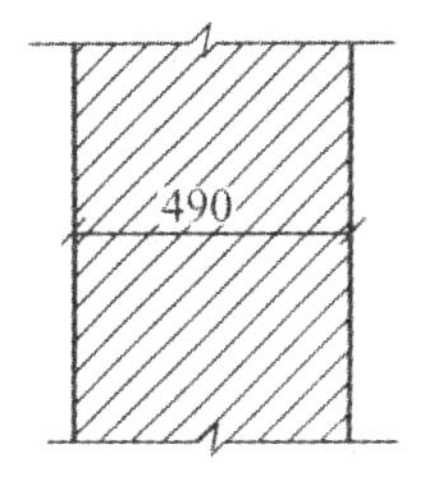

图2–43　尺寸数字的注写

3. 尺寸宜标注在图样轮廓以外，不宜与图线、文字及符号等相交或重叠。

4. 互相平行的尺寸线，应从被注写的图样轮廓线由近向远整齐排列，较小尺寸应离轮廓线较近，较大尺寸应离轮廓线较远（图2–44）。

5. 图样轮廓线以外的尺寸界线距图样最外轮廓之间的距离，不宜小于10mm。平行排列的尺寸线的间距，宜为7～10mm，并应保持一致。

6. 总尺寸的尺寸界线应靠近所指部位，中间的分尺寸的尺寸界线可稍短，但其长度应相等（图2–44）。

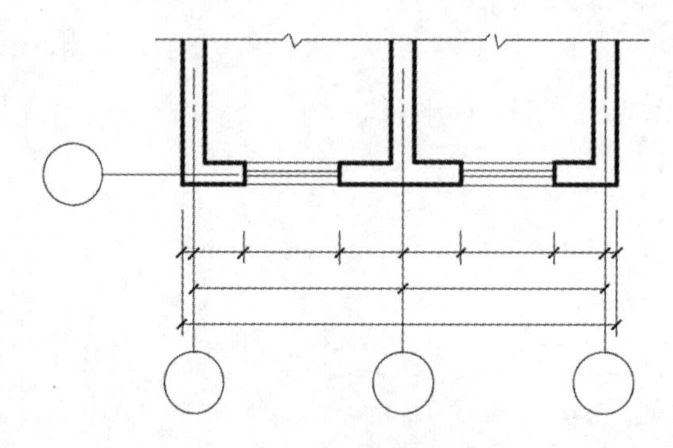

图2-44　尺寸数字的排列

7. 总尺寸应标注在图样轮廓以外。定位尺寸及细部尺寸可根据用途和内容注写在图样外或图样内相应的位置。

8. 尺寸标注和标高注写，宜符合下列规定：

（1）立面图、剖面图及详图应标注标高和垂直方向尺寸；不易标注垂直距离尺寸时，可在相应位置表示标高（图2-45）；

（2）各部分定位尺寸及细部尺寸应注写净距离尺寸或轴线间尺寸；

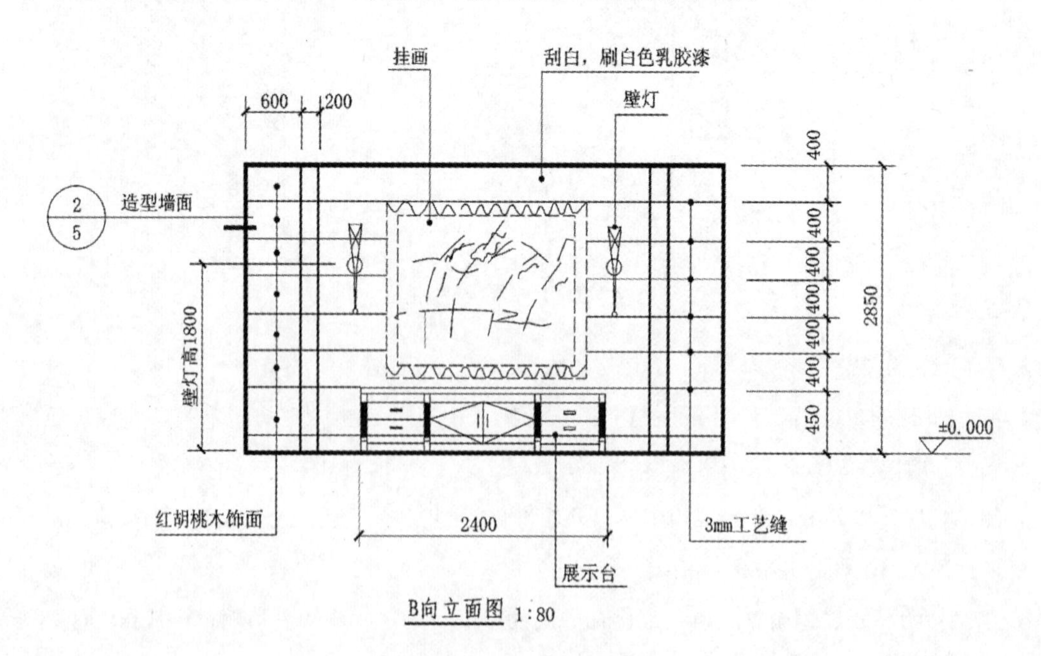

图2-45　尺寸及标高注写

（3）标注剖面或详图各部位的定位尺寸时，应注写其所在层次内的尺寸（图2–46）。

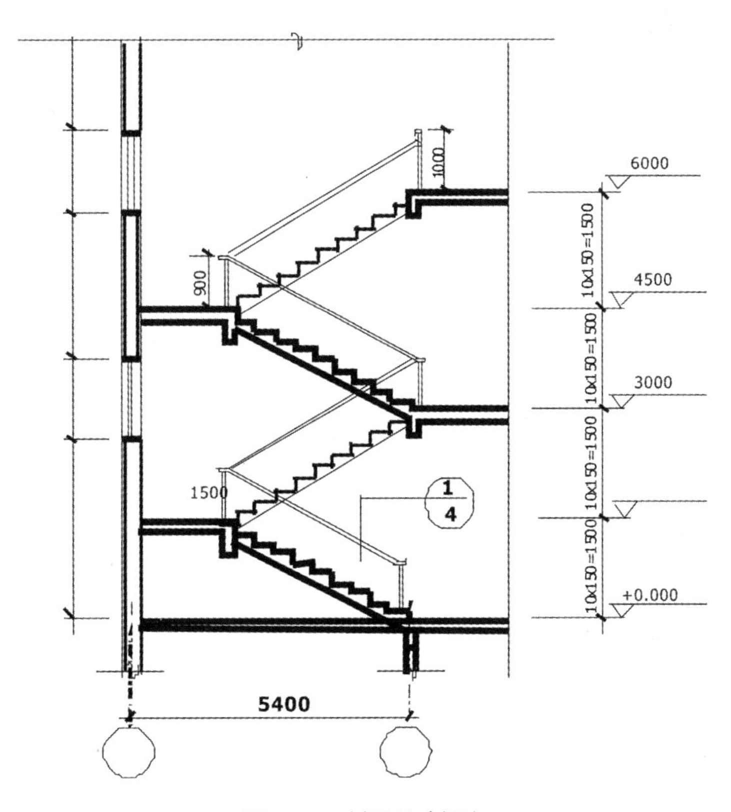

图2–46　剖面尺寸标注

四、半径、直径、球的尺寸标注

1. 半径的尺寸线应一端从圆心开始，另一端画箭头指向圆弧。半径数字前应加注半径符号“*R*”（图2–47）。

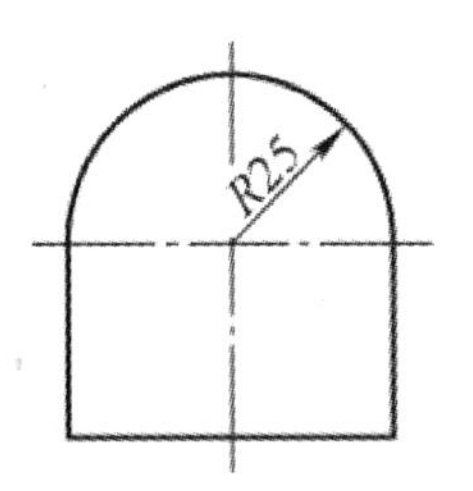

图2–47　半径标注方法

2. 较小圆弧的半径，可按图2-48形式标注。较大圆弧的半径，可按图2-49形式标注。

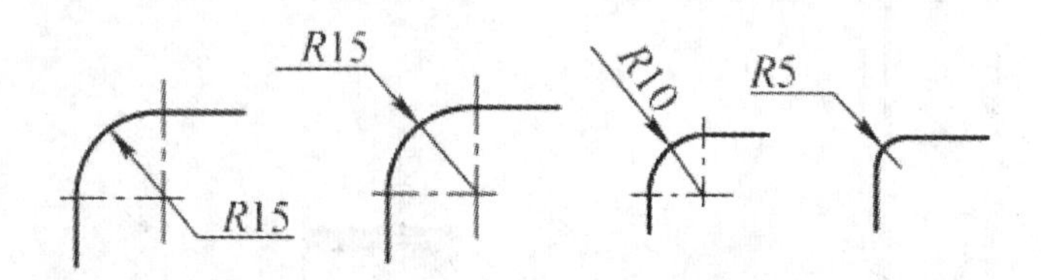

图2-48　小圆弧半径的标注方法

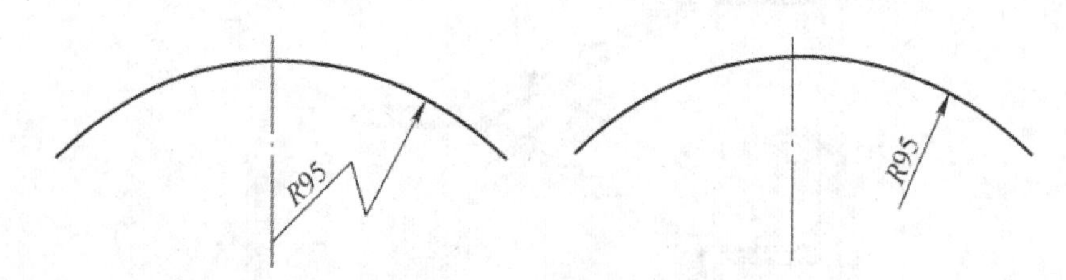

图2-49　大圆弧半径的标注方法

3. 标注圆的直径尺寸时，直径数字前应加直径符号“ϕ”。在圆内标注的尺寸线应通过圆心，两端画箭头指至圆弧（图2-50）。较小圆的直径尺寸，可标注在圆外（图2-51）。

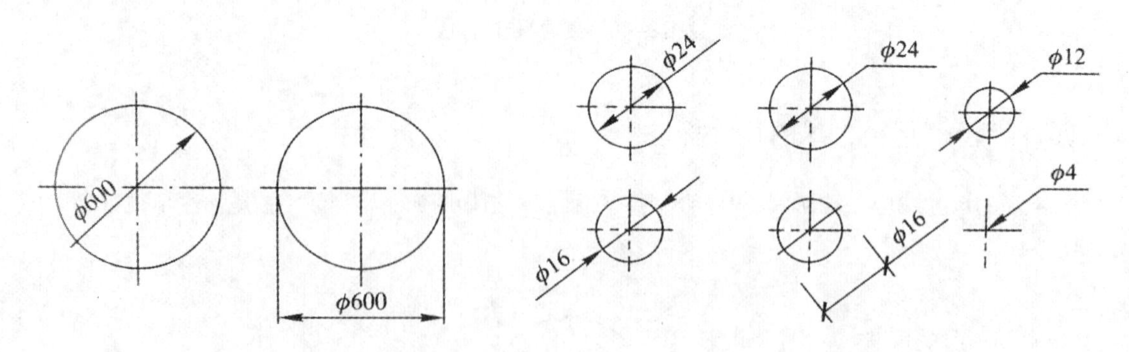

图2-50　圆直径的标注方法　　　　图2-51　小圆直径的标注方法

4. 标注球的半径尺寸时，应在尺寸前加注符号“*SR*”。标注球的直径尺寸时，应在尺寸数字前加注符号“$S\phi$”。注写方法与圆弧半径和圆直径的尺寸标注方法相同。

五、角度、弧度、弧长的尺寸标注

1. 角度的尺寸线应以圆弧表示。该圆弧的圆心应是该角的顶点，角的两条边为尺寸界线。起止符号应以箭头表示，如没有足够位置画箭头，可用圆点代替，角度数字应按水平方向注写（图2-52）。

2. 标注圆弧的弧长时，尺寸线应以与该圆弧同心的圆弧线表示，尺寸界线应垂直于该圆弧的弦，起止符号用箭头表示，弧长数字上方应加注圆弧符号“⌒”（图2-53）。

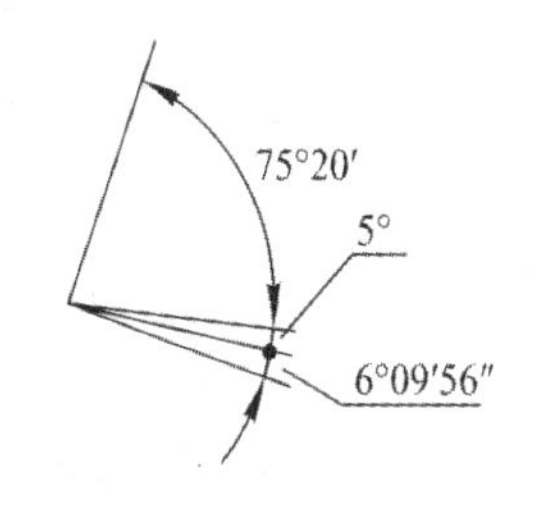

图2-52　角度标注方法

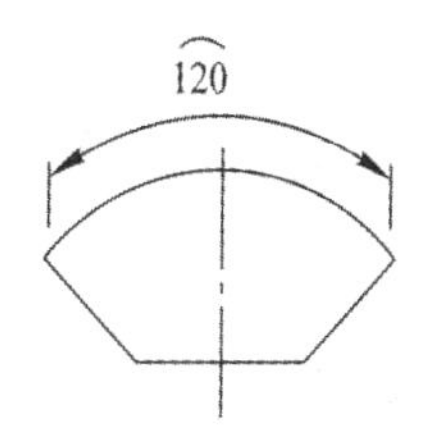

图2-53　弧长标注方法

3. 标注圆弧的弦长时，尺寸线应以平行于该弦的直线表示，尺寸界线应垂直于该弦，起止符号用中粗斜短线表示（图2-54）。

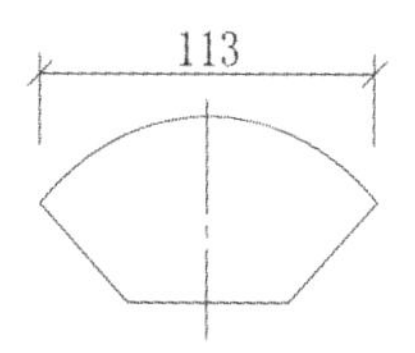

图2-54　弦长标注方法

六、薄板厚度、正方形、坡度、非圆曲线等尺寸标注

1. 在薄板板面标注板厚尺寸时，应在厚度数字前加厚度符号“t”（图2-55）。

2. 标注正方形的尺寸，可用“边长×边长”的形式，也可在边长数字前加正方形符号“□”（图2-56）。

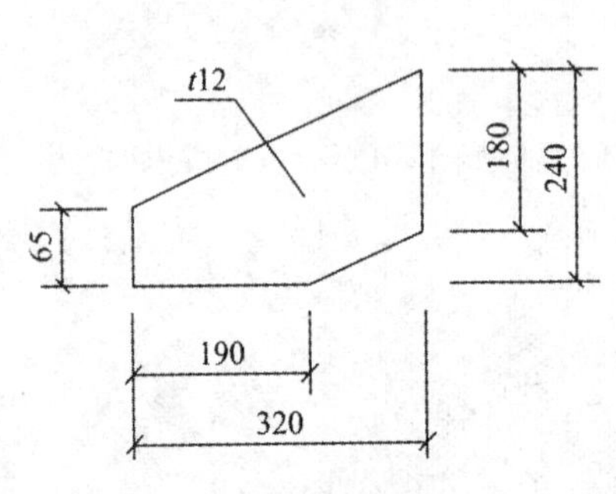

图2-55　薄板厚度标注方法

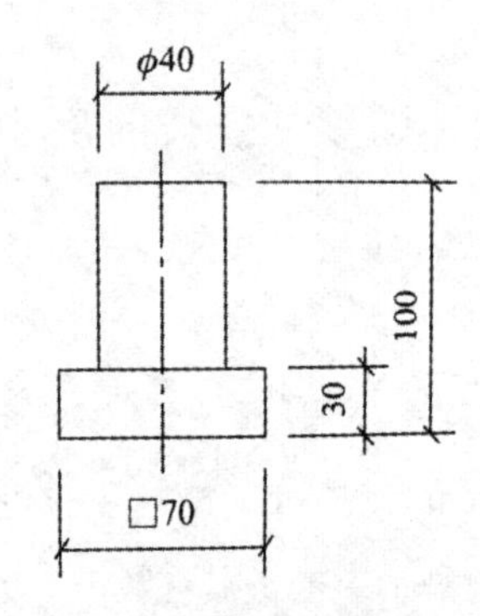

图2-56　标注正方形尺寸

3. 标注坡度时，应加注坡度符号“ ”，该符号为单面箭头，箭头应指向下坡方向（图2-57a、b）。坡度也可用直角三角形形式标注（图2-57c）。

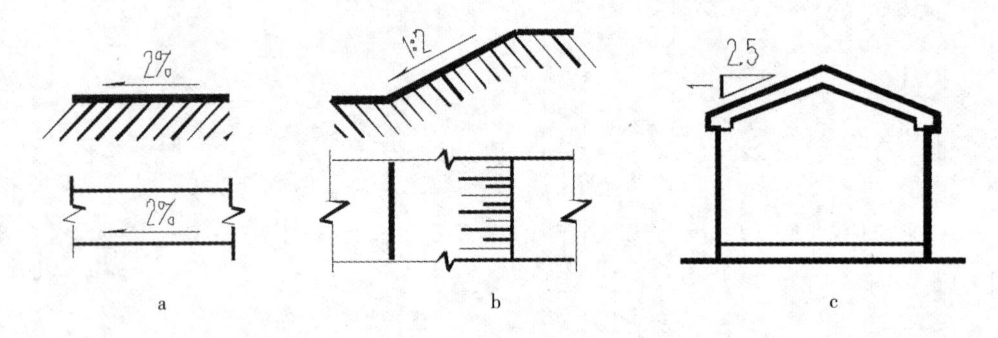

图2-57　坡度标注方法

4. 外形为非圆曲线的构件，可用坐标形式标注尺寸（图2-58）。

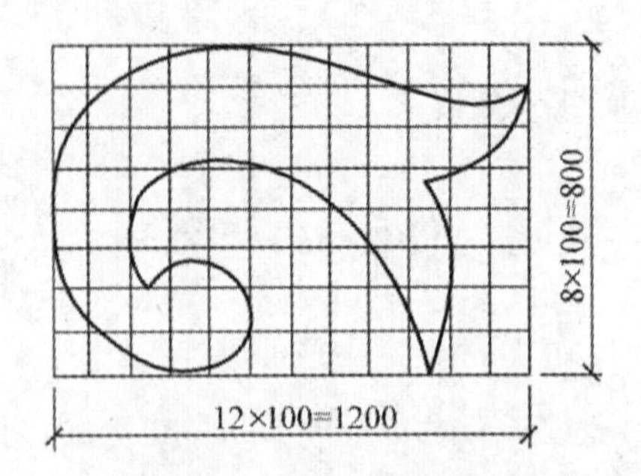

图2-58　网格法标注曲线尺寸

5. 复杂的图形，可用网格形式标注尺寸（图2-59）。

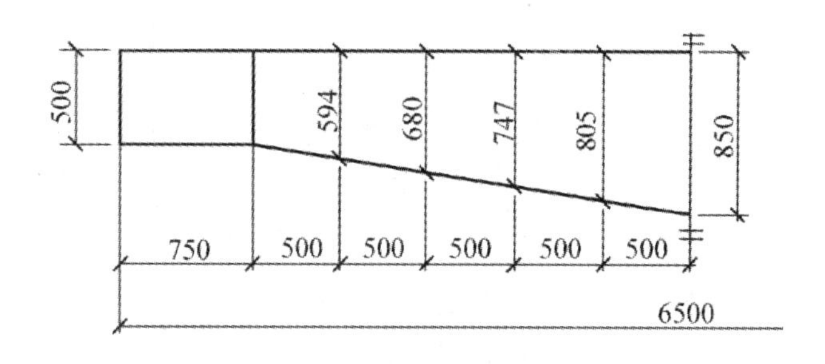

图2-59　网格法标注曲线尺寸

七、尺寸的简化标注

1. 杆件或管线的长度，在单线图（桁架简图、钢筋简图、管线简图）上，可直接将尺寸数字沿杆件或管线的一侧注写（图2-60）。

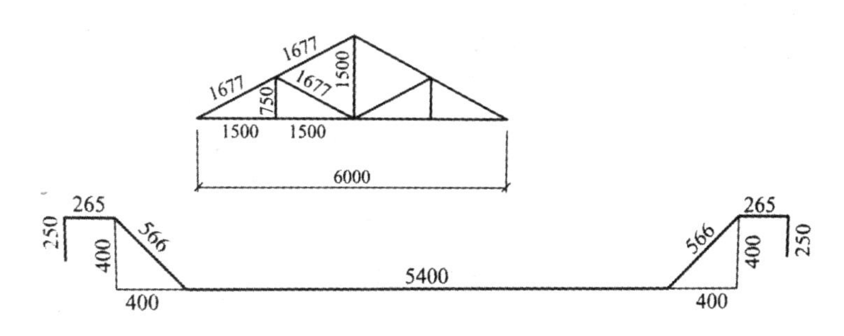

图2-60　单线图尺寸标注方法

2. 连续排列的等长尺寸，可用“个数×等长尺寸＝总长”的形式标注（图2-61），或“个数×等分＝总长”的形式标注。

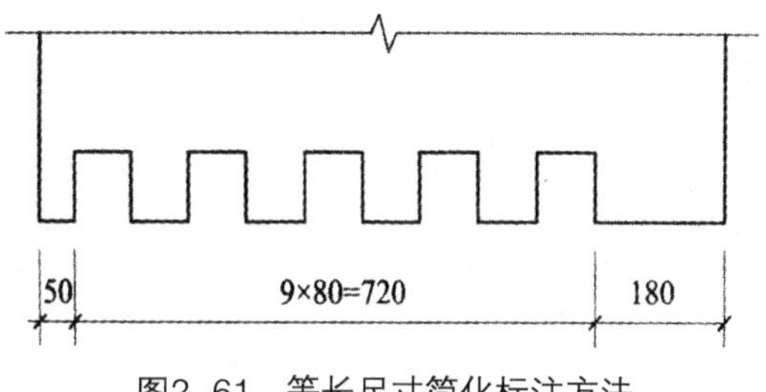

图2-61　等长尺寸简化标注方法

3. 设计图中连续重复的构配件等，当不易标明尺寸时，可在总尺寸的控制下，定位尺寸不用数值而用“均分”或“EQ”字样表示，如图2-62所示。

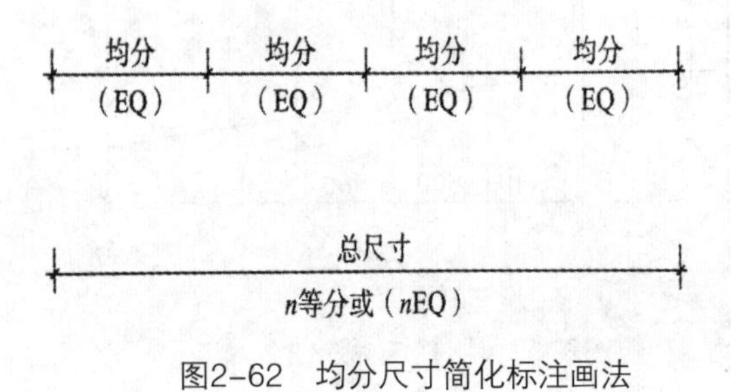

图2-62　均分尺寸简化标注画法

4. 构配件内的构造因素（如孔、槽等）如相同，可仅标注其中一个要素的尺寸，如图2-63所示。

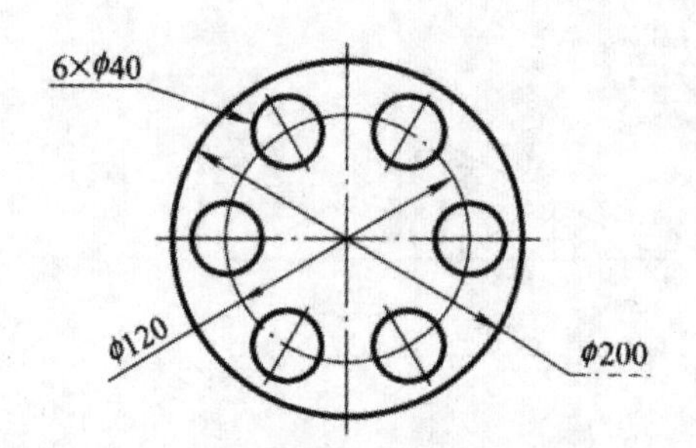

图2-63　相同要素尺寸标注方法

5. 对称构配件采用对称省略画法时，该对称构配件的尺寸线应略超过对称符号，仅在尺寸线的一端画尺寸起止符号，尺寸数字应按整体全尺寸注写，其注写位置宜与对称符号对齐（图2-64）。

图2-64　对称构件尺寸标注方法

6. 两个构配件，如个别尺寸数字不同，可在同一图样中将其中一个构配件的不同尺寸数字注写在括号内，该构配件的名称也应注写在相应的括号内（图2–65）。

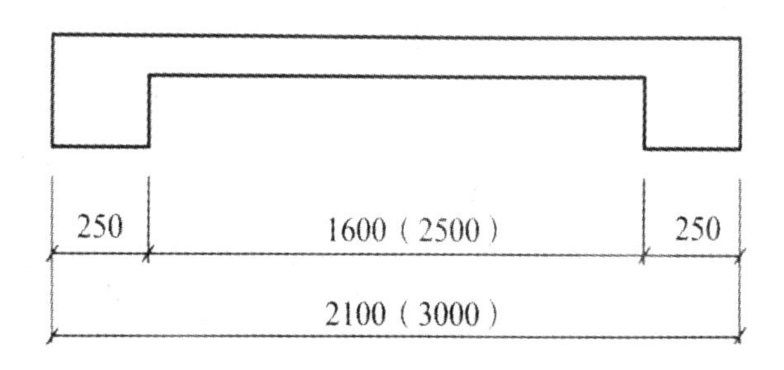

图2–65　相似构件尺寸标注方法

7. 数个构配件，如仅某些尺寸不同，这些有变化的尺寸数字，可用拉丁字母注写在同一图样中，另列表格写明其具体尺寸（图2–66）。

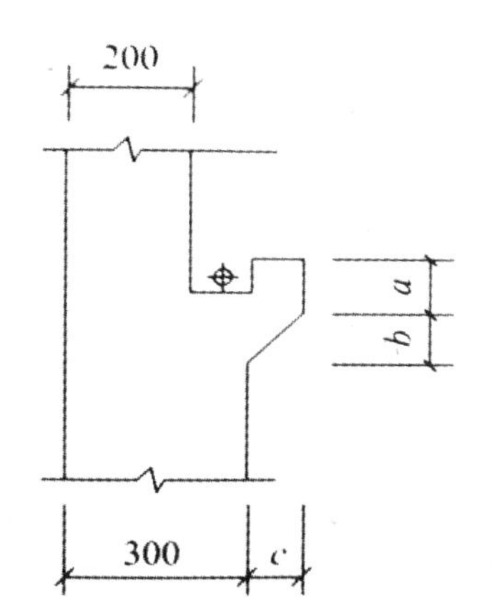

构件编号	a	b	c
Z～1	200	50	100
Z～2	250	100	100
Z～3	200	100	50

图2–66　相似构件尺寸表格式标注方法

八、标高

1. 房屋建筑室内装饰装修设计中，设计空间应标注标高，标高符号采用直角等腰三角形（图2–67a），也可采用涂黑的三角形或90°对顶角的圆（图2–67b、c），标注顶棚标高时也可采用CH符号表示（图2–67d）。标高符号的具体画法如图2–67e、f、g所示。

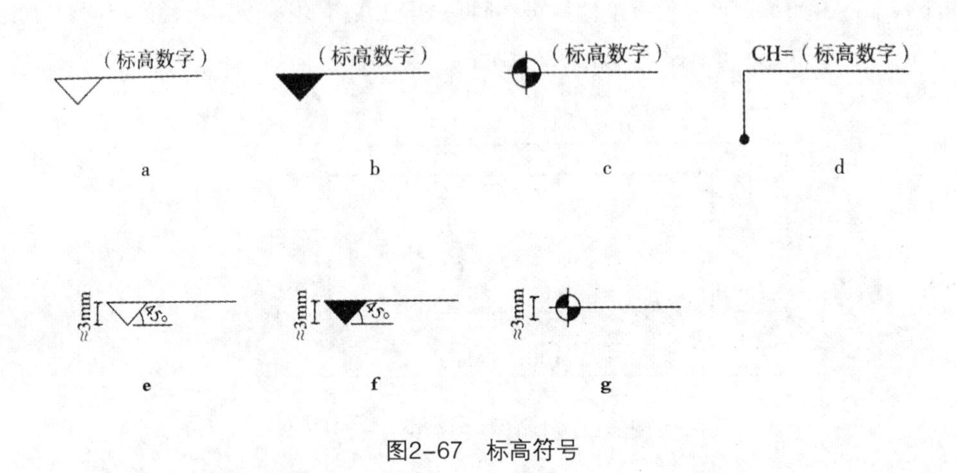

图2-67　标高符号

2. 总平面图室外地坪标高符号，宜用涂黑的三角形表示，具体画法如图2-68所示。

图2-68　总平面图室外地坪标高符号

3. 标高符号的尖端应指至被注高度的位置。尖端一般应向下，也可向上。标高数字应注写在标高符号的左侧或右侧（图2-69）。

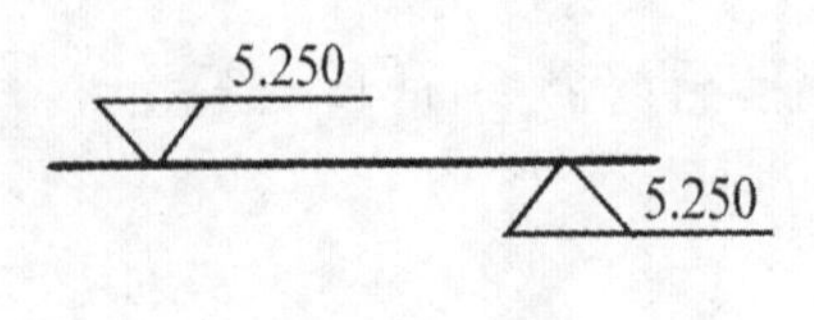

图2-69　标高的指向

4. 标高数字应以米为单位，注写到小数点以后第三位。在总平面图中，可注写到小数字点以后第二位。

5. 零点标高应注写成 ± 0.000，正数标高不注“+”，负数标高应注“–”，例如3.000、–0.600。

6. 在图样的同一位置需表示几个不同标高时，标高数字可按图2–70的形式注写。

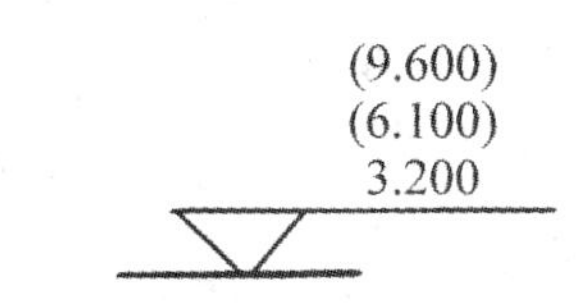

图2–70　同一位置注写多个标高数字

本章复习指引

1.《房屋建筑室内装饰装修制图标准》是所有工程技术人员必须严格执行的国家条例。我们要养成一切遵守国家条例的优良品质。

2. 本章重点介绍了制图标准中有关图幅、图线、字体、比例、符号、尺寸标注等主要内容。

3. 掌握徒手作图的技巧，便于学习时进行思考，工作时相互交流、记录、构思和创作。

复习思考题

1.《房屋建筑室内装饰装修制图标准》中规定的图线有几种类型？线宽分为几种？

2. 图样上的尺寸标注由哪几部分组成？它们各有什么规定？图样上的尺寸以什么为单位？

第三章　投影的基础知识

【学习内容】

本章的任务是学习正投影的概念、分类及正投影的基本性质，三视图的形成及投影规律。

【基本要求】

通过学习正投影的基本知识，熟悉物体的投影形成、投影法的分类，了解正投影的基本理论及它对工程图样的重要性；掌握根据简单模型绘制三面投影图的方法。

工程图样是应用投影的原理和方法绘制的。本章讲述投影原理、投影的基本特征及在视图的形成规律，为学习和绘制形体的投影图打下基础。

第一节　投影概念及其特性

假设要画出一个房屋形体的图形（图3–1a），可在形体前面设置一个光源S（例如电灯），在光线的照射下，形体将在它背后的平面P上投落一个灰黑的多边形的影。这个影能反映出形体的轮廓，但表达不出形体各部分的形状。假设光源发出的光线能够透出形体而将各个顶点和各根侧棱都在平面P上投落它们的影，这些点和线的影将组成一个能够反映形体各部分形状的图形（图3–1b），这个图形称为形体的投影。光源S称为投射中心，将从投影中心发出的射线称为投射线（投影线），获得投影的平面P称为投影面。由投影中心或投射线把物体投射到投影面P上，从而得出其投影的方法称为投影法。

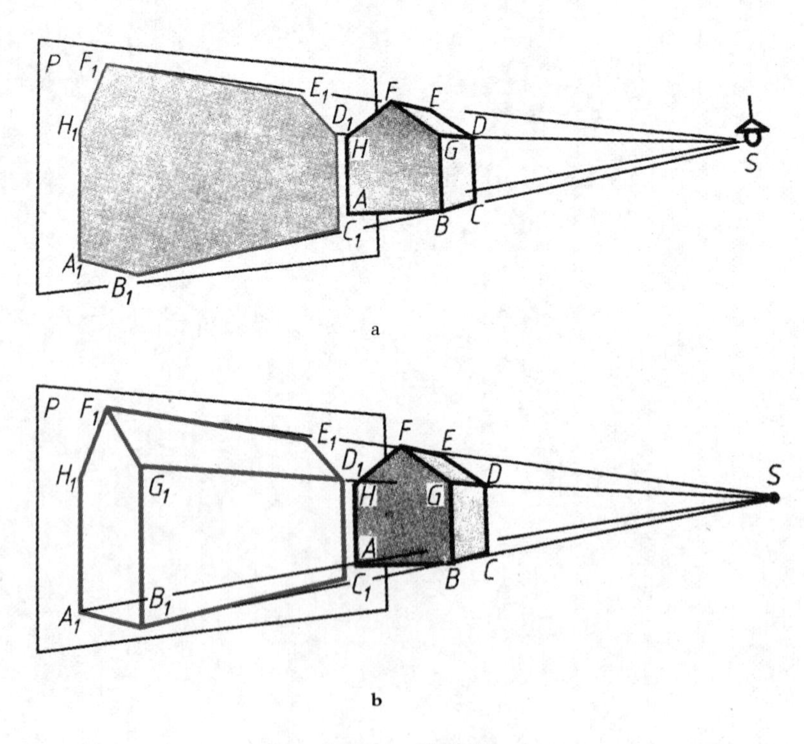

图3–1　投影法

投影是研究投射线、空间形体、投影面三者关系的。用投影来表示物体的方法称为投影法。投影分为两大类：中心投影法和平行投影法。工程制图中多采用平行投影法，尤其是正投影法。

1. 中心投影法。

投影线在有限远处相交于一点（投影中心）的投影法称为中心投影法。所得投影称为中心投影法（图3–2）。如人的视觉、照相、放幻灯片等，具有中心投影的性质。

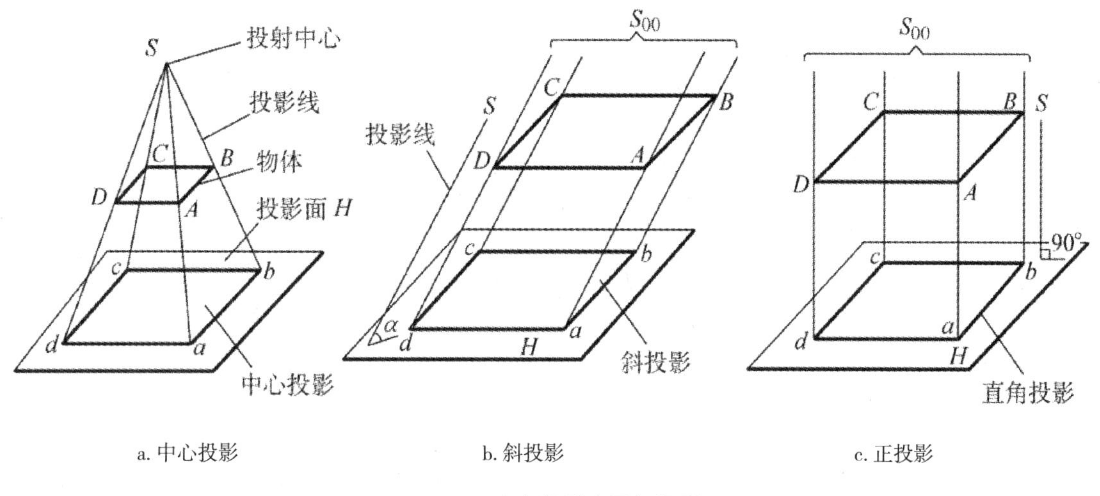

a. 中心投影　　b. 斜投影　　c. 正投影

图3–2　中心投影和平行投影

2. 平行投影法。

当投影中心离开物体无限远时，投影线可看作是相互平行的，投影线为相互平行的投影方法，称为平行投影法。平行投影有两种：一是斜投影法，二是正投影法。

（1）斜投影法：投影线相互平行，但倾斜于投影面的投影方法，一般在轴测投影时应用。

（2）正投影法：投影线相互平行且垂直于投影面的投影法。又叫直角投影法，如图3–3。用正投影法画出的物体图形，称为正投影图。

正投影图虽然直观性差些，但能反映物体的真实形状和大小，度量性好，作图简便，为工程制图中经常采用的一种主要图示方法。一般工程图都是按正投影的原理绘制的，为叙述方便起见，如无特殊说明，以后书中所指“投影”为“正投影”。无论是中心投影法还是平行投影法，都具有如下的特性：

1. 任何一种投影方法，必须具备 3 个要素：形体、投影中心和投影面，如图3–2所示。

2. 在投影面和投影中心确定后，形体上的每一点必有其唯一的投影，建立起一一对应的关系，例如图3–2中的A和a，B和b，C和c等。

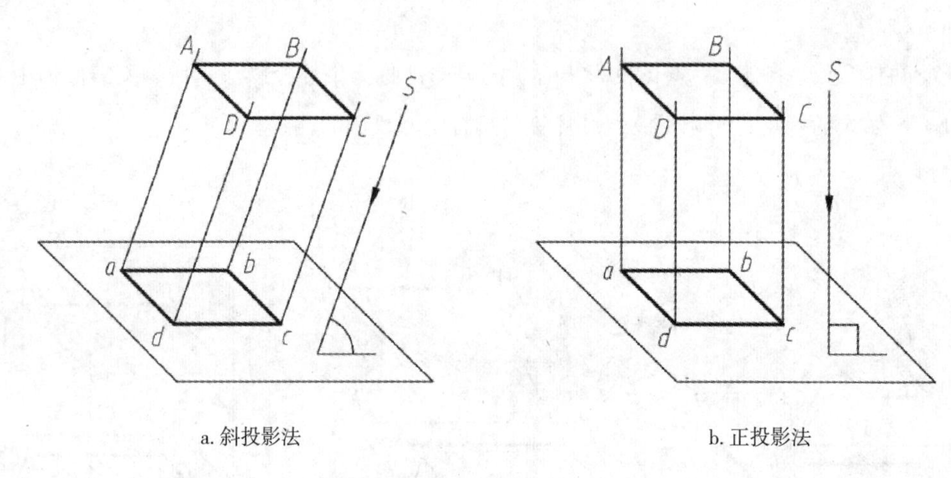

a. 斜投影法　　　　b. 正投影法

图3-3　平行投影法

3. 空间一点的一个投影不能确定该点的空间位置。因同一根投射线上任何一点的投影，都落在该投射线与投影面的交点上。

4. 一点在一投射线上移动，无论该点到投影面的距离如何，在该投影面上的投影位置不变。

一、各种投影法在建筑工程中的应用

表达工程物体时，由于表达目的和被表达对象特性的不同，往往需要采用不同的投影图。常用的投影图有 4 种:

1. 用中心投影法，可在投影面*P*（画面）上画出的透视投影图，简称为透视图。如图3-4a所示。这种图的优点是形象逼真，立体感强，其图样常用作建筑设计方案的比较、展览；缺点是绘图较繁，度量性差。

2. 用斜投影法，可在平行于房屋一个侧面的投影面*V*绘制出斜轴测投影图，如图3-4b所示。这种图的优点是立体感较强；缺点是度量性不够理想，作图较麻烦，工程中常用作辅助图样。

3. 用正投影法，可在一个不平行于房屋任一向度的投影面*Q*上作出正轴测图，如图3-4c所示。

4. 用正投影法，在两个或两个以上相互垂直，分别平行于房屋主要侧面的投影面（例如*V*和*H*）上作出形体的正投影，并把所得正投影按一定规则画在同一平面上（图3-3d）。这种由两个或两个以上正投影组合而成，用以确定空间形体的一组投影，称为多面正投影图，简称正投影图。这种图能真实地反映出房屋各个主要侧面的形状和大小，便于度量，作图简便，但缺乏立体感，需经过一

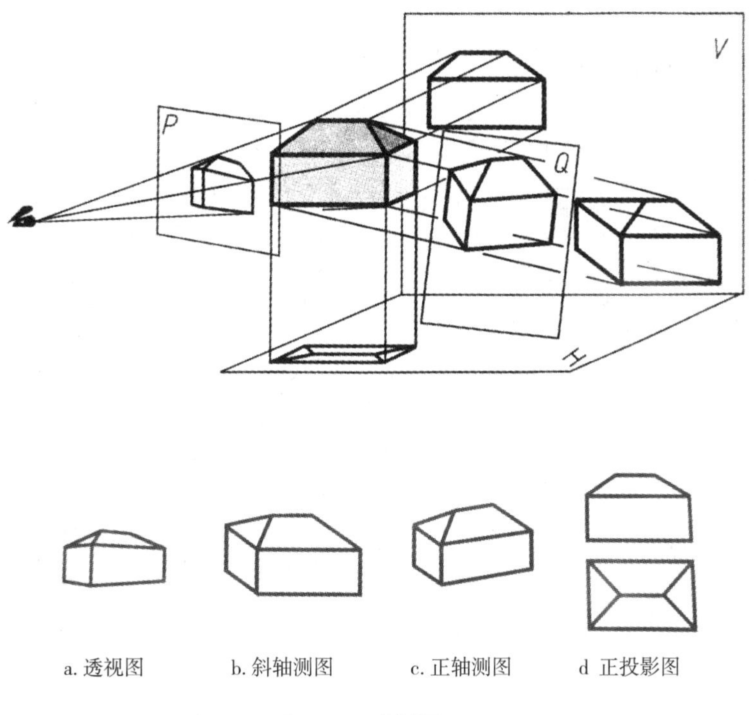

图3-4　透视图

定的训练才能看懂。

5. 用正投影法，标高投影图是一种带有数字标记的单面正投影图，如图3-5。标高投影图常用来表达地面的形状。作图时用间隔相等的水平面截割地形面，其交线即为等高线，将不同高程的等高线投影在水平的投影面上，并标出各等高线的高程，即为标高投影图，从而表达出该处的地形情况。

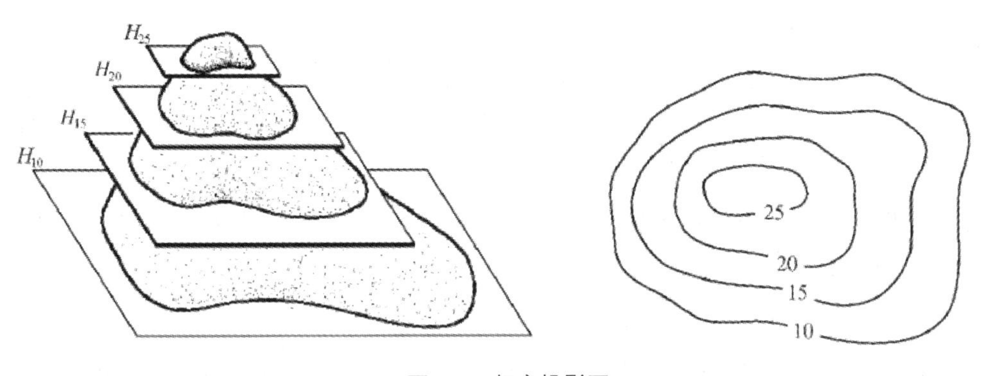

图3-5　标高投影图

二、正投影法的基本特性

1. 真实性。

当直线线段或平面图形平行于投影面时，其投影反映实长或实形，如图3-6a、b所示。

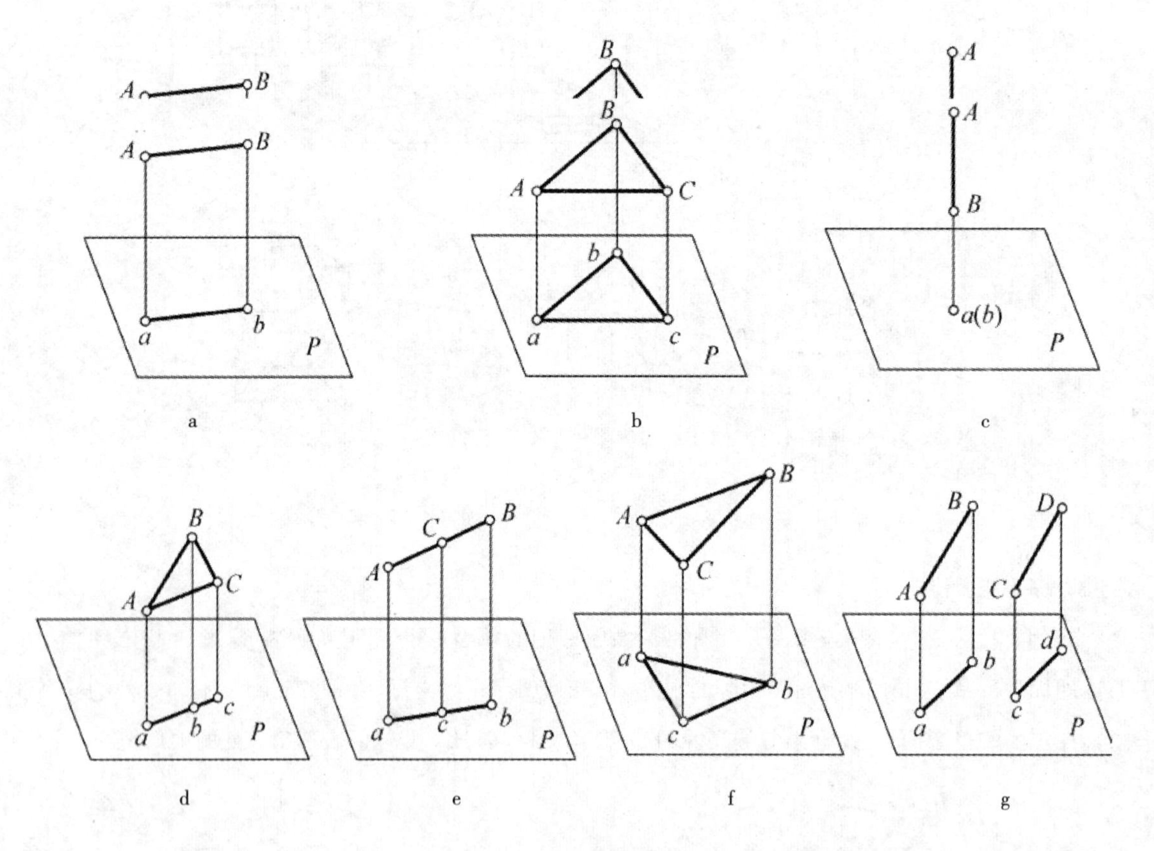

图3-6 正投影的特性

2. 积聚性。

当直线或平面平行于投影线时（或垂直于投影面），其投影积聚为一点或一直线，如图3-6 c 、d 所示。

3. 类似性。

当直线或平面倾斜于投影面而又不平行于投影线时，其投影小于实长或不反映实形，但与原形类似，如图3–6 e 、f所示。

4. 平行性。

互相平行的两直线在同一投影面上的投影保持平行，如图3–6 g 所示$AB/\!/CD$，则$ab/\!/cd$。

5. 从属性。

若点在直线上，则点的投影必在直线的投影上，如图3–6 e 中C点在AB上，C点的投影c必在AB的投影ab上。

6. 定比性。

直线上一点所分直线线段的长度之比等于它们的投影长度之比；两平行线段的长度之比等于它们没有积聚性的投影长度之比，如图3–6 e 中$AC:CB=ac:cb$，图3–6 g 中$AB:CD=ab:cd$。

第二节　三面投影体系及其特性

一、三面投影的必要性

一般情况下，要确定某物体的整体形状，用一个投影面是困难的，如图3–7所示。要用两个投影面，但大多数物体需用三个投影面。

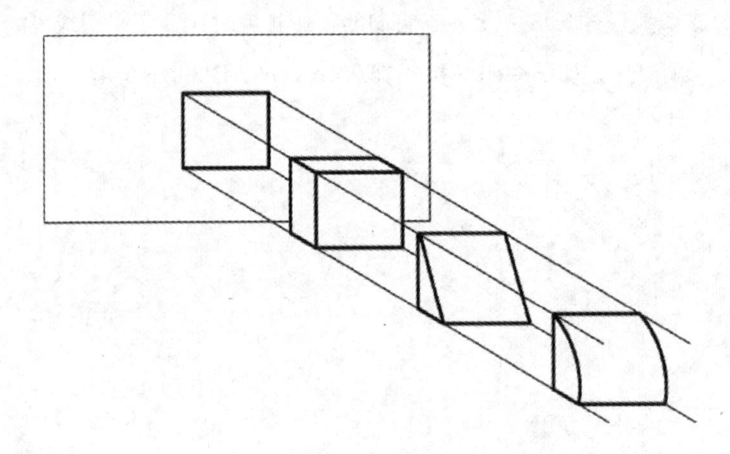

图3–7　投影不能确定物体的形状

为使三个投影面处于同一个图纸平面上，我们把三个投影面展开，如图3–8a所示。规定*V*面固定不动，*H*面绕*OX*轴向下旋转90°，*W*面绕*OZ*轴向右旋转90°，从而都与*V*面处在同一平面上。这时*OY*轴分为两条：一条随*H*面转到与*OZ*轴在同一铅垂线上，标注为*OYH*；另一条随*W*面转到与*OX*轴在同一水平线上，标注为*OYW*，如图3–8 b 所示。正面投影（*V*）、水平投影（*H*）和侧面投影（*W*）组成三面投影图。

实际作图时，只需画出物体的三个投影而不需画投影面边框线，如图3–9所示。熟练作图后，三条轴线亦可省去。

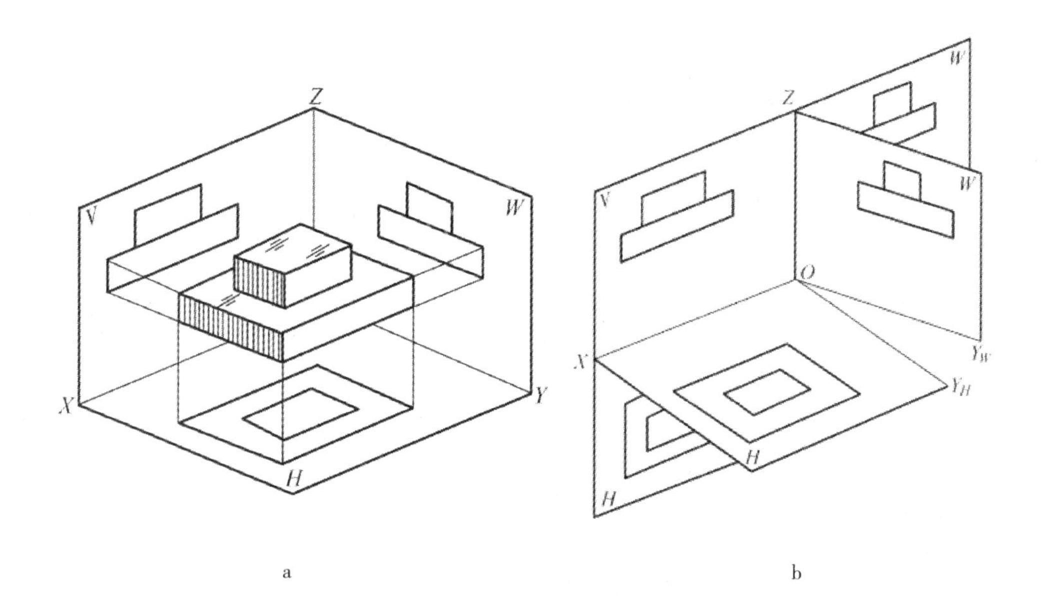

图3-8　三面投影图

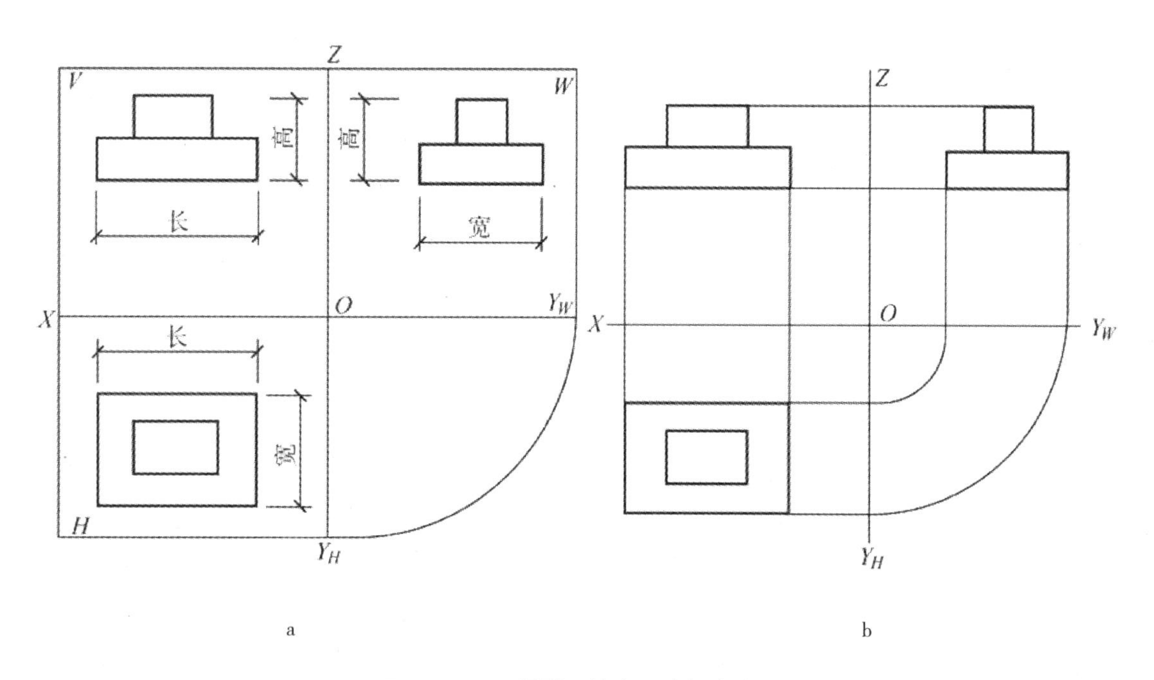

图3-9　三面投影图的度量对应关系

二、三个视图的关系

1. 三个视图的位置关系。

俯视图在主视图的正下面，左视图在主视图的正右边。

2. 三个视图与物体的关系。

主视图反映物体的长（X）和高（Z），俯视图反映物体的长（X）和宽（Y），左视图反映物体的高（Z）和宽（Y），如图 3 -10所示。

由主视图可以分辨物体的上下左右，俯视图可以分辨物体的前后左右，左视图可以分辨物体的上下和前后，如图 3 -11 所示。

在俯视图和左视图中，靠近主视图的一面是物体的后面。

3. 三个视图的尺寸关系。

主视图与俯视图长度相等（X 坐标相同），主视图与左视图高度相等（Z 坐标相同），俯视图与左视图宽度相等（Y 坐标相同），如图 3 -10 所示。所以，三个视图的投影关系为：

（1）主、俯视图长对正；

（2）主、左视图高平齐；

（3）俯、左视图宽相等。

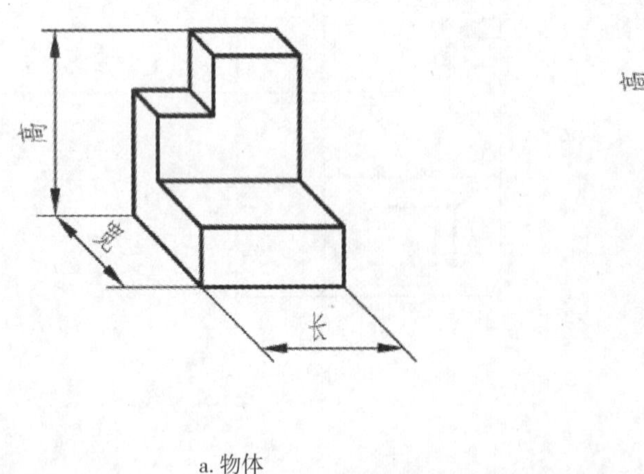

a. 物体

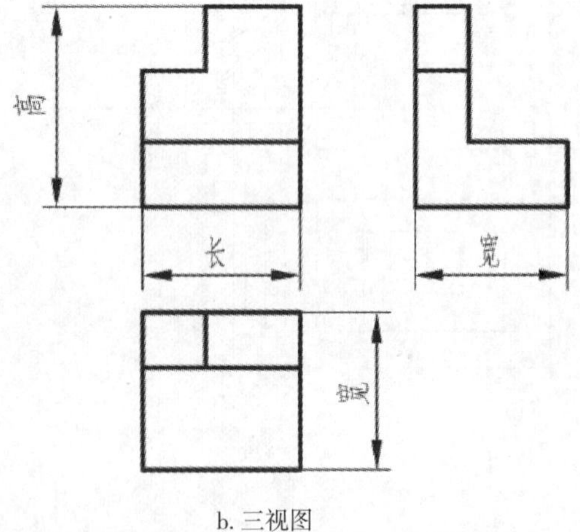

b. 三视图

图3-10　三视图与物体的尺寸关系

三、三面投影图的特性

1. 度量相等。

三面投影图共同表达同一物体，它们的度量关系为：

（1）正面投影与水平投影长对正；

（2）正面投影与侧面投影高平齐；

（3）水平投影与侧面投影宽相等。

这种关系称为三面投影图的投影规律，简称三等规律。三等规律不仅适用于物体总的轮廓，也适用于物体的局部。

2. 位置对应。

从图3-11中可以看出，物体的三面投影图与物体之间的位置对应关系为：

（1）正面投影反映物体的上、下、左、右的位置；

（2）水平投影反映物体的前、后、左、右的位置；

（3）侧面投影反映物体的上、下、前、后的位置。

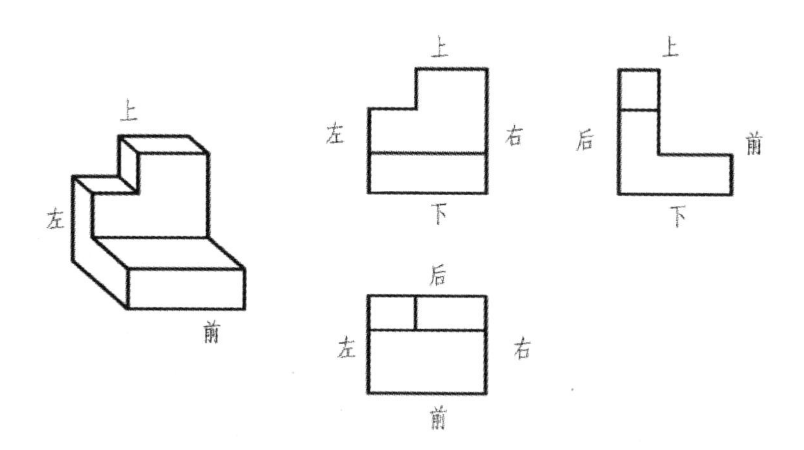

图3-11　三视图与物体的方位关系

四、三面正投影图画图步骤

在三面投影图中，每个投影图各反映其中四个方位的情况，平面图反映物体的左右和前后；正面图反映物体的左右和上下；侧面图反映物体的前后和上下，如图3-12所示。三面投影图依然遵循着投影对应规律，各投影图之间在量度方向上相互对应。正面、平面长对正（等长）；正面、侧面高平齐（等高）；平面、侧面宽相等（等宽）。

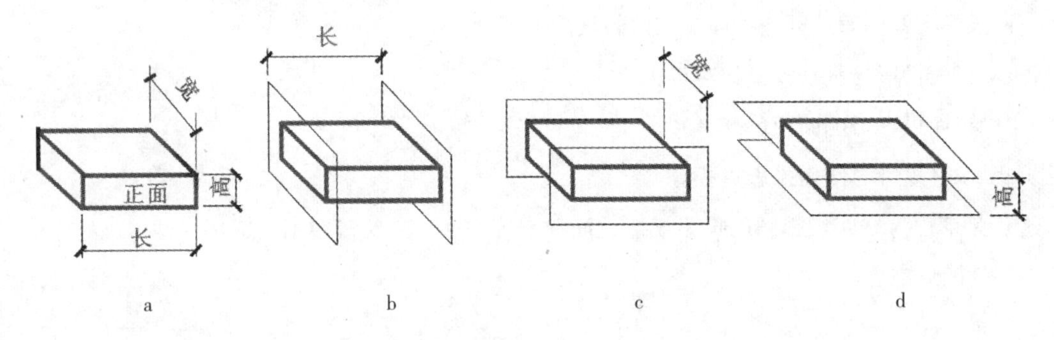

图3-12　形体的长、宽、高

1. 先画出水平和垂直十字相交线表示投影轴，如图3-13a。

2. 根据“三等”关系：正面图和平面图的各个相应部分用铅垂线对正（等长）；正面图和侧面图的各个相应部分用水平线拉齐（等高），如图3-13b。

3. 利用平面图和侧面图的等宽关系，从O点作一条向右下斜的45°线，然后在平面图上向右引水平线，与45°线相交后再向上引铅垂线，把平面图中的宽度反映到侧面投影中去，如图3-13c。

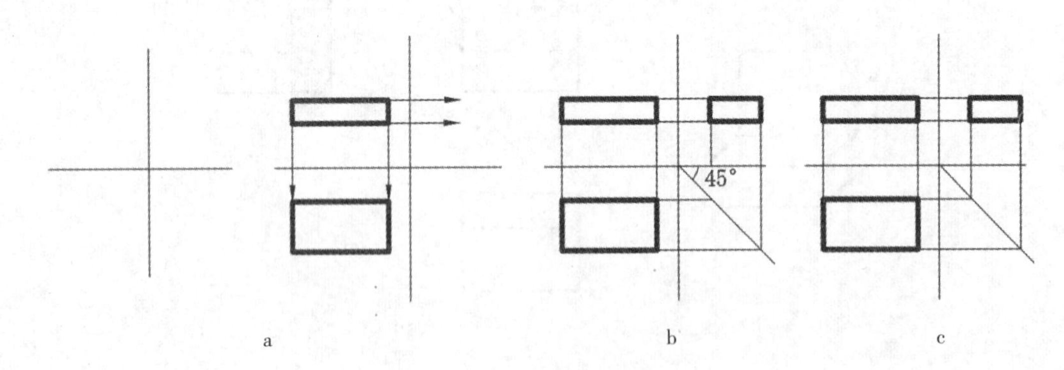

图3-13　三面正投影图画图步骤

五、三视图画法举例

根据轴测图或模型画三视图，如图 3 –14、图 3 –15所示。

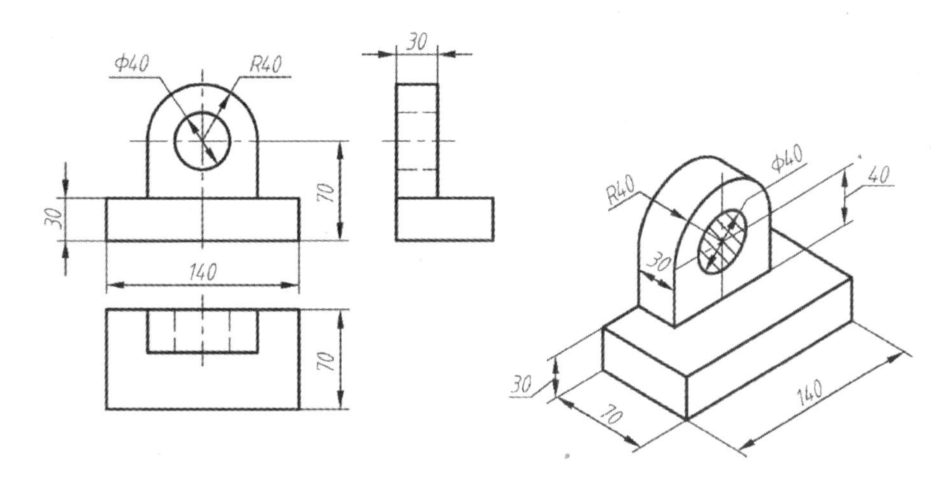

图3-14　画三视图例一

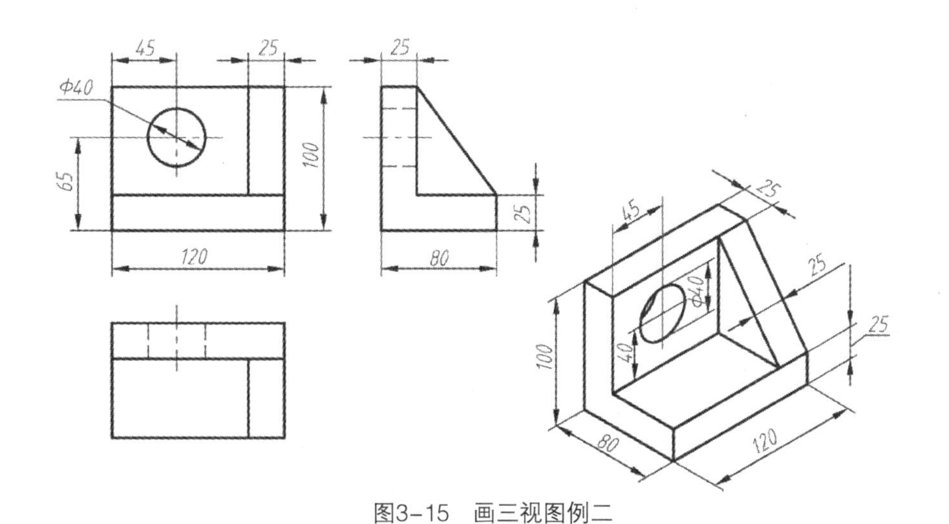

图3-15　画三视图例二

本章复习指引

1. 投影图和各种专业图是通过投影的方法而产生的，对它的原理和特性，必须掌握和熟悉。要了解工程中常用的五种投影图是如何投影产生的。

2. 平行投影简单易画且直观，已成为大多数工程图的投影方法。

3. 必须熟练掌握两面和三面投影图的形成和它们的特性。

复习思考题

1. 中心投影和平行投影有什么区别？有什么共同的特性？

2. 为什么一个投影不能确切和全面地表达形体的形状和大小？

3. 两面和三面正投影体系是怎样建立的？正投影图有哪些特点？

第四章　点、直线、平面的投影

【学习内容】

本章的任务是学习点、线、面的投影规律和各种特殊位置直线和平面的投影特性。

【基本要求】

通过学习熟悉并能熟练掌握点、线、面的投影规律和各种特殊位置直线和平面的投影特性，理解点、线、面之间的相对位置和投影关系。

任何形体的构成都离不开点、线和面等基本几何元素。要正确表达和分析几何形体，必须掌握点、直线和平面的投影规律。研究这些基本几何元素的投影特性和作图方法，对指导画图和读图有十分重要的意义。

第一节　点的投影

一、点的单面投影

一点在一个投影面上有唯一的正投影，但根据一点在一个投影上的正投影却不能确定该点在空间的位置。

当空间有两个或两个以上的点时，它们就产生了相对位置，即上下、左右和前后的相对关系，如图4-1中的A、B、C三点。H面可反映三点间的左右关系和前后关系。在实际运用中，重点是点之间的相对位置，为此投影轴可不必画出。点是形体最基本的元素。在几何学中无大小、薄厚、宽窄，只占有位置。空间点用大写字母表示，投影点用小写字母表示。

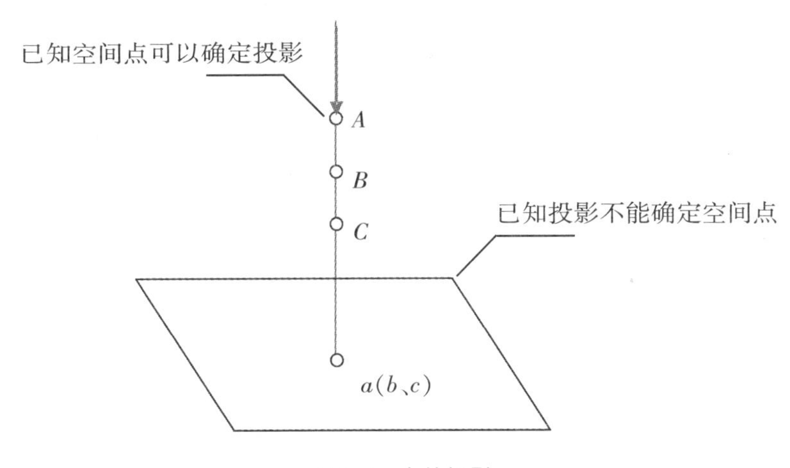

图4-1　点的投影

二、点的三面投影规律

从图4-2 a 可看出：$aa_x=Aa'=a''a_z$，即A点的水平投影a到OX轴的距离等于A点的侧面投影a''到OZ轴的距离，都等于A点到V面的距离。由图4-2 a 可看出，由Aa'和Aa确定的平面Aaa_xa'为一矩形，故得：$aa_x=Aa'$（A点到V面的距离），$a'a_x=Aa$（A点到H面的距离）。

同时，还可以看出：因$Aa\perp H$面，$Aa'\perp V$面，故平面$Aaa_xa'\perp H$面和V面，则$OX\perp a'a_x$和aa_x。当

两投影面体系按展开规律展开后，aa_x与OX轴的垂直关系不变，故$a'a_xa$为一垂直于OX轴的直线，即$a'a \perp OX$。

同理可知：$a'a'' \perp OZ$，见图4-2 b 。

综上所述，可得点的三面投影规律如下：

1. 一点的水平投影与正面投影的连线垂直于OX轴；

2. 一点的正面投影与侧面投影的连线垂直于OZ轴；

3. 一点的水平投影到OX轴的距离等于该点的侧面投影到OZ轴的距离，都反映该点到V面的距离。由上述规律知，由已知点的两个投影（含上下、左右、前后三种关系）便可求出第三个投影（只需上下、左右、前后三种关系中的两种）。

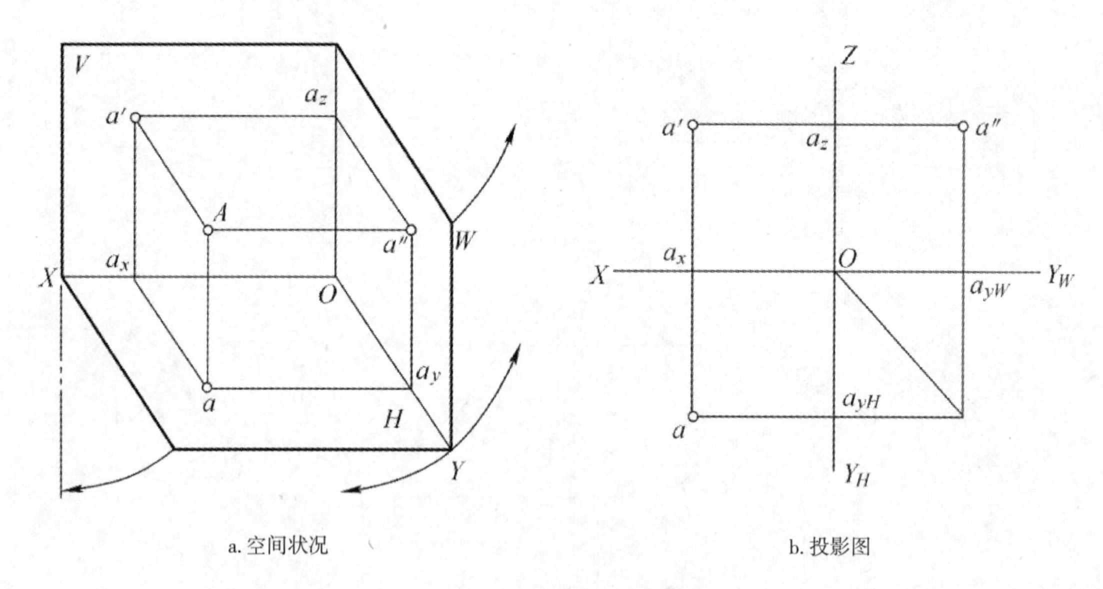

a. 空间状况　　b. 投影图

图4-2　点的三面投影

下面用例题说明如何根据点的两个投影便可求出第三个投影。

【例4-1】见图4-3 a ，已知点A、B的两面投影，求作第三面投影。

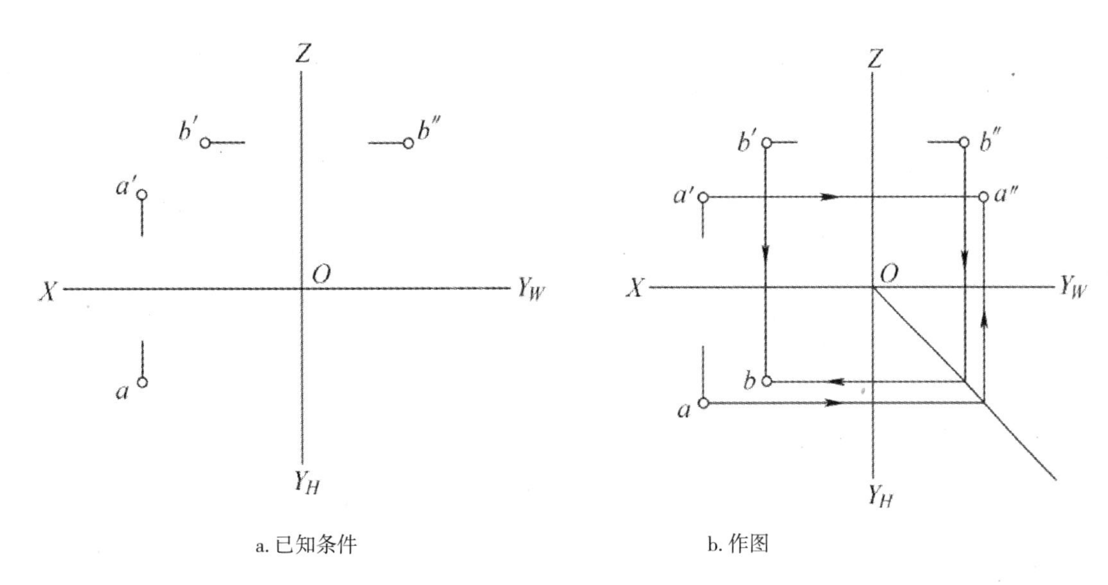

a. 已知条件　　　　b. 作图

图4-3　已知两面投影求第三面投影

三、点在三投影面体系中的投影

作出一点A的三面投影a、a'、a''（图4-4a）。各投影之间有如下的三项投影关系。空间点的位置除了用投影表示以外，还可以用坐标来表示。我们把投影面当作坐标面，把投影轴当作坐标

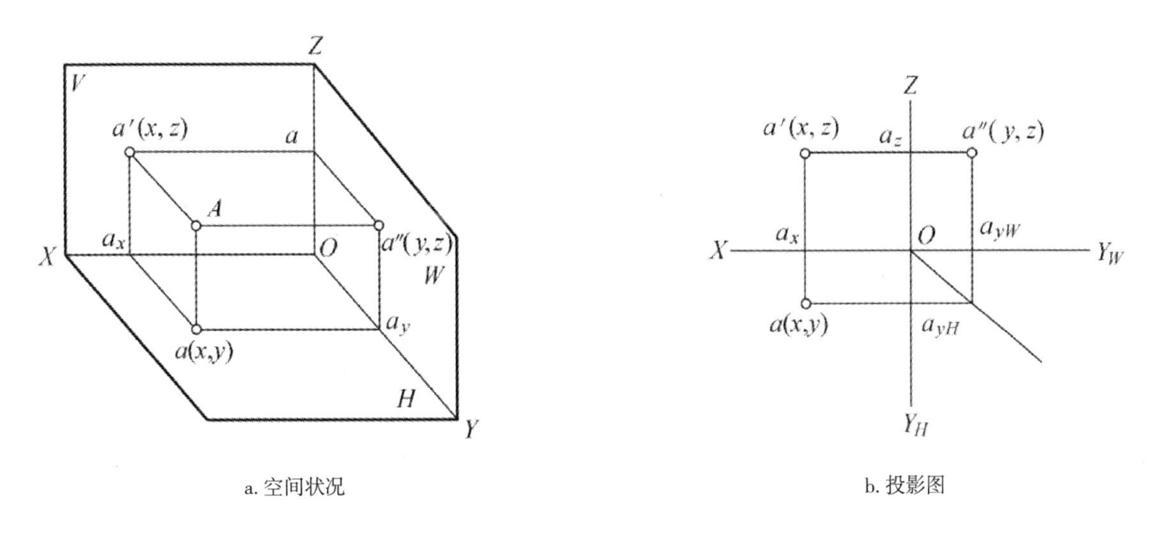

a. 空间状况　　　　b. 投影图

图4-4　点的投影与坐标

轴，把投影原点当作坐标原点，则点到三个投影面的距离便可用点的三个坐标来表示，如图所示，点的投影与坐标的关系如下：设点A坐标为（x、y、z）。

A点到H面的距离$Aa=Oa_z=a'a_x=a''a_y=z$坐标。

A点到V面的距离$Aa'=Oa_y=aa_x=a''a_z=y$坐标。

A点到W面的距离$Aa''=Oa_x=a'a_z=aa_y=x$坐标 。

由此可见，已知点的三面投影就能确定该点的三个坐标；反之，已知点的三个坐标，就能确定该点的三面投影或空间点的位置。

四、两点的相对位置及重影点

1. 两点的相对位置。

根据两点的投影，可判断两点的相对位置。如图所示：从图4-5 a 表示的上下、左右、前后位置对应关系可以看出：可由正面投影或侧面投影判断上下位置，由正面投影或水平投影判断左右位置，由水平投影或侧面投影判断前后位置。根据图4-5 b 中A、B两点的投影，可判断出A点在B点的左、前、上方；反之，B点在A点的右、后、下方。

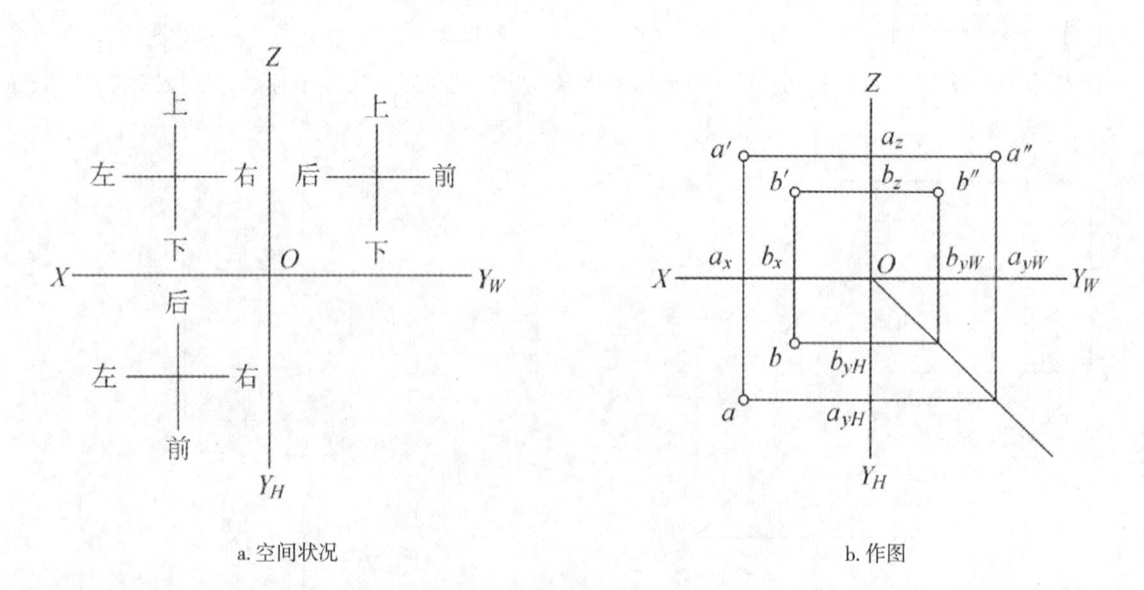

a. 空间状况　　b. 作图

图4-5　两点的相对位置

2. 重影点及可见性的判断。

当空间两点位于某一投影面的同一条投影线上时，则此两点在该投影面上的投影重合，这两点称为对该投影面的重影点。如图4-6 a 所示，A、C两点处于对V面的同一条投影线上，它们的V面投影a' 、c' 重合，A、C两点就称为对V面的重影点。同理，A、B两点处于对H面的同一条投影线上，A、B两点就称为对H面的重影点。

当空间两点为重影点，其中必有一点遮挡另一点，这就存在着可见性的问题。如图4-6 b 所示，A点和C点在V面上的投影重合为a'（c'），A点在前遮挡C点，其正面投影a' 是可见的，而C点的正面投影（c'）不可见，加括号表示（称前遮后，即前可见后不可见）。同时，A点在上遮挡B点，a为可见，（b）为不可见（称上遮下，即上可见下不可见）。同理，也有左遮右的重影状况（左可见右不可见），如A点遮住D点。

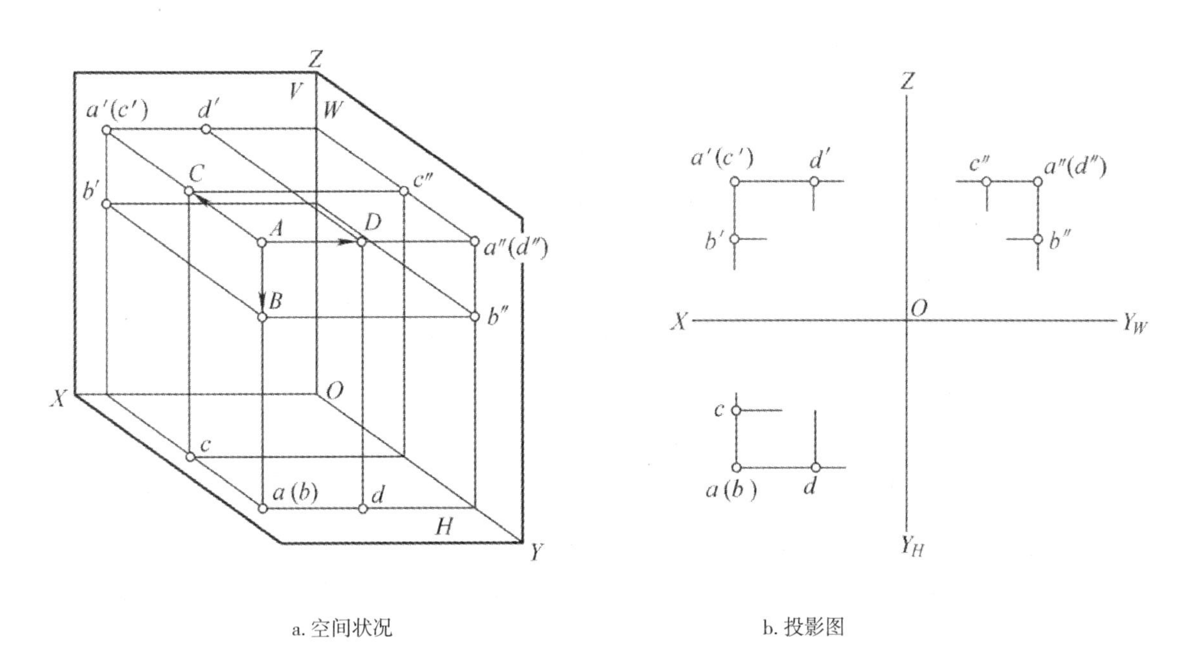

a. 空间状况　　b. 投影图

图4-6　重影点的可见性

第二节　直线的投影

从几何学可知，直线的长度是无限的，直线的空间位置可由线上任意两点的位置确定，即两点确定一条直线。直线还可以由线上任意一点的位置和线的指向（例如规定要平行于另一已知直线）来确定。直线通常取线上任意两点的字母来标记，例如直线AB，也可以以一个字母来标记，例如直线L。直线上的两点之间的一段，称为线段。线段有一定长度，用它的两个端点来标记。

对于投影面来说，形体上的直线有各种不同的位置，有的垂直于投影面，有的平行于一个投影面，有的不平行于任意投影面。直线在某一投影面上的投影，就是通过该直线的投射平面与该投影面的交线。两平面的交线是一直线，所以直线的投影一般仍是直线。但当直线与投射方向一致时，其投影积聚为一点。

根据直线在投影面体系中对三个投影面所处的位置不同，可将直线分为一般位置直线、投影面平行线和投影面垂直线三类。其中，后两类统称为特殊位置直线。

一、一般位置直线

1. 空间位置。

对三个投影面都处于倾斜位置的直线，称之为一般位置直线，简称为一般线。它与H、V、W面的倾角α、β、γ均不等于0°或90°，如图4-7 a 所示。

2. 投影特点。

如图4-7 a 所示，将直线AB向投影面H作投影，该投影在空间形成了一个平面，这个平面与投影面H的交线ab就是直线AB的H面投影。绘制一条直线的三面投影图，可将直线上两端点的各同面投影相连，便得直线的投影。如图4-7 b 所示。

一般位置直线的投影特性为：

①一般位置直线的三个投影均倾斜于投影轴，均不反映实长，也无积聚性。

②一般线上各点到同一投影面的距离都不等，所以，一般线三个投影的长度都小于线段的实长。

③三个投影与投影轴的夹角均不反映直线与投影面的夹角。

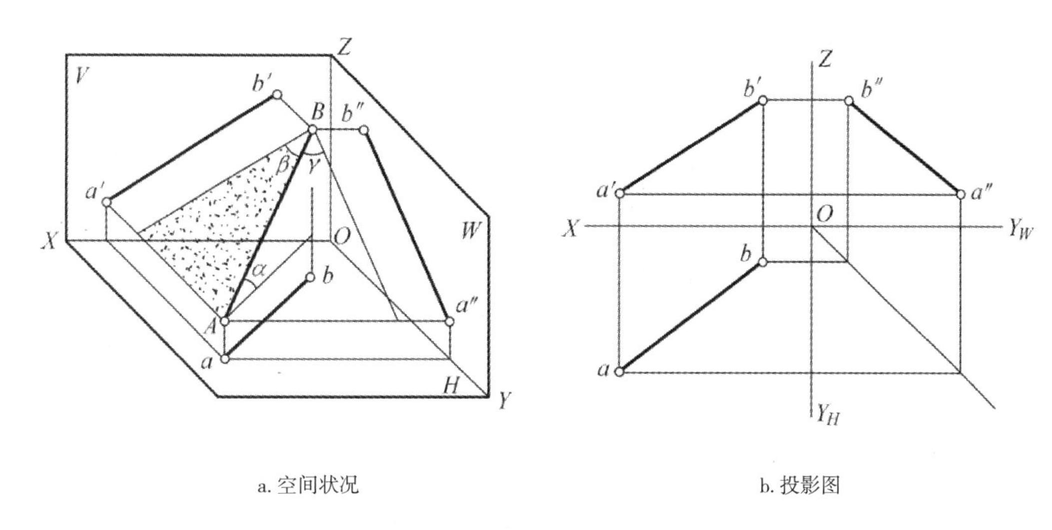

a. 空间状况　　　　b. 投影图

图4-7　直线的投影

二、投影面平行线

1. 空间位置。

平行于某一投影面，但倾斜于其余两个投影面的直线，称之为投影面平行线。

2. 投影面平行线分类。

（1）水平线。平行于*H*面，与*V*、*W*面倾斜的直线。

（2）正平线。平行于*V*面，与*H*、*W*面倾斜的直线。

（3）侧平线。平行于*W*面，与*H*、*V*面倾斜的直线。

3. 投影特点。

投影面平行线的投影特性见表4-1，投影面平行线在其所平行的投影面上的投影反映实长，并反映与另两投影面的夹角；在其他两投影面上的投影分别平行于该直线所平行的那个投影面的两条投影轴（或在其他两投影面上的投影同垂直于同一投影轴），且长度都小于其实长。

表4-1　投影面平行线投影特性

名称	水平线（//*H*面）	正平线（//*V*面）	侧平线（//*W*面）
直观图	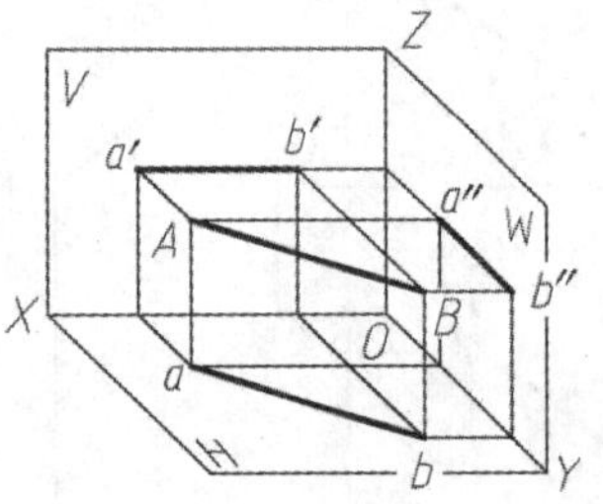	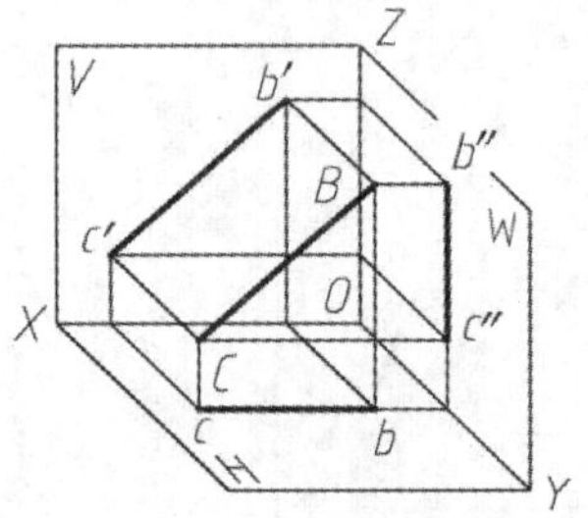	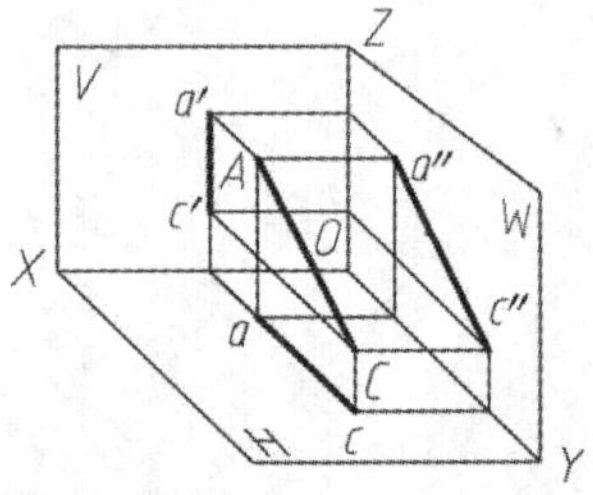
投影图	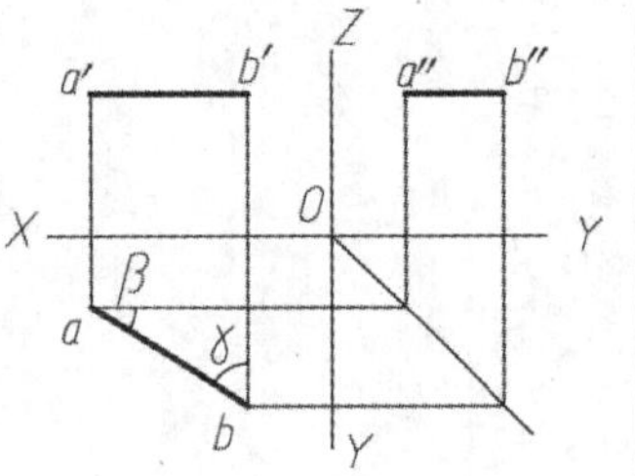	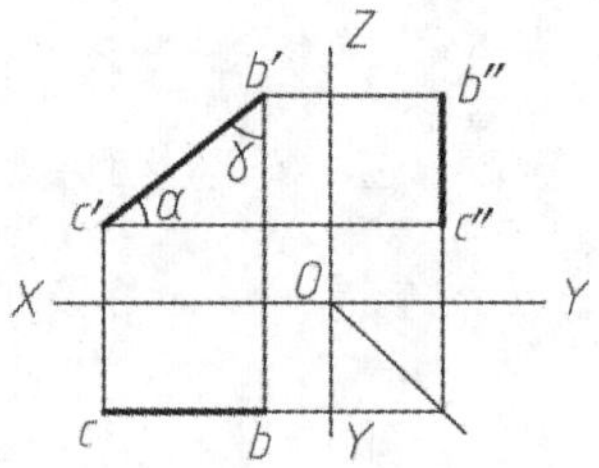	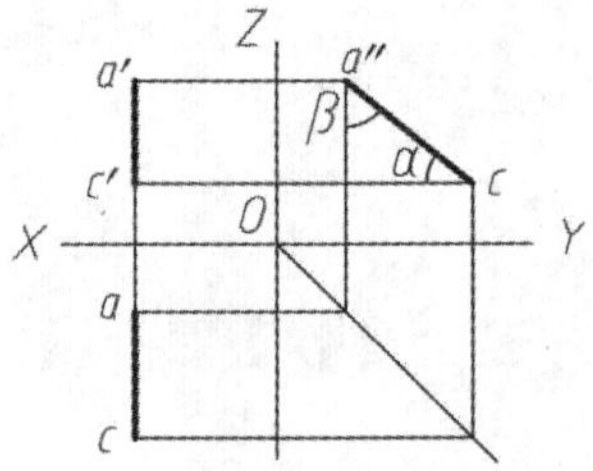
实例	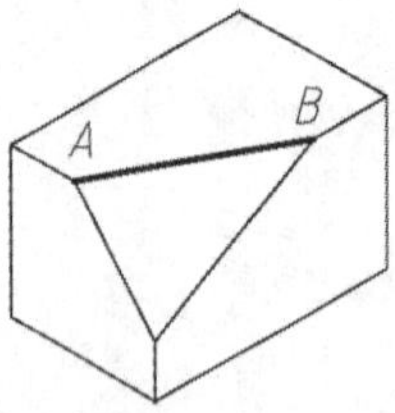	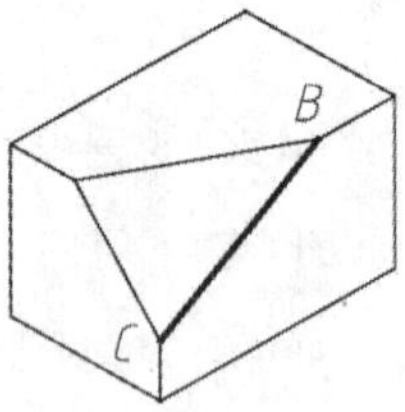	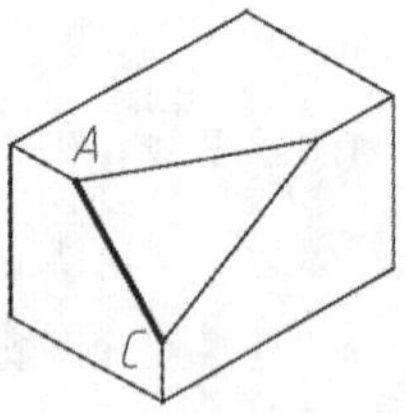
投影特性	（1）ab反映实长 （2）β、γ反映直实倾角 （3）$a'b' /\!/ OX$、$a''b'' /\!/ OY$，均不反映实长	（1）$a'b'$反映实长 （2）α、γ反映直实倾角 （3）$bc /\!/ OX$、$b''c'' /\!/ OZ$，均不反映实长	（1）$a''b''$反映实长 （2）α、β反映直实倾角 （3）$ac /\!/ OY$、$a'c' /\!/ OZ$，均不反映实长

三、投影面垂直线

1. 投影面垂直线分类。

（1）正垂线。垂直于V面且与其他两投影面都平行的直线。

（2）铅垂线。垂直于H面且与其他两投影面都平行的直线。

（3）侧垂线。垂直于W面且与其他两投影面都平行的直线。

2. 投影特性。投影面垂直线的投影特性见表4–2。

投影面垂直线在其所垂直的投影面上的投影积聚成一点；在其他两个投影面上的投影分别垂直于该直线所垂直的那个投影面的两条投影轴（或其他两投影同平行于同一投影轴），并且都反映线段的实长。

表4–2　投影面垂直线投影

名称	铅垂线（⊥H面）	正垂线（⊥V面）	侧垂线（⊥W面）
直观图	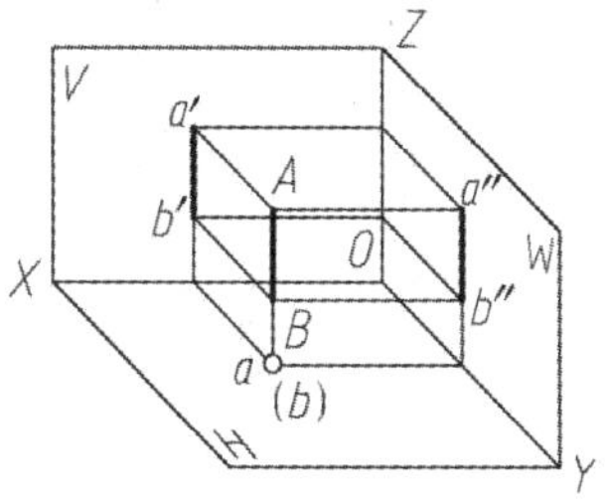 Z V a′ A a″ b′ O W X b″ B a (b) H Y	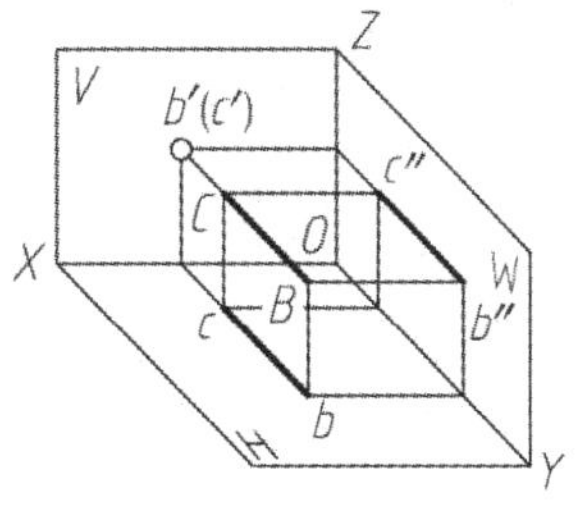 Z V b′(c′) c″ C O W X B b″ c b H Y	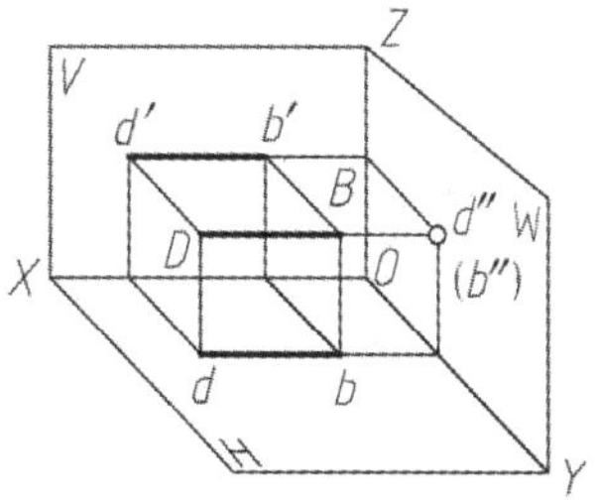 Z V d′ b′ B d″ W D O (b″) X d b H Y
投影图	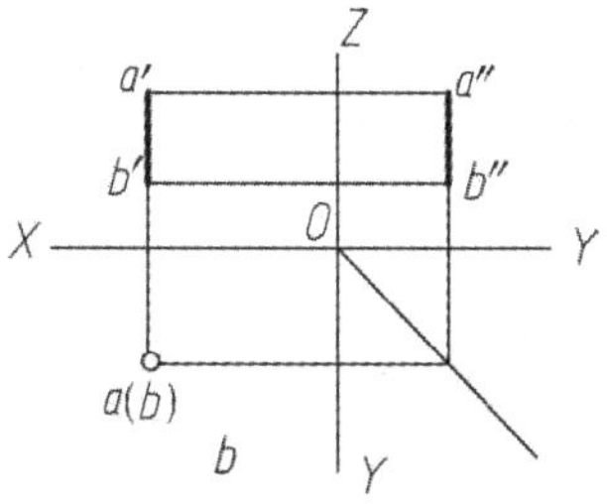 Z a′ a″ b′ b″ X O Y a(b) b Y	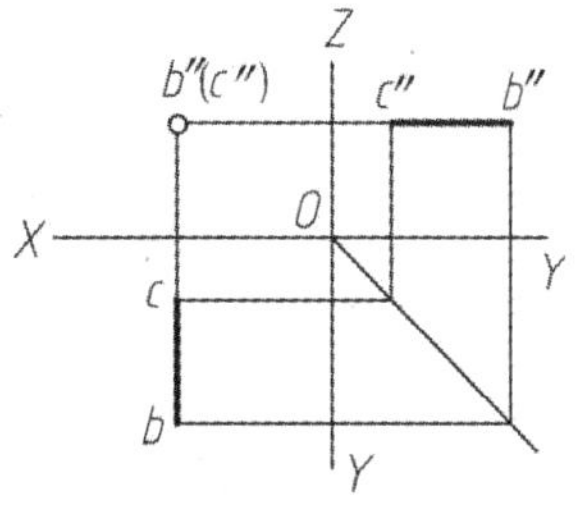 Z b″(c″) c″ b″ O X Y c b Y	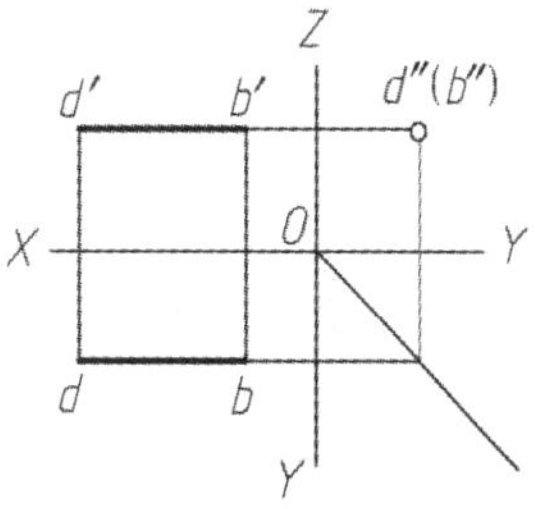 Z d′ b′ d″(b″) O X Y d b Y

续表

名称	铅垂线（⊥H面）	正垂线（⊥V面）	侧垂线（⊥W面）
实例	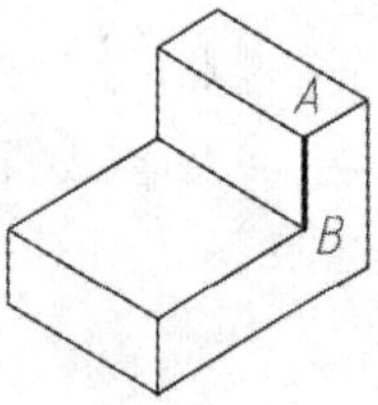	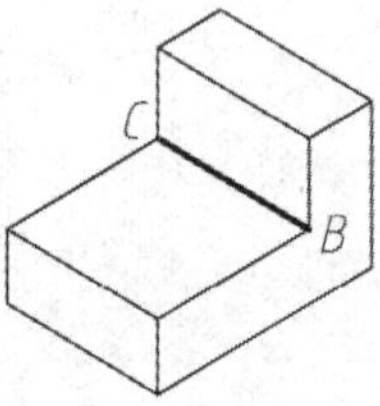	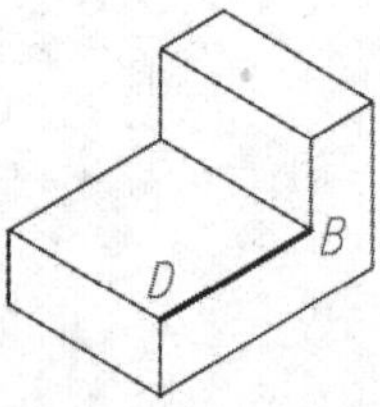
投影特性	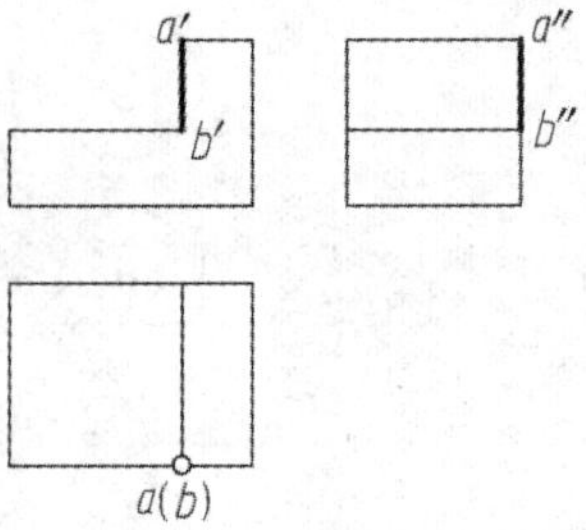 （1）H面投影积聚为一点 （2）$a'b' \perp OX$；$a''b'' \perp OY$ （3）$a'b'=a''b''=AB$	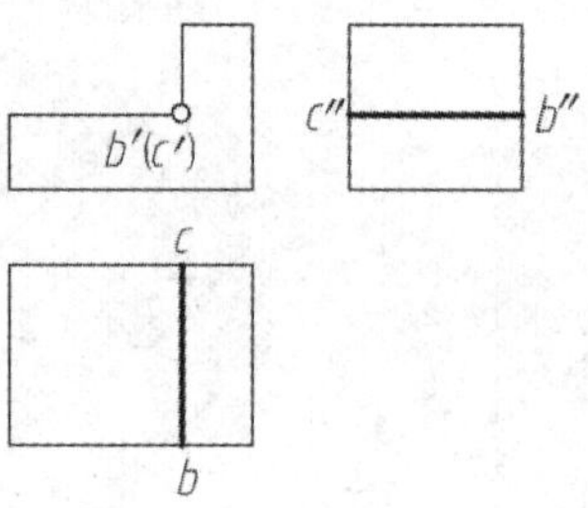 （1）正面投影积聚为一点 （2）$bc \perp OX$；$b''c'' \perp OZ$ （3）$bc=b''c''=BC$	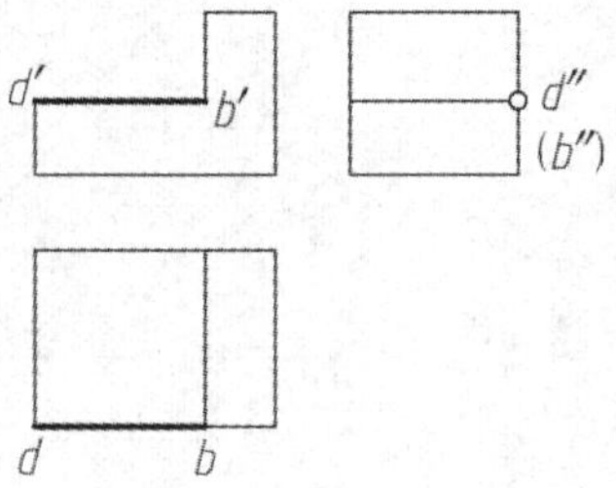 （1）侧面投影积聚为一点 （2）$d'b' \perp OZ$；$db \perp OY$ （3）$d'b'=db=DB$

四、直线上的点

1. 点与直线的从属关系有点从属于直线和不从属于直线两种情况。

（1）若点在直线上, 则点的投影必在直线的同名投影上（图4–8）。

（2）若点的投影有一个不在直线的同名投影上， 则该点必不在此直线上（图4–9）。

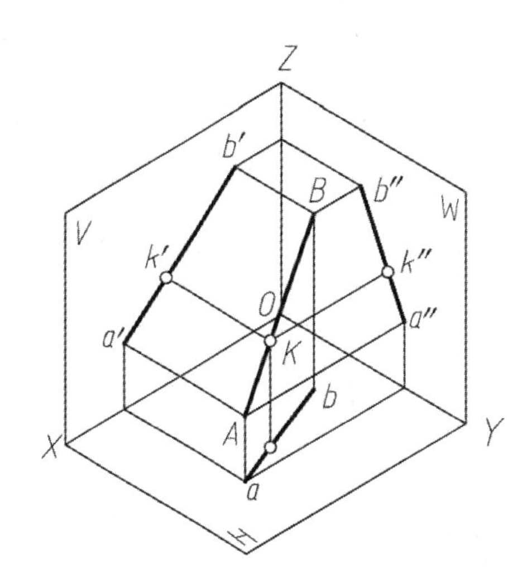

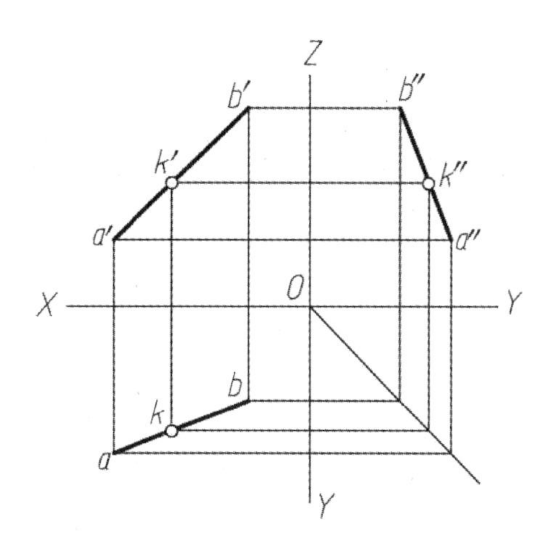

图4-8　从属于直线的点

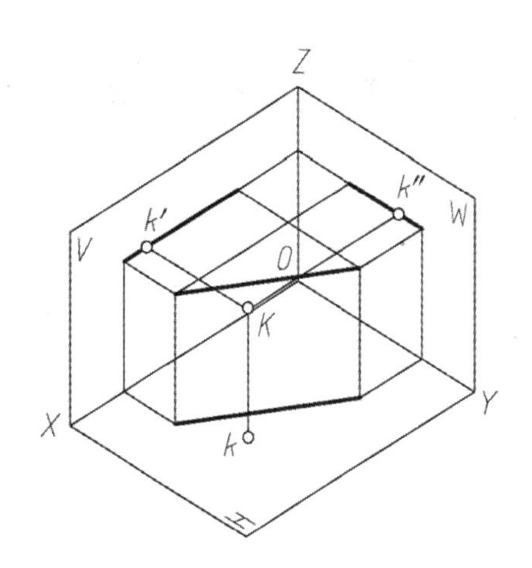

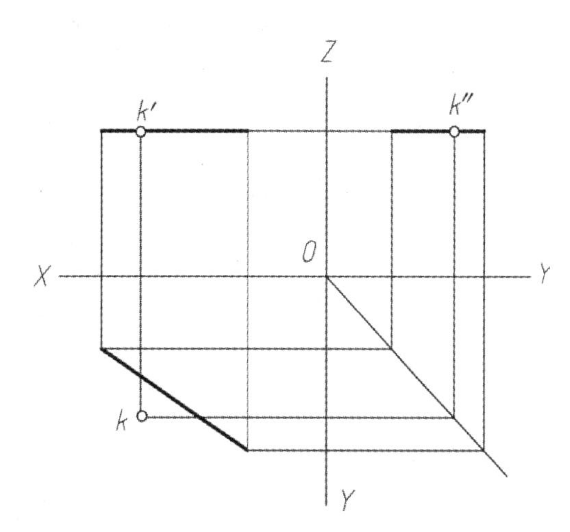

图4-9　不从属于直线的点

【例4-2】在直线*AB* 上作点*K* 的投影，使点*K* 距*H*面15mm。

解：在*V* 面投影中作一条与*X* 轴平行、距离为15mm 的直线，与*a*′ *b*′ 的交点即*k*′ ，再作投影连线即可得*k*，如图4-10 b 所示。

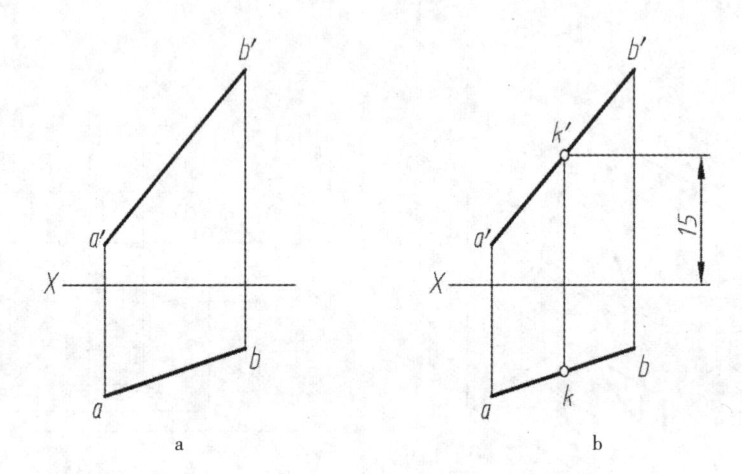

图4-10　在直线上找点

2. 直线上的点分割直线之比在投影后保持不变，称为定比。如图4-11 所示，$AK:KB=ak:kb=a'k':k'b'=a''k'':k''b''$。

【例4-3】如图4-11a所示，已知点K在直线AB上，求K的H面投影k。

解一：如图4-11 b 所示，在H面投影中过b（或a）作一直线（其夹角小于90° 即可），量取长度$ba_0=b'a'$，$bk_0=b'k'$，连接aa_0，再过k_0作aa_0的平行线交ba得k。

解二：补画第三面投影即可求得其解，如图4-11 c 所示。

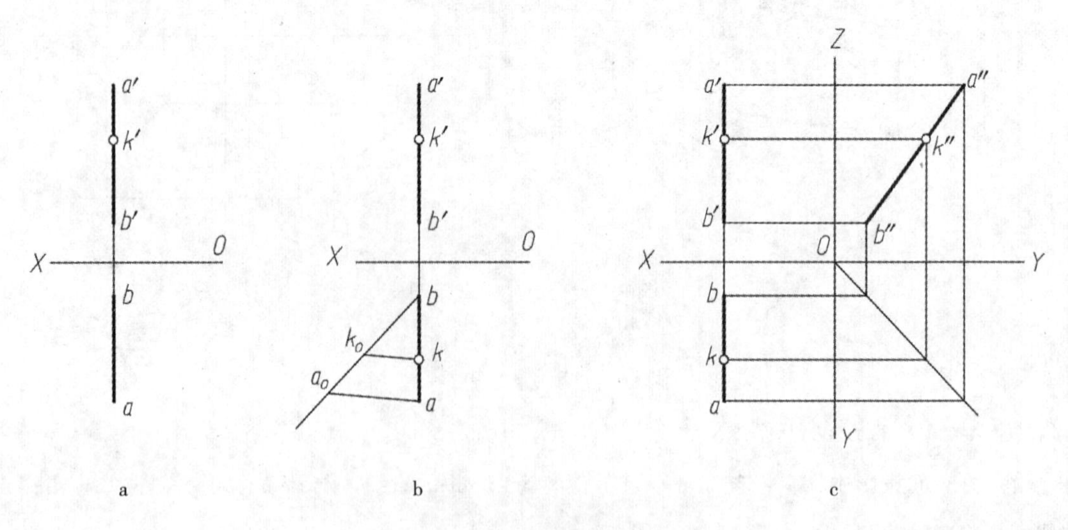

图4-11　定比法及补投影

五、两直线的相对位置

空间两直线的相对位置有3种：相交、平行和交叉。

1. 两直线平行。

若空间两直线平行，则它们的同面投影必然互相平行，如图4-12 a 和 b 所示。反过来，若两直线的同面投影互相平行，则此两直线在空间也一定互相平行。但当两直线均为某投影面平行线时，见图4-13 a ，则需要观察和比较两直线在该投影面上的投影才能确定它们在空间是否平行。如图4-13 b ，通过侧面投影可以看出两直线在空间不平行。

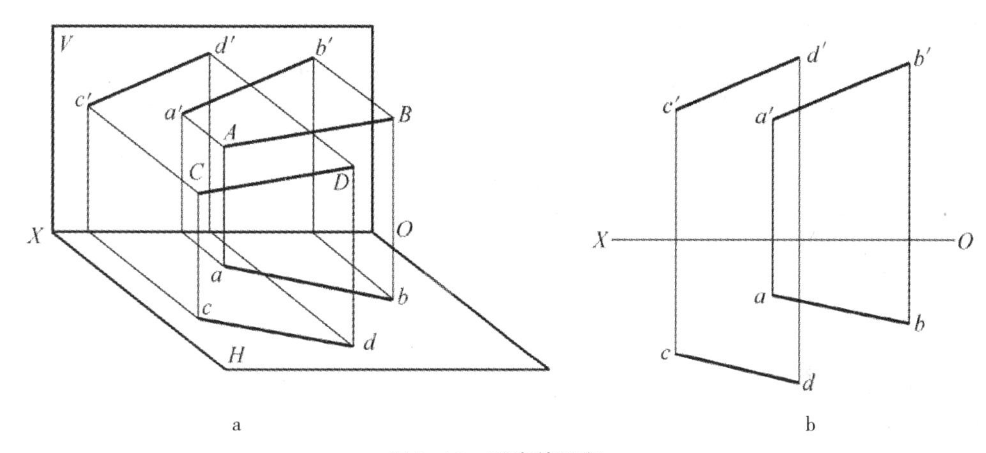

图4-12　两直线平行

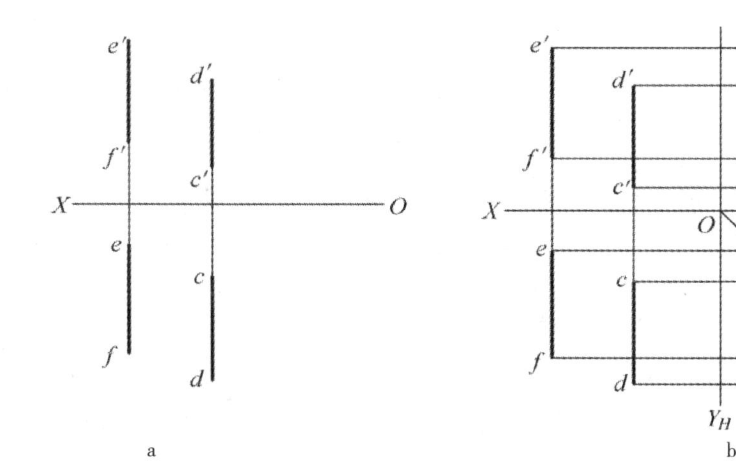

图4-13　两直线不平行

2. 两直线相交。

若空间两直线相交，则它们的同面投影也必然相交，并且交点的投影符合点的投影规律，如图4-14 a 和 b 所示。

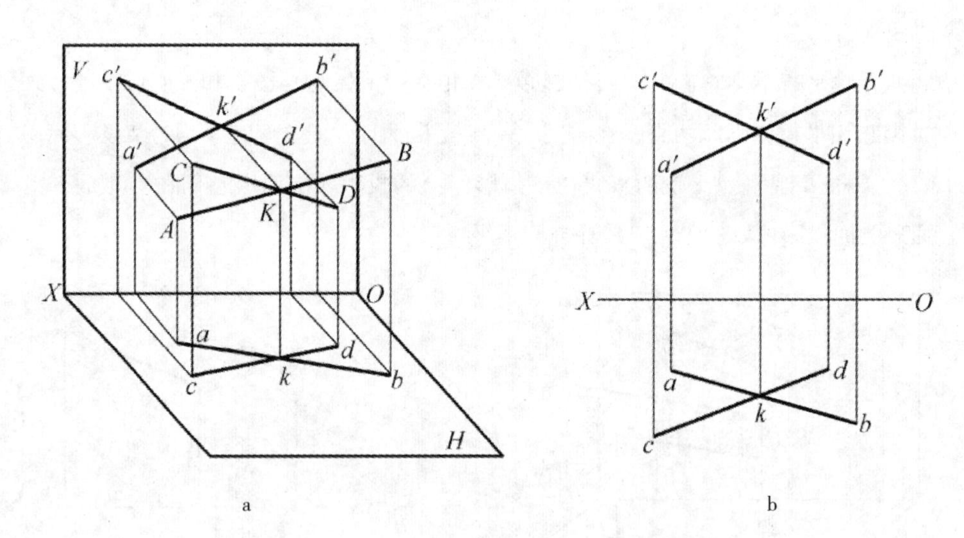

图4-14　两直线相交

3. 两直线交叉（或异面）。

空间两条既不平行也不相交的直线，称为交叉直线。若空间两直线交叉，则它们的同面投影可能有一个或两个平行，但不会三个同面投影都平行；它们的同面投影可能有一个、两个或三个相交，但交点不符合点的投影规律（交点的连线不垂直于投影轴）。

交叉两直线同面投影的交点是两直线对该投影面的重影点的投影，对重影点需要判别可见性。重影点可见性可根据重影点的其他投影按照前遮后、上遮下、左遮右的原则来判断。

如图4-15 a 、b 所示，*AB*、*CD*的*H*面投影*ab*、*cd*的交点为*CD*上的Ⅰ、Ⅲ点和*AB*上的Ⅱ、Ⅳ点在*H*面上的重合投影，看*V*面，Ⅰ点在上，Ⅱ点在下，所以 1 为可见， 2 为不可见。同理，*AB*、*CD*的*V*面投影*a′ b′* 、*c′ d′* 的交点为*AB*上的Ⅲ点与*CD*上Ⅳ点在*V*面上的重合投影，从*H*面投影看，Ⅲ点在前，Ⅳ点在后，所以3′ 可见，4′ 不可见。

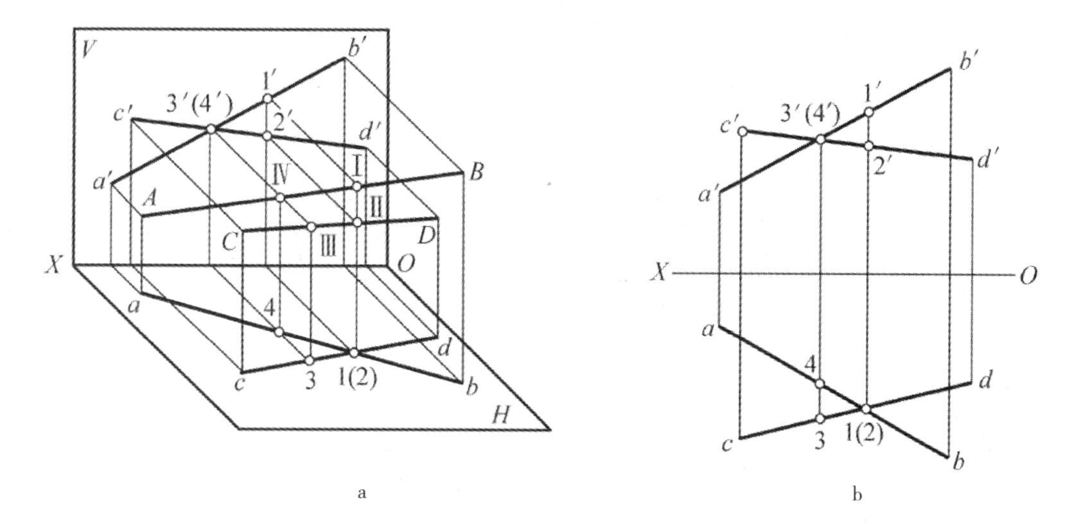

图4-15　两直线交叉

第三节　平面的投影

一、平面的表示法

1. 用几何元素来确定和表示，如图4–16所示。

① 不在同一直线上的三点，例如图4–16a。

② 一直线和直线外一点，例如图4–16b。

③ 两相交直线，例如图4–16c。

④ 两平行直线，例如图4–16d。

⑤ 任意平面图形（如四边形、三角形、圆形等），例如图4–16e。

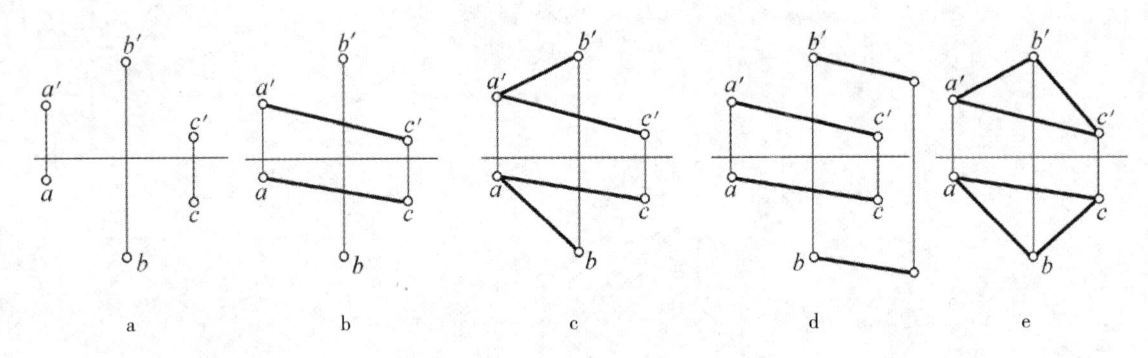

图4–16　平面的表示法

2. 用迹线来表示平面。

平面与投影面的交线称为平面的迹线。如图4–17所示，平面P与V面的交线称为平面P的正面迹线，用P_V表示。平面P与H面的交线称为水平迹线，用P_H表示。平面P与W面的交线称为侧面迹线，用P_W表示。

对特殊位置平面，用两段短粗实线，中间用细实线相连来表示有积聚性的迹线，并标注其迹线符号。无积聚性的迹线可以不画，如图4–17 c 所示。

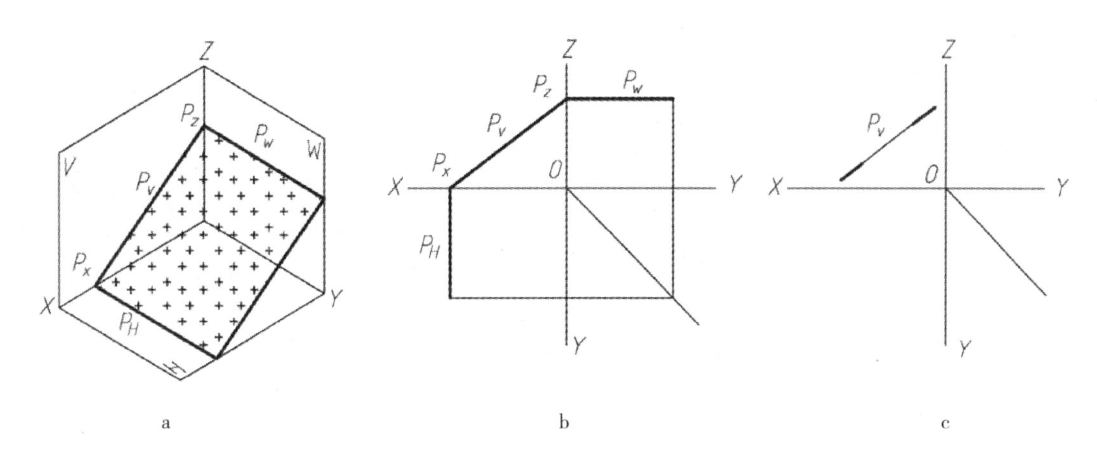

图4-17　迹线

二、平面对投影面的相对位置及投影特点

平面的投影特性是由其对投影面的相对位置决定的。平面对投影面的相对位置有三种：投影面垂直面、投影面平行面、一般位置平面。其分类情况如表4-3所示。

表4-3　平面投影特性

平面分类			投影特性
特殊位置平面	投影面平行面	正平面（垂直于V面）	平行于一个投影面，与另外两个投影面相垂直
		水平面（平行于H面）	
		侧平面（垂直于W面）	
	投影面垂直面	正垂面（垂直于V面）	垂直于一个投影面，与另外两个投影面相倾斜
		铅垂面（垂直于H面）	
		侧垂面（垂直于W面）	
一般位置平面	一般位置平面		与三个投影面都倾斜

1. 一般位置平面。

一般位置平面与三投影面均处于倾斜位置，三面投影均为类似形线框，不反映真实形状，如图

4-18 所示。

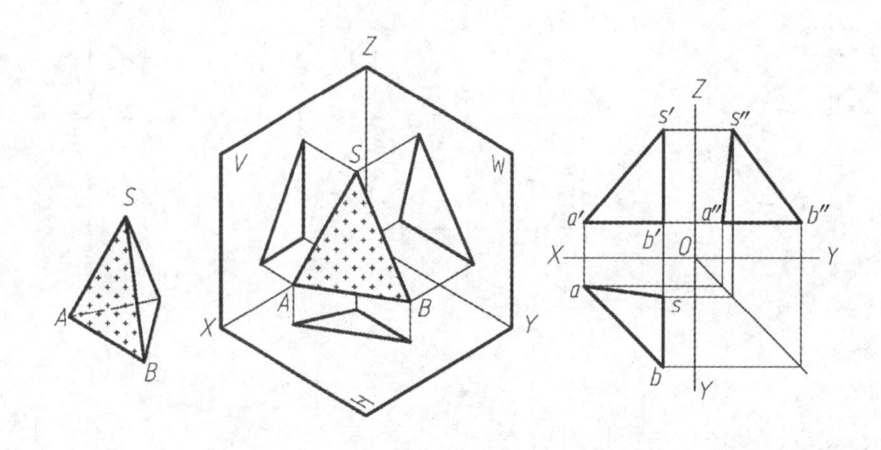

图4-18　一般位置平面的投影

2. 投影面平行面。

投影面平行面平行于一个投影面，与另两面相垂直，分为水平面、正平面和侧平面。

三面投影特征：在平行面上的投影为真实形状，另两面投影积聚为线段，并且为水平线或者垂直线，见表4-4。

表4-4　投影面平行面的投影特性

名称	水平线（//*H*面）	正平线（//*V*面）	侧平线（//*W*面）
直观图	Z V d′(a′) c′(b′) a″ (b″) B W A C d″ (c″) X D b O a d c H Y	Z V a′ b′ a″ (b″) A B W d′ c′ O C X D d″(c″) a(d) b(c) H Y	Z V b′(a′) A a′ W B c′(d′) D d″ b″ X a(d) O c″ C H b(c) Y

续表

名称	水平线（∥H面）	正平线（∥V面）	侧平线（∥W面）
投影图	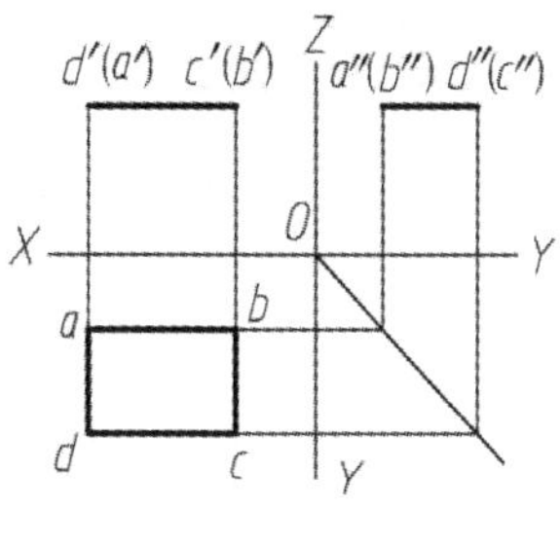 d′(a′) c′(b′) Z a″(b″) d″(c″) X O Y a b d c Y	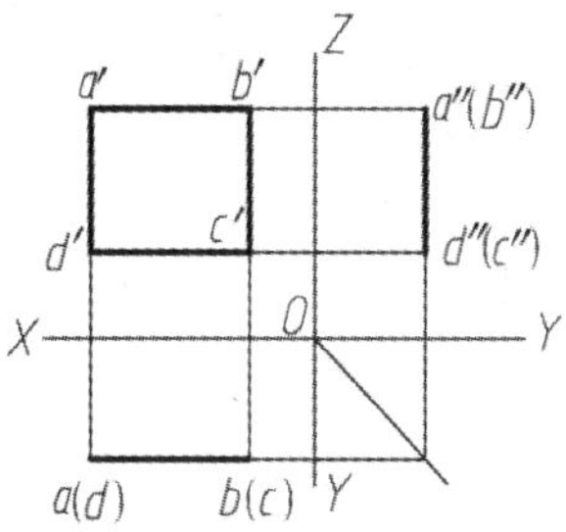 Z a′ b′ a″(b″) d′ c′ d″(c″) X O Y a(d) b(c) Y	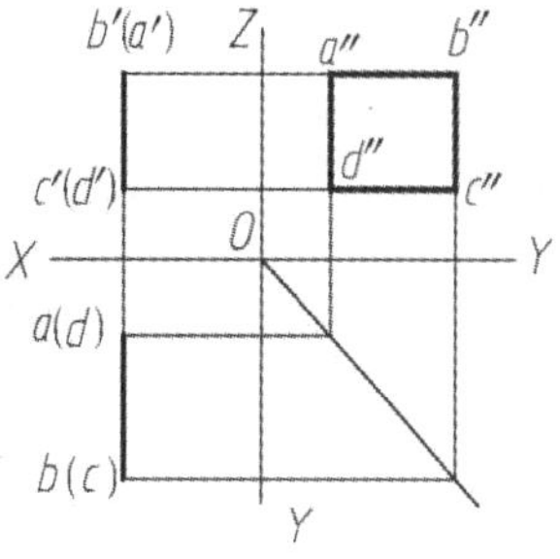 b′(a′) Z a″ b″ c′(d′) d″ c″ X O Y a(d) b(c) Y
实例	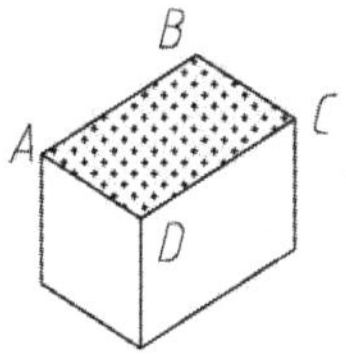 B A C D	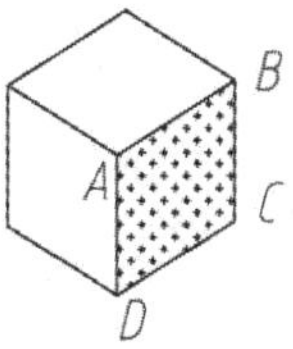 B A C D	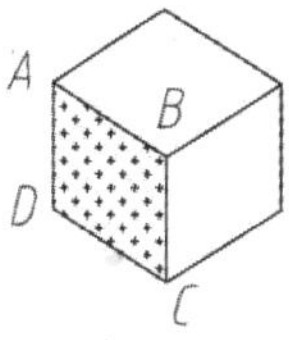 A B D C
投影特性	（1）水平投影反映真实形状 （2）正面投影和侧面投影集聚为线段，并分别平行于X轴与Y轴	（1）正面投影反映真实形状 （2）水平投影和侧面投影集聚为线段，并分别平行于X轴与Z轴	（1）侧面投影反映真实形状 （2）正面投影和水平投影集聚为线段，并分别平行于Z轴与Y轴

3. 投影面垂直面。

投影面垂直面与一个投影面垂直，与另两面倾斜，分为铅垂面、正垂面和侧垂面。

投影面垂直面的投影特征：在垂直面上的投影积聚为斜线，该斜线与投影轴的夹角反映平面与相应投影面的真实倾角，另两面投影为平面类似形，见表4–5。

表4–5　投影面垂直面的投影特性

名称	铅垂线（⊥H面）	正垂线（⊥V面）	侧垂线（⊥W面）
直观图	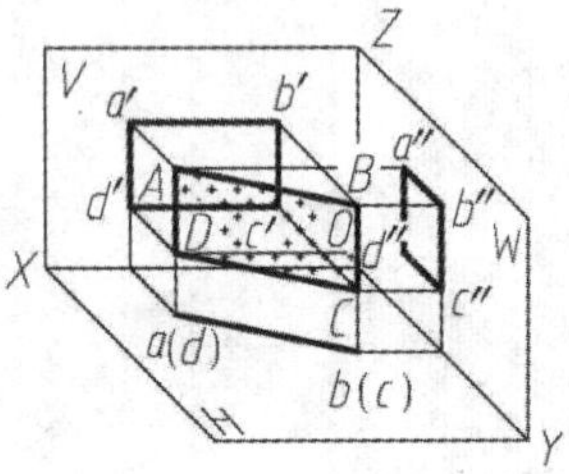 V a′ b′ Z B a″ d″ A b″ D c′ O d″ W X c″ C a(d) b(c) H Y	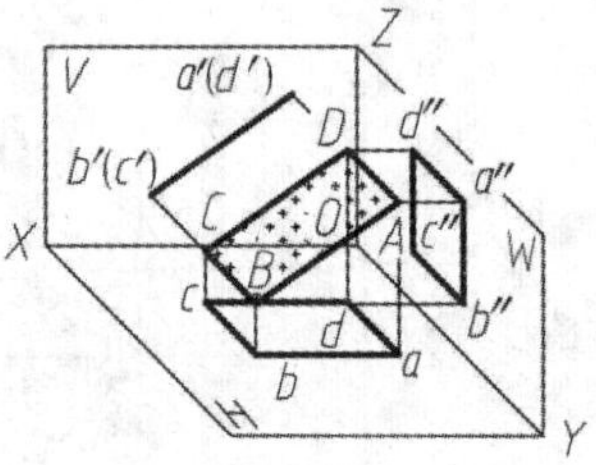 V a′(d′) Z D d″ b′(c′) a″ C O A c″ W X B c d b″ b a H Y	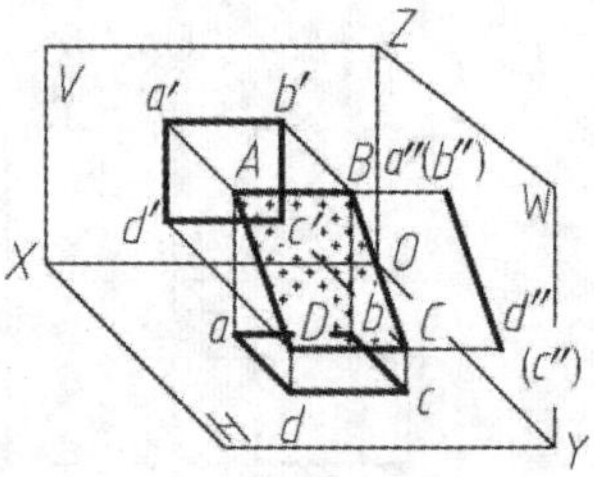 V a′ b′ Z A B a″(b″) W d″ X O D b C d″ a c (c″) H d Y
投影图	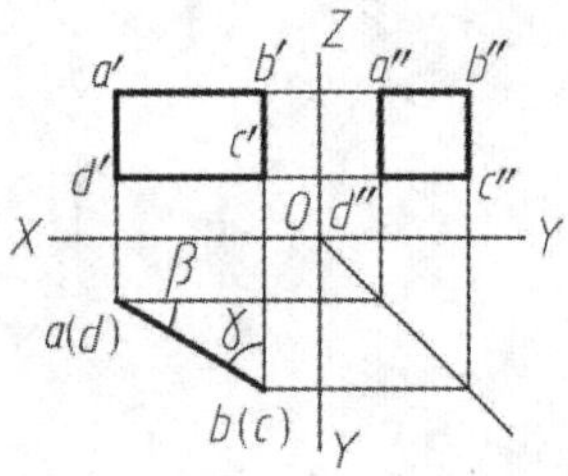 a′ b′ Z a″ b″ c′ d′ c″ X O d″ Y β a(d) γ b(c) Y	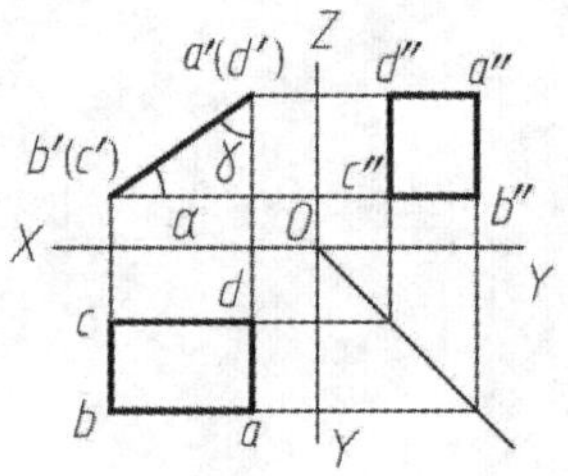 a′(d′) Z d″ a″ b′(c′) γ c″ X α O b″ Y d c b a Y	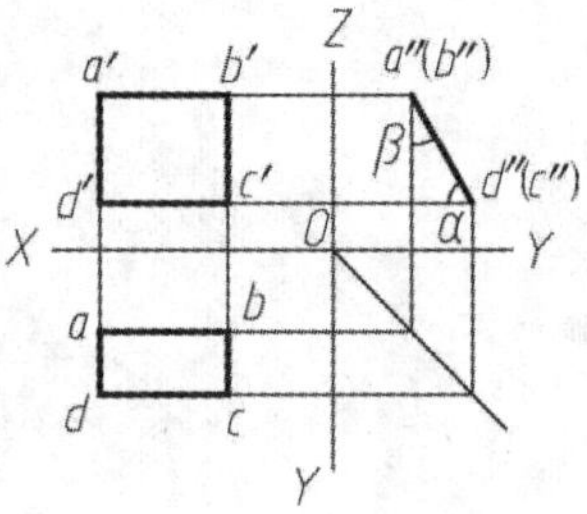 a′ b′ Z a″(b″) β d′ c′ d″(c″) X O α Y a b d c Y
实例	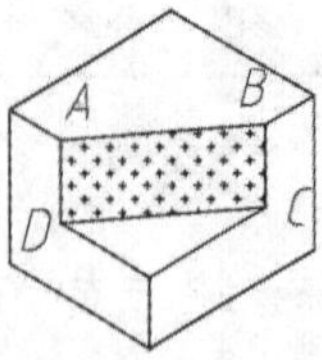 A B D C	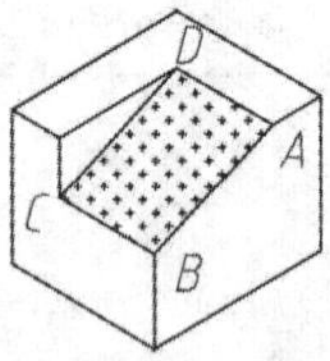 D A C B	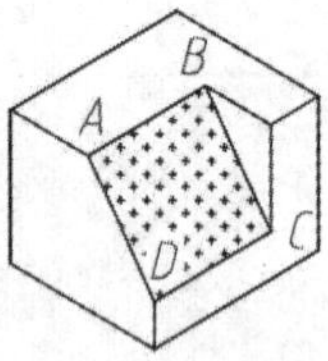 B A C D
投影特性	（1）水平投影积聚为直线；β、γ反映真实倾角 （2）正面与侧面投影为类似形	（1）正面投影积聚为直线；α、γ反映真实倾角 （2）水平与侧面投影为类似形	（1）侧面投影积聚为直线；α、β反映真实倾角 （2）正面与水平投影为类似形

三、平面上的直线和点

1. 平面上的直线。

一直线如果通过平面上的两个点，或者通过平面上的一个点且平行于面上另一直线时，那么该直线就完全在这个平面上。

因此，要在平面上取点必须先在平面上取线，然后再在此线上取点，即：点在线上，线在面上，那么点一定在面上。如图4–19a和b所示。

2. 平面上的点。

一个点如果在一个平面上，它必然在该平面的一条直线上。如图4–19 c 所示。

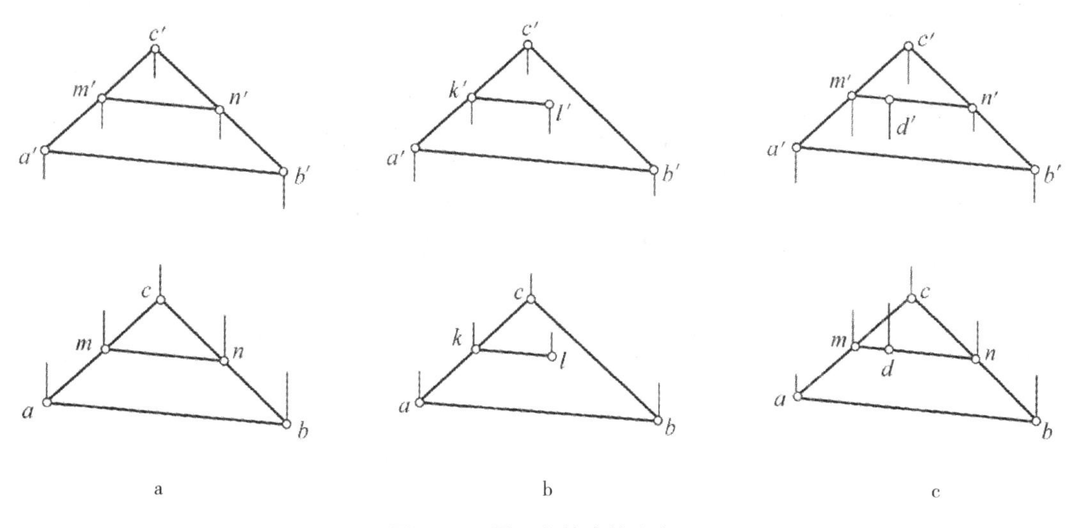

图4–19　平面上的直线和点

四、投影面垂直面上的点和直线

房屋的各个表面，例如屋面、墙面、柱面、踏步等，大多是投影面垂直面和投影面平行面。解题时所用的辅助平面、剖切平面和辅助投影面，一般都是投影面垂直面或投影面平行面。投影面垂直面（包括投影面平行面）的特征是至少有一个积聚为一直线的投影。解题时对这类平面往往只画出它们的积聚投影，而不画出其他投影，此时积聚投影用*PH*、*PV*、*PW*标记。*P*是投影面垂直面的名称，上标*H*、*V*、*W*表示平面*P*所垂直的投影面，如*PH*表示铅垂面*P*的积聚投影。积聚投影的特点就是有积聚性，也就是，投影面垂直面上的任一点、任一线段或任一平面图形，在投影面垂直面所垂直的投影面上的投影，必落在该投影面垂直面的积聚投影上。

【例4–4】如图4–20所示，已知△*ABC*的两面投影，及△*ABC*内*K*点的水平投影*k*，作正面投影*k*′。

（1）分析。由初等几何可知，过平面内一个点可以在平面内作无数条直线，任取一条过该点且属于该平面的已知直线，则点的投影一定落在该直线的同面投影上。

（2）作图（过程如图4-20 b 、 c 所示）。过△*ABC*的某一顶点与点*K*作一直线如*AL*，*k′* 在直线*AL*的正面投影上。

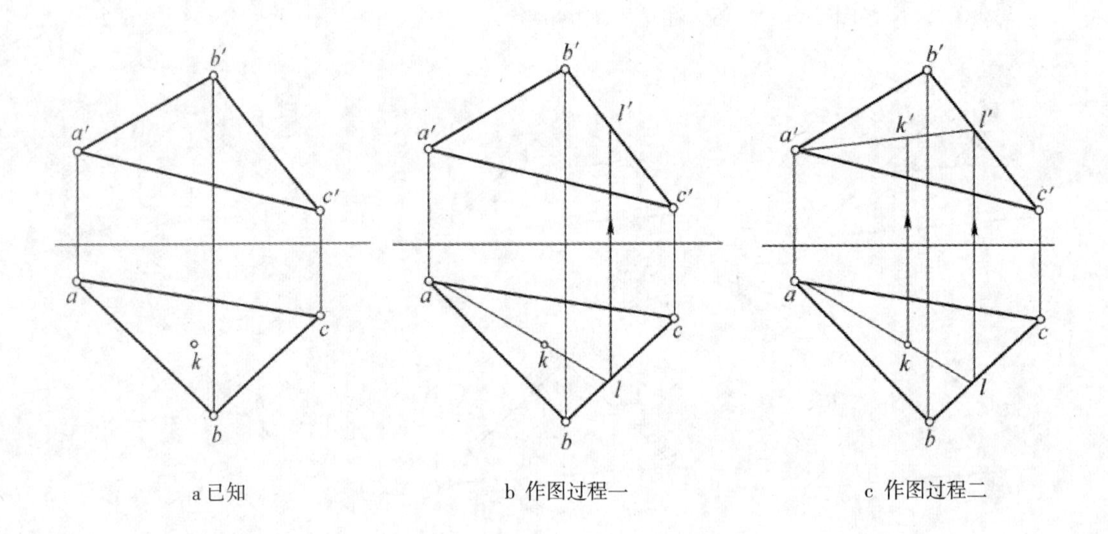

a 已知　　b 作图过程一　　c 作图过程二

图4-20　作平面内点的投影

本章复习指引

1. 点的两条投影规律是线、面和体投影的基础，也是作出点的辅助投影的依据，必须牢记和掌握。

2. 直线上的点有从属性和定比性两特点，要注意侧平线上定点的方法。

3. 空间平面对投影面同样有一般位置平面、投影面垂直面和投影面平行面三种不同的位置，它们的投影各有不同的特点，要特别注意垂直面和平行面投影的积聚性。

复习思考题

1. 什么是点的投影两规律？

2. 空间直线和平面对投影面的相对位置有哪几种？它们都有什么投影特点？

3. 如何判断一点或一直线是否在一平面上？如何作出平面上的水平线？

第五章　立体投影

【学习内容】

本章学习各种基本体的投影作图；组合体的形成及作图方法。

【基本要求】

通过本章学习熟悉各种基本体、组合体的形成及投影规律，掌握各种基本体投影、组合体的作图步骤、作图方法。

在建筑工程中，各种建筑物及其构件的形状虽然复杂多样，但一般都是由一些简单的几何形体按一定的方式组合而成，如图5-1所示。我们把这些简单的几何形体称为基本几何体，简称基本体。基本体的大小、形状是由其表面限定的，按其表面形状的不同可分为平面立体和曲面立体。

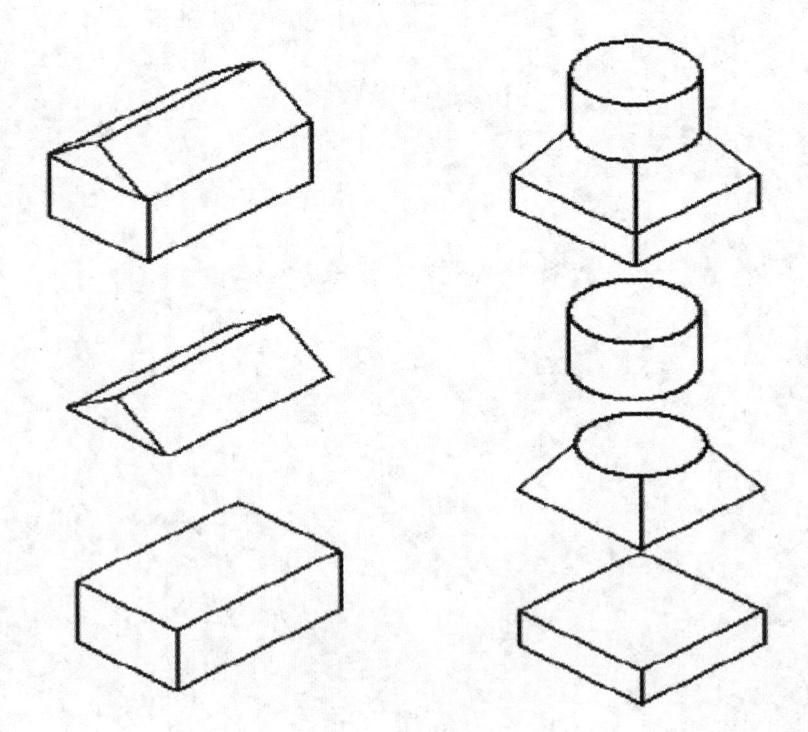

图5-1　空间形体的形成

第一节 基本形体的投影

一般建筑物（例如房屋、纪念碑、水塔等）及其构配件（包括基础、台阶、梁、柱、门、窗等），如果对它们的形体进行分析，不难看出，它们总可以看成是由一些简单几何体叠砌或切割而组成。

一、平面体的投影图

平面体的每个表面都是平面，如棱柱、棱锥，由底平面和侧平面围成。立体的侧面称为棱面，棱面的交线称为棱线，棱线的交点称为顶点。平面立体的投影实质就是画出组成立体各表面的投影。看得见的棱线画成实线，看不见的棱线画成虚线。

1. 棱柱的投影。

棱柱体有直棱柱或称正棱柱（侧棱与底面垂直）和斜棱柱（侧棱与底面倾斜）之分，本节只介绍直棱柱。如图5-2 所示，直棱柱的形体特点是两个底面为全等且相互平行的多边形，各侧棱垂直底面且相互平行，各侧面均为矩形。底面是直棱柱的特征面，反映了该直棱柱的形状特征。底面是几边形（或某形状），即为几棱柱（或某棱柱）。图5-2 a 为直三棱柱；图5-2 b 所示形体底面为六边L形，称为直六棱柱或L形柱。同一棱柱，在三投影面体系中放置位置不同，其三面投影也不相同。

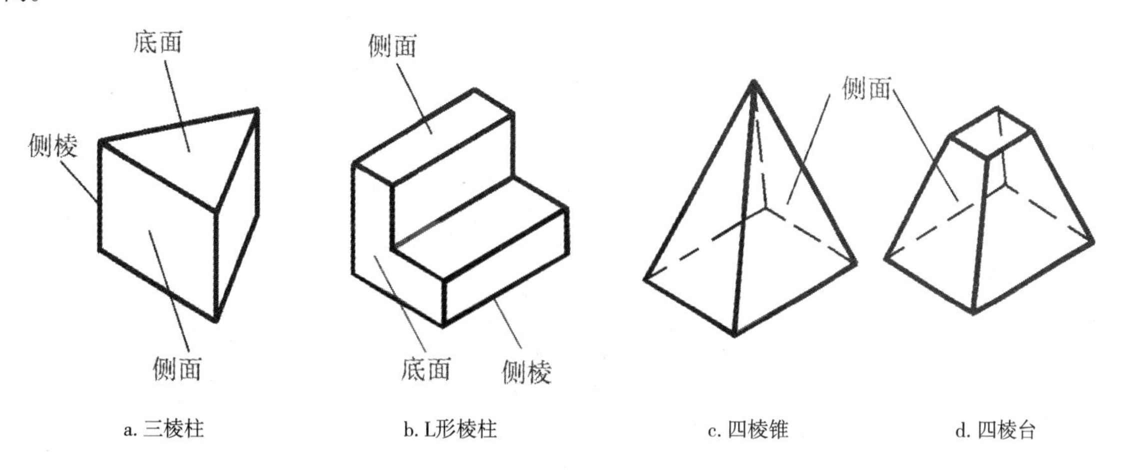

图5-2 平面体

为了使投影简单易懂，常将棱柱的底面和主要棱面平行于投影面放置，如图5-3 所示为正六棱柱的三视图。正六棱柱由八个面围成，其中上下两个底面为全等且平行的正六边形，六个侧面为相同的矩形。在三投影面体系中的摆放位置是上下底面为水平面，前后侧面为正平面，如图5-3 a 所示。

该六棱柱体的*H* 面投影为正六边形，是体上八个面的投影，其中六边形为平行于*H*面的上下底面的重合投影，且反映实形，六边形的边是六个侧面的积聚投影，六个顶点是六条棱线的积聚投影。

*V*面投影为三个矩形线框，包括形体上八个面的投影。中间的矩形为前后两个侧面的重合投影，且反映实形；左右矩形线框为其余四个侧面的重合投影，由于四个侧面均为铅垂面，其*V* 面投影为类似形；*V* 面投影中上下边线是两个底面的积聚投影。侧面投影同理，读者可自行分析。

画投影图时，一般先画反映棱柱底面实形的特征投影，然后再根据投影关系和柱高画出其他投影。画图时"宽相等"的关系往往容易搞错，故在图5-3中过原点画一条45°斜线，有助于掌握"宽相等"的关系。六棱柱三视图的作图步骤如图5-3 b 、 c 、 d 所示。

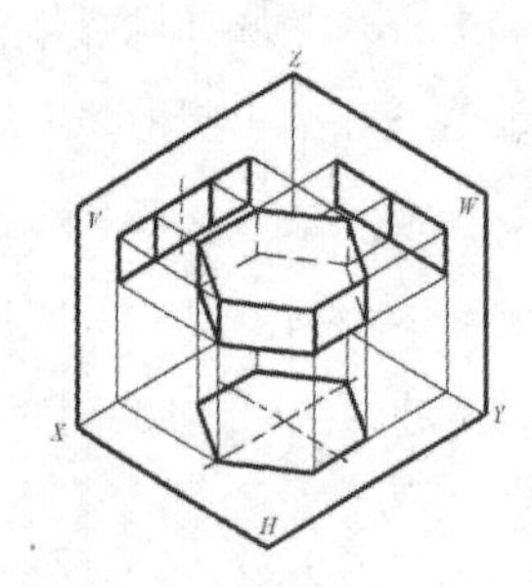

a. 立体图

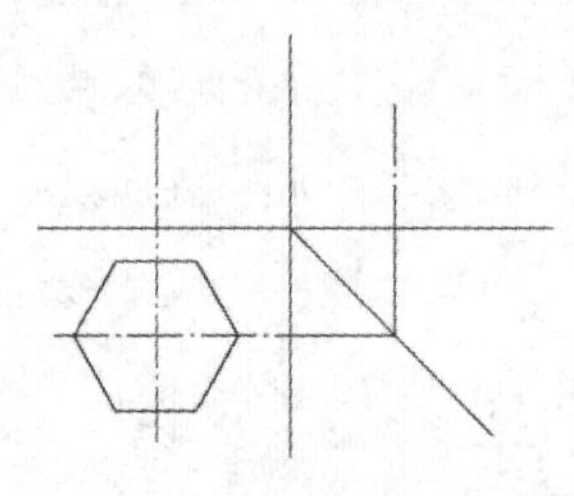

b. 画中心线、对称线后，再画底面反映实形的特征图

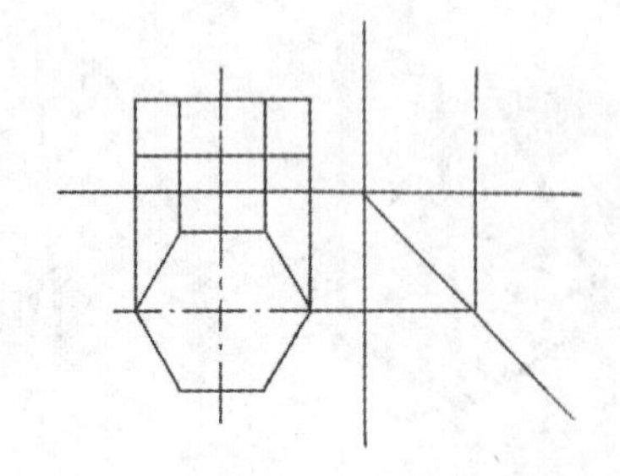

c. 根据"长对正"和棱柱的高度画出*V*面投影

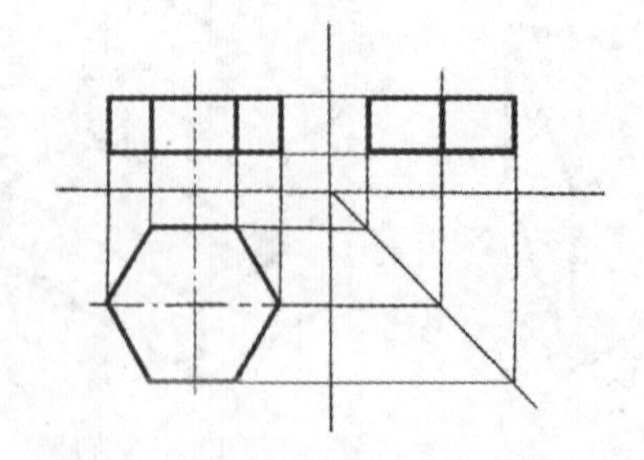

d. 根据"高平齐、宽相等"画出*W*面投影并加深全图

图5-3　六棱柱体的投影

同理分析，可画出图5-4所示各直棱柱的三视图，图中虚线表示棱柱体的不可见棱线。

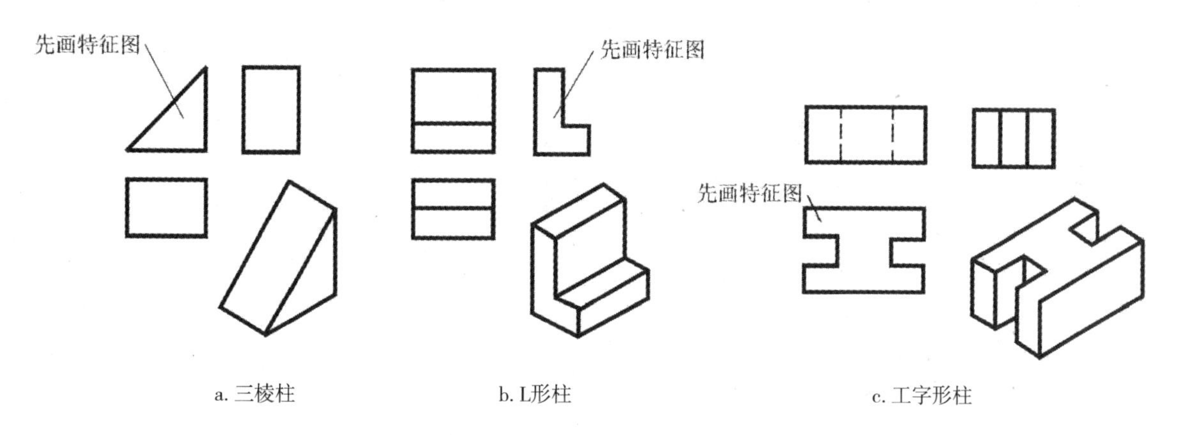

a. 三棱柱　　b. L形柱　　c. 工字形柱

图5-4　棱柱体的三视图

从这些例图中可以看出，直棱柱三视图的图形特征是：一个投影为多边形（特征图），是底面实形，反映直棱柱的形状特征，另两个投影的外框都是矩形。

2. 棱锥体。

如图5-2 c 所示，棱锥的形体特点是底面为多边形，侧棱面为三角形，侧棱都交于一点（锥顶）。

图5-5 为四棱锥的三视图。该四棱锥由五个面围成。底面为长方形，四个侧面均为三角形，四侧棱交会于一点。把四棱锥放在三投影面体系中，使底面平行于H 面，左右侧面垂直于V 面，前后侧面垂直于W 面，如图5-5 a 所示。

四棱锥的H 面投影是含有四个三角形的四边形，为特征投影。四边形为底面实形，四个三角形是侧棱面在该投影面上的类似形投影，与底面投影重合，中点为锥顶的投影。V 面投影为三角形线框，包含了棱锥上五个面的投影。三角形的底边为底面的积聚投影，两腰为左右侧面的积聚投影，两腰的交点为锥顶的投影，三角形为前后两棱面的重合投影。由于前后两个棱面均为侧垂面，则V 面投影为类似形。侧面投影同理，读者可自行分析。

画图时，一般先画反映棱锥底面实形的特征投影，然后再根据投影关系和锥高画出其他投影。四棱锥三视图的作图步骤如图5-5 b 、 c 、 d 所示。

同理分析，可画出如图5-6 所示三棱锥的三视图。

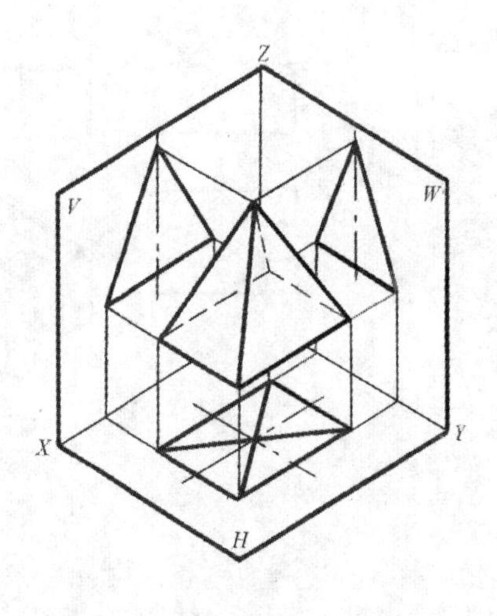

a. 立体图

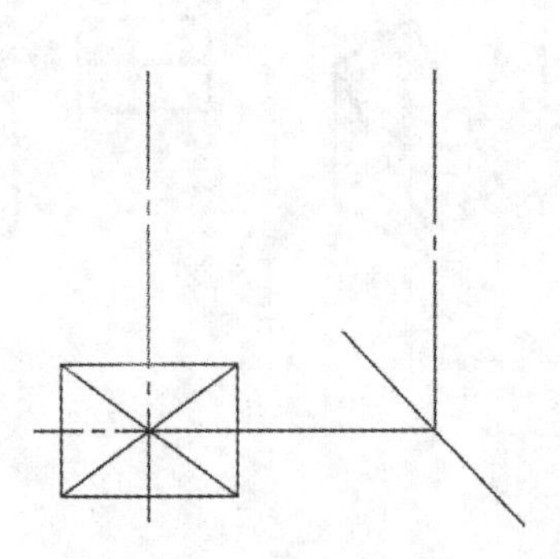

b. 画中心线、对称线后，再画底面反映实形的特征图

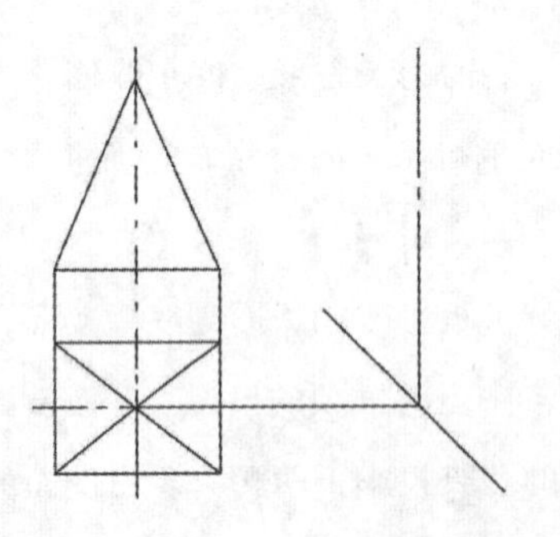

c. 根据“长对正”和棱柱的高度画出V面投影

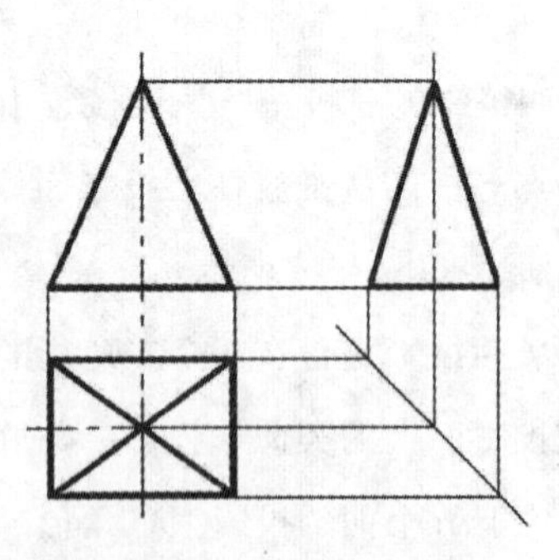

d. 根据“高平齐、宽相等”画出W面投影并加深全图

图5-5　四棱锥的三视图

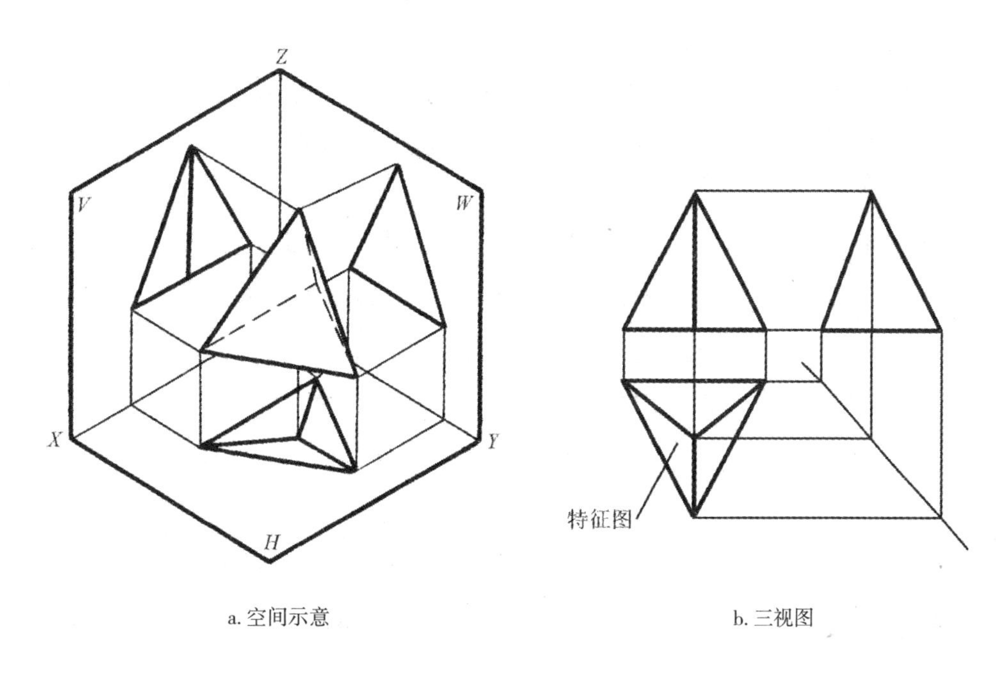

a. 空间示意　　　　b. 三视图

图5-6　三棱锥的三视图

从以上两例可以看出，棱锥三视图的图形特征是一个投影外框是多边形，是底面实形，其内有数条交会于一点的直线，反映棱锥的形状特征；另两个投影的外框都是三角形。

二、平面体表面取点

在平面体表面取点，其方法与在平面内取点的方法相同。由于平面体是由若干个平面围成的，所以在平面体表面取点时，应该注意分析点在平面体的哪个表面内。点的投影应在该表面的同面投影上。如果点所属表面的投影可见，则点的投影也可见，反之为不可见。

【例5-1】　已知三棱柱表面上点A 和点B 的正面投影（a'）和b'，如图5-7 a 所示。求其水平投影和侧面投影。

（1）空间分析。

由图中可知，点A 的正面投影不可见，可判定点A 在三棱柱的后棱面内；点B 的正面投影可见，又位于右侧，可判定点B 位于三棱柱右侧棱面内。由于三棱柱侧棱面的水平投影及后棱面的侧面投影均有积聚性，因此可利用积聚性直接作图。

（2）作图步骤：如图5-7 b 所示。

① 利用积聚性求投影。由（a'）向下、向右作投影连线，与三棱柱后侧棱面的积聚投影相交得 a 和a'' 。由b 向下作投影连线，与三棱柱右侧棱面的积聚投影相交得b，再根据投影规律，由b' 和b 求出侧面投影b'' 。

② 判断可见性。点A 所在后棱面的水平投影和侧面投影均有积聚性，点A 的同面投影可省略括号；点B 所在的棱面，其侧面投影为不可见，所以b'' 不可见，标记为（b'' ）。

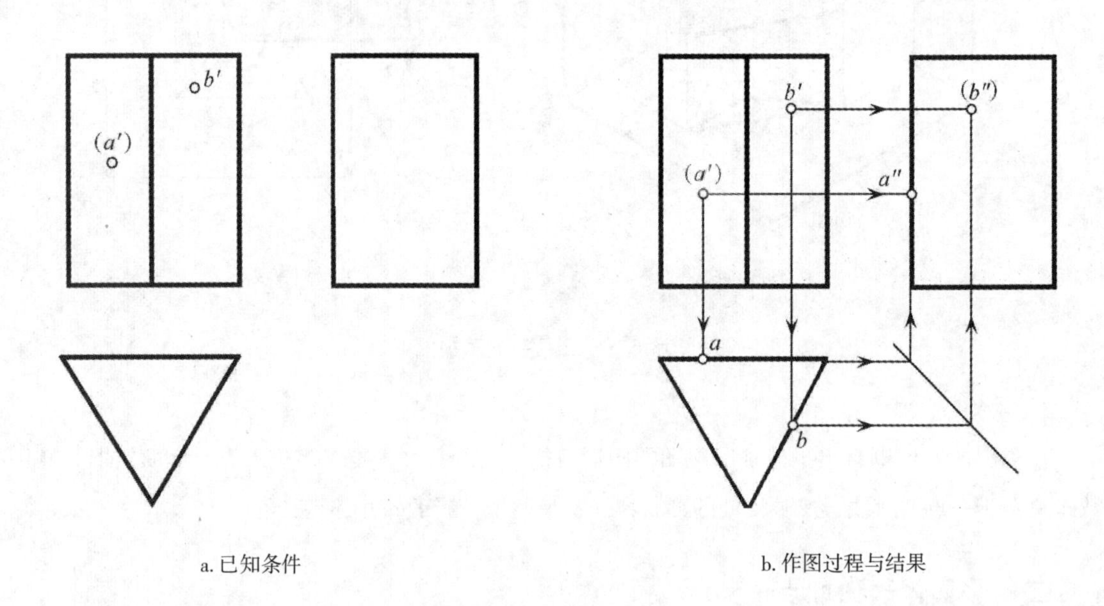

a. 已知条件　　　　b. 作图过程与结果

图5-7　三棱柱表面取点

三、曲面体的投影图

曲面立体是由曲面或曲面和平面所围成的几何体。常见的曲面体有圆柱、圆锥、球和环如图5-8所示。本节重点讲解圆柱与圆锥的投影图。

圆柱是由一动直线绕着与其平行的轴线旋转一周所形成的；圆锥是由一动直线绕着与其相交的轴线旋转一周所形成的；圆球是圆绕其直径旋转所成的；圆环是圆绕着与其在同一平面内但又不通过圆心的轴线旋转所形成的。这种由一动线（直线或曲线）绕轴线旋转而形成的曲面，统称为回转面。动线称为母线。母线在回转面上的任一位置称为回转面上的素线。

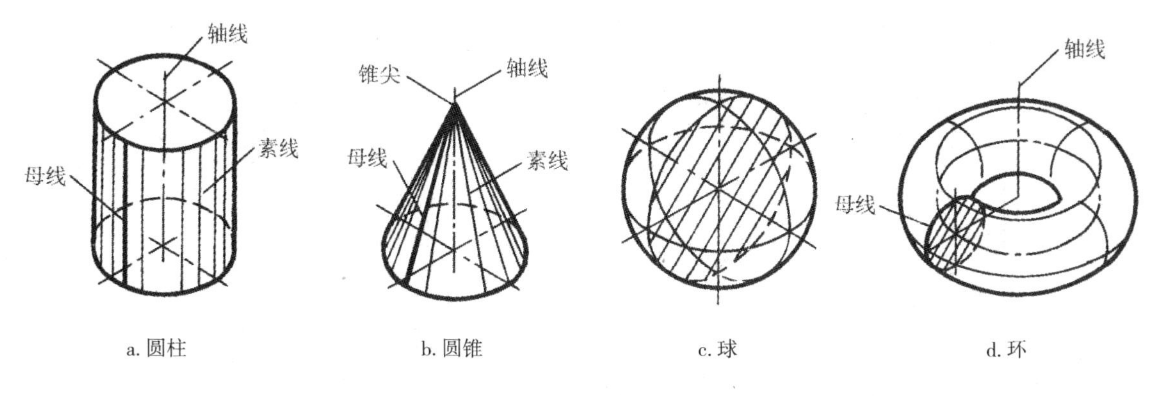

图5-8 曲面体的形成

1. 圆柱体三视图的画法。

圆柱的形体特点是圆柱由三个面围成，其中一个是柱面，两个底面是平行且全等的圆，轴线与底面垂直并通过圆心，柱面上的素线与轴线平行，如图5-8 a 所示。

如图5-9 a 所示，圆柱的轴线OO_1垂直于H面，柱面上素线AA_1、BB_1、CC_1、DD_1位于圆柱体最左、最右、最前、最后位置，称为圆柱体的轮廓素线，其中AA_1（最左）、BB_1（最右）为正向轮廓素线，只在V面投影中画出；CC_1（最前）、DD_1（最后）为侧向轮廓素线，只在W面投影中画出。

圆柱体的H面投影为圆，是上下两个底圆的重合投影，并反映实形；圆柱面垂直于H面，在H面上的投影积聚在圆周上，该投影是圆柱体的特征投影；圆柱的V面投影为矩形，矩形的上下边是圆柱上下底面的积聚投影，矩形的左右边$a'a_1'$、$b'b_1'$是正向轮廓素线AA_1、BB_1的投影，单点长画线表示轴线的位置。矩形面表示前后两半个圆柱面的重合投影，以正轮廓素线为界，前半圆柱面可见，后半圆柱面不可见；圆柱的W面投影是与V面投影全等的矩形线框，但意义不同。矩形的上下边线是上下底面的积聚投影，其左右边线$c''c_1''$、$d''d_1''$是侧向轮廓素线CC_1、DD_1的投影，单点长画线表示轴线的位置。矩形面表示左右两半个圆柱面的重合投影，以侧向轮廓素线为界，左半个柱面可见，右半个柱面不可见。

圆柱三视图的图形特征一个投影是圆，另两个投影是全等的矩形线框。

画圆柱的三视图时，应先画出轴线，再画反映底面实形的特征投影图。而后根据投影关系和柱高画出其他投影。圆柱三视图的画图步骤如图5-9 b 、 c 、 d 所示。

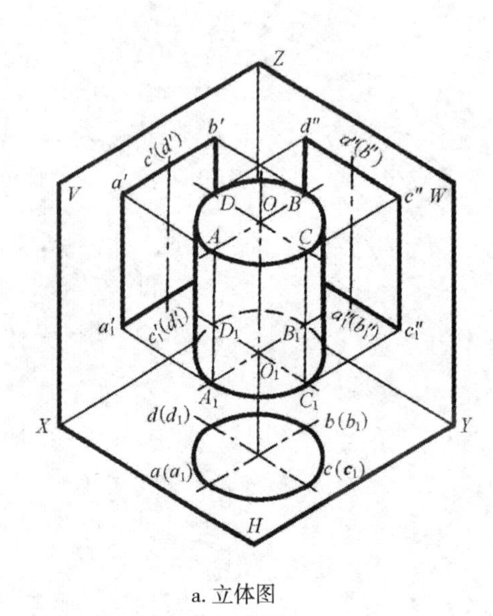

a. 立体图

b. 画中心线、对称线后，再画底面反映实形的特征图

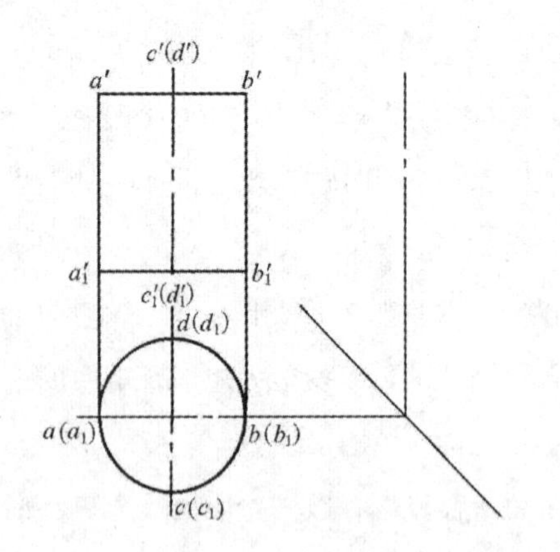

c. 根据“长对正”和棱柱的高度画出V面投影

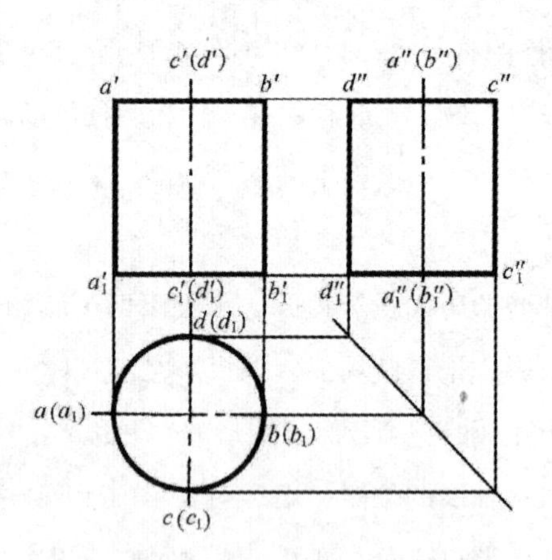

d. 根据“高平齐、宽相等”画出W面投影并加深全图

图5–9　圆柱的投影

2. 圆锥体的三视图。

圆锥的形体特征是由两个面围成，一个是圆锥面，一个是底面圆，轴线与底面圆垂直并通过底面圆的中心。锥面上的素线必过锥顶，如图5–10 b 所示。

如图5-10所示，圆锥轴线垂直于H 面，锥面上SA 、SB 、SC 、SD 即为圆锥体上最左、最右、最前、最后轮廓素线，其中SA（最左）、SB（最右）为正向轮廓素线，只在V 面投影中画出，SC（最前）、SD（最后）为侧向轮廓素线，只在W 面投影中画出。

圆锥的H面投影为圆，是圆锥面和底面的重合投影，圆锥顶的投影与圆心重合，圆锥面为可见，底面为不可见，该投影是圆锥的特征投影；圆锥的V投影是一个等腰三角形，轴线的投影成为投影等腰三角形的中垂线，三角形的底边是圆锥底圆的积聚投影，两腰$s'a'$和$s'b'$分别是锥面最左、最右轮廓素线SA和SB的投影，在其他两投影中均不必画出；三角形表示前后两半个圆锥面的重合投影，前半圆锥面可见，后半圆锥面不可见。圆锥的W面投影同理，读者可自行分析。

圆锥三视图的图形特征是一个投影是圆，另两个投影是全等的等腰三角形。

画圆锥的三视图时，应先画轴线，再画反映底面圆实形的特征投影，而后根据投影关系和锥高画出其他投影，如图5-10 b 所示。

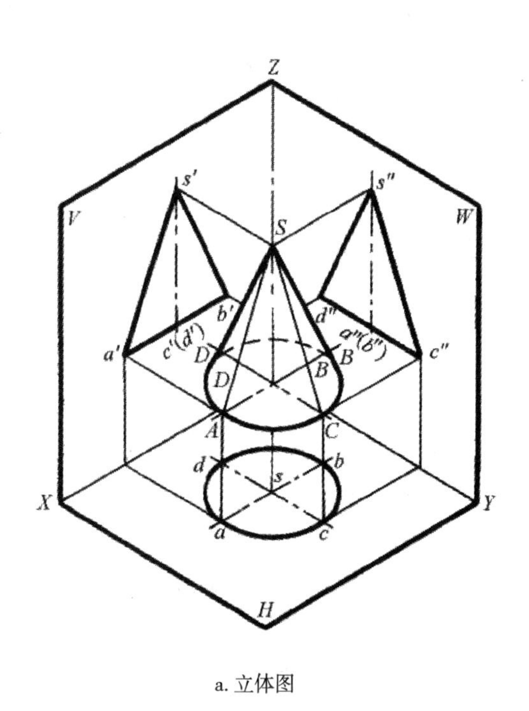

a. 立体图

b. 投影图

图5-10　圆锥体的投影

四、曲面体表面取点

1. 圆柱体表面取点、取线。

求正圆柱表面上点的投影，常利用圆柱面的积聚性投影来作图。

【例5-1】已知圆柱面上点M的正面投影m'和点N的侧面投影n''，如图5-11 a 所示。完成两点的三面投影。

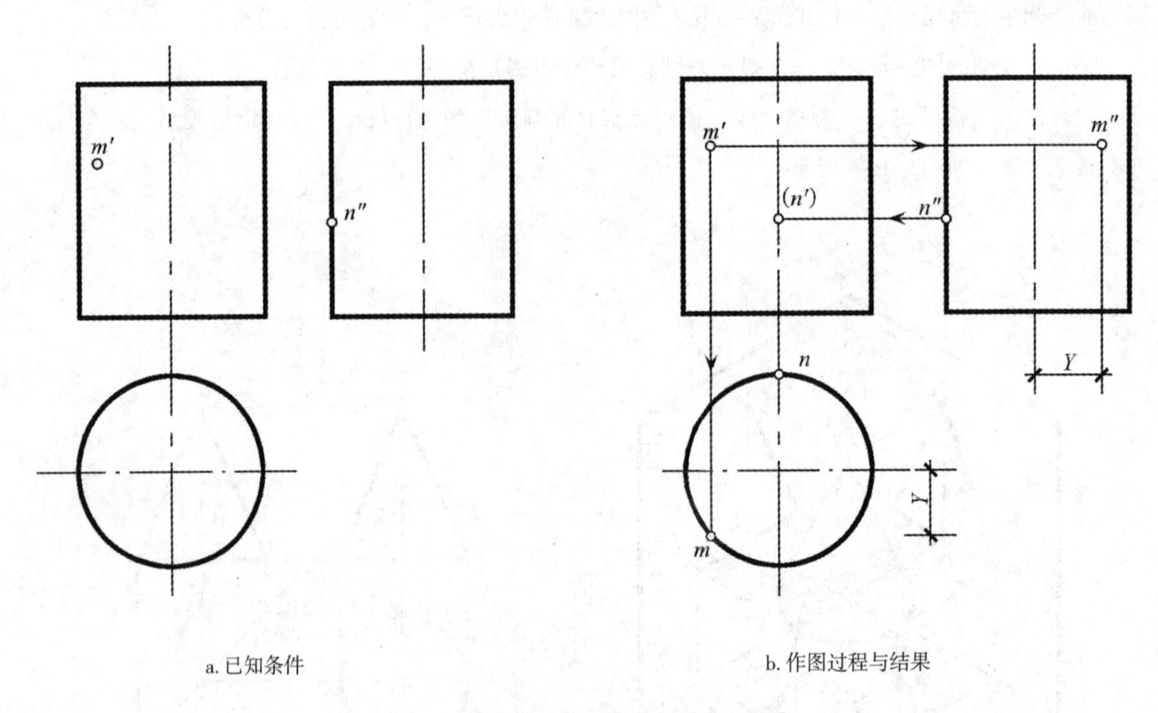

a. 已知条件

b. 作图过程与结果

图5-11　圆柱体表面取点

（1）空间分析：圆柱的水平投影积聚为一圆，则柱面上点M、N的水平投影m、n必在该圆周上；由于m'为可见，判定点M位于圆柱的左前柱面上，点N位于最后轮廓素线上。

（2）作图步骤：如图5-11 b 所示。

① 作点M的投影。过m'作投影连线与水平投影中前半圆周交于点m，由m、m'求出m''。

② 作点N的投影。由于点N在最后轮廓素线上，可根据轮廓素线的其他投影直接求该点的投影

n、n' 。

③ 判断可见性。点M 位于左半柱面上，其侧面投影为可见。点N 所在轮廓素线的正面投影不可见，则n' 不可见，标记为（n' ）。

2. 圆锥体表面取点、取线。

求正圆锥表面上点的投影，常应用过点作素线或纬圆（圆锥面上一系列平行于锥底面的圆）来确定其投影，称为素线法和纬圆法。

【例5–2】如图5–12 b 所示，已知锥面上点M的正面投影m' 和点N 的水平投影n，求两点的三面投影。

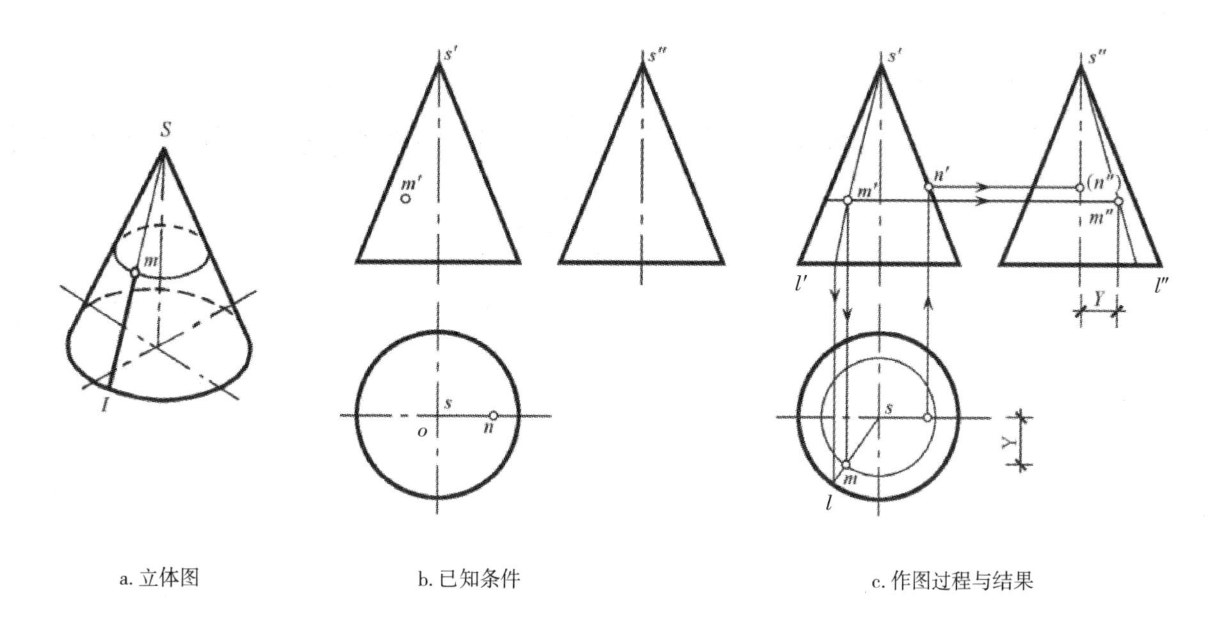

a. 立体图　　b. 已知条件　　c. 作图过程与结果

图5–12 圆锥体表面取点

（1）空间分析：由图中可见，点N位于最右轮廓素线上，根据点在直线上的投影特性，即可在图中直接作出n' 、n'' 。点M 位于左、前1/4的圆锥面上，需作辅助线求解。可应用圆锥面上的素线或纬圆作辅助线，点的投影就在该辅助线的同面投影上。

（2）作图步骤：点N的三面投影可直接作图求出，这里不再叙述。点M的三面投影作图，如图5–12 b 所示。

方法一：素线法。如图5-12 a 所示， 在锥面上连接SM并延长交底圆于l，Sl即为过点M的素线。在投影图中，连$s'm'$延长交底圆于l'，由l'可作出l、l''，即得素线的两面投影。根据直线上点的投影特性可作出m及m''。

方法二：纬圆法。

过M在圆锥面上作与底圆平行的纬圆，如图5-12a所示。该圆的水平投影是圆锥底圆的同心圆。正面投影和侧面投影均积聚为与轴线垂直的直线。具体作法如图5-12 c 所示。

① 过m作水平线与轮廓素线相交，其间长度即为纬圆的直径。该直线是纬圆的正面投影，同时可作出纬圆的侧面投影。

② 在水平面上，以o为圆心画圆，此圆为纬圆的水平投影。因点M在纬圆上，可作出m，由m、m'作出m''。

③ 判断可见性。点M位于左、前圆锥面上，其三面投影均可见。点N的可见性可自行判断。

第二节　组合形体的投影

由若干个基本形体叠砌而成，或由一个大基本形体切割掉一个或若干个小基本形体而成，或既有叠砌又有切割的形体，统称为组合形体。在绘制组合形体的投影图时，可以先分析该组合形体是由哪几个基本形体叠砌或切割而成，然后根据各基本形体的相对位置，逐个画出它们的投影，从而组成形体的投影。

图5-13a所示的组合体，由水平放置的长方体Ⅰ和竖直放置的长方体Ⅱ，以及三棱柱Ⅲ叠加而成，即基本体素Ⅰ、Ⅱ、Ⅲ的并集。又如图5-13b所示的组合体由长方体切去三棱柱Ⅰ，再切去三棱柱Ⅱ而成，即长方体体素与三棱柱Ⅰ、三棱柱Ⅱ的差集。至于稍复杂一些的组合体，它们的形成往往是既有叠加又有切割的综合方式，如图5-13c所示。

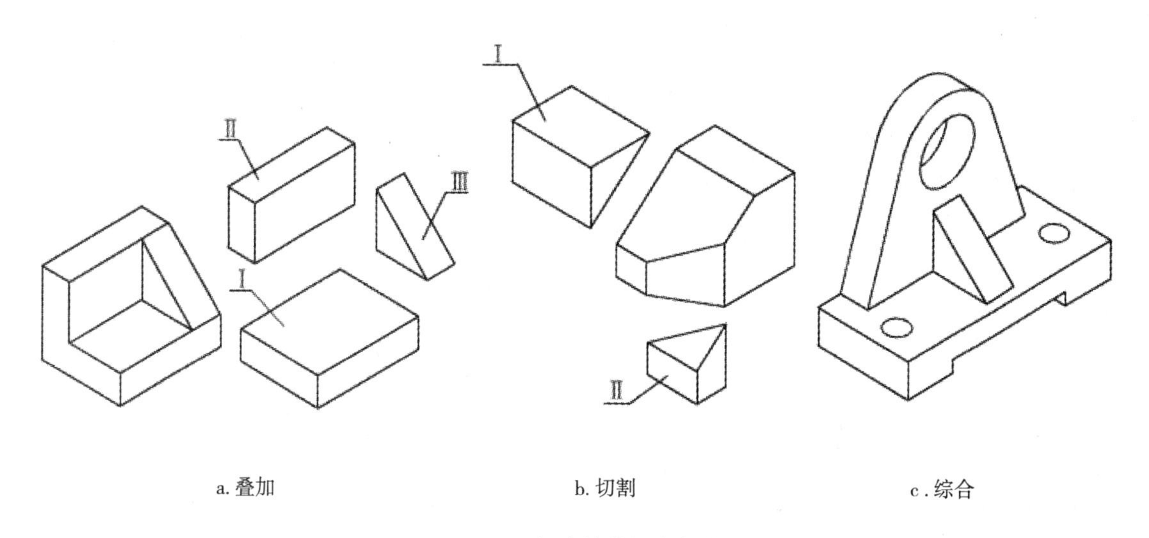

a.叠加　　b.切割　　c.综合

图5-13　组合体的组合方式

一、组合体的分析方法

1.叠加法。把组合体看成由若干基本体叠加而成的方法称为叠加法。各基本体叠加时，其表面结合有三种方式：平齐（共面）、相切、相交。在画投影图时，应注意这三种结合方式，正确处理两结合表面的投影，如图5-14所示。

（1）平齐（共面）是指两基本形体的表面位于同一平面上，两表面间不画线，如图5-15a所示。

（2）相切分为平面与曲面相切和曲面与曲面相切，不论哪一种，都是两表面的光滑过渡，不应画线，如图5-15c所示。

（3）相交是指面与面相交时，在相交处表面必然形成交线，应画交线的投影，如图5-15b所示。

2. 截割法。把组合体看成由基本体被一些面切割后而成的方法称为截割法。在基本体的表面会形成截交线，用画截交线的方法作出截交线的投影。

3. 组合法。把组合体看成部分由若干基本体叠加而成，部分由基本体被一些面切割后而成的方法称为组合法。

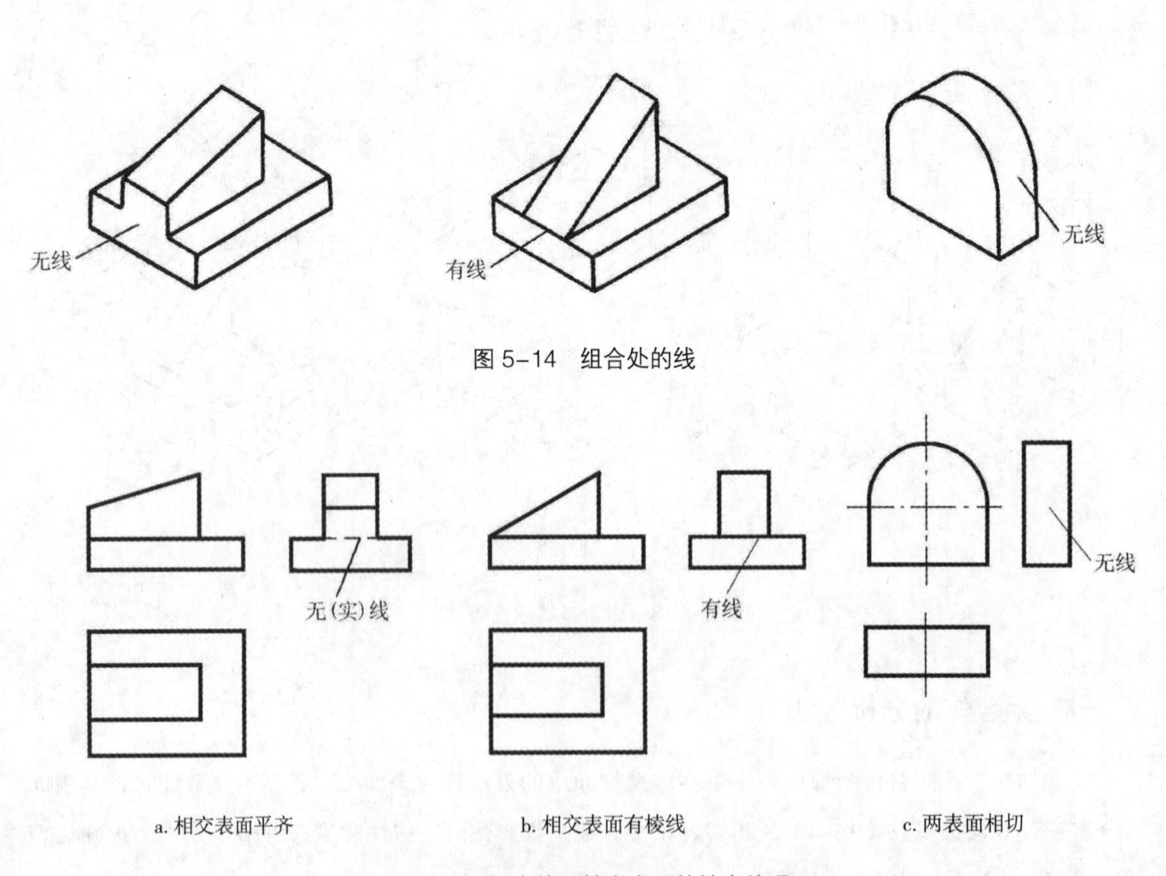

图 5-14　组合处的线

图 5-15　组合体两结合表面的结合处理

二、画组合体的投影图

画组合体的投影图时，要按照一定的步骤进行。现以肋式杯形基础（图5–16 a ）为例，说明画建筑形体投影图的具体步骤。

1. 形体分析。肋式杯形基础的形体分析见图5–16 b ，可用组合法先将形体分解为四部分，四棱柱地板、四棱柱、梯形块和楔形块，再分析其中各物块的组成。

2. 确定安放位置。根据尽量减少虚线的原则，应将形体平放，使*H*面平行于底板底面，*V*面平行于形体的正面。

3. 确定投影数量。确定数量的原则是用最少数量的投影把形体表达完整、清楚。基础形体由于前后肋板的侧面形状要在*W*面投影中反映，因此需要画出*V*、*H*、*W*三个面投影。

4. 画投影图。

（1）根据形体大小和注写尺寸所占的位置，选择适宜的图幅和比例。

（2）布置投影图。先画出图框和标题栏线框，明确图纸上可以画图的范围，然后大致安排三个投影的位置，使每个投影在注写完尺寸后，与图框的距离大致相等。

（3）画投影图底稿。按形体分析的结果，顺次画出四棱柱底板（图5–16 a ）、中间四棱柱（图5–16 b ）、6 块梯形块（图5–16 c ） 和楔形杯口（图5–16 d ） 的三面投影。画每一基本形体时，先画其最具有特征的投影，然后画其他投影。在*V*、*W*投影中杯口是看不见的，应画成虚线。

必须注意，如果形体中两基本形体的侧面处于同一平面上，就不应该在它们之间画一条分界线。例如左边肋板的左侧面与底板的左侧面，前左肋板的左侧面与中间四棱柱的左侧面。

（4）检查、加深图线。经检查无误后，按各类线宽要求，用较软的 B 或2 B 铅笔进行加深。

（5）标注尺寸。

（6）最后填写标题栏内各项内容，完成全图。

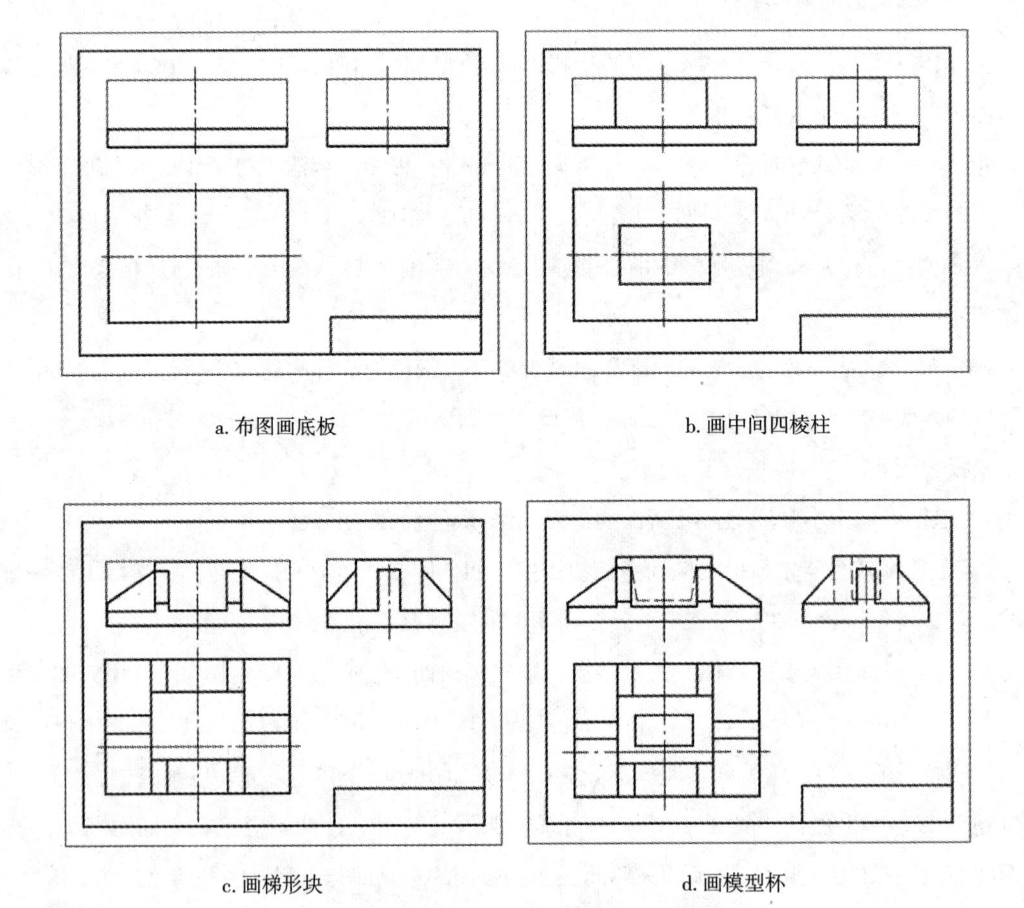

a. 布图画底板　　b. 画中间四棱柱

c. 画梯形块　　d. 画模型杯

图5-16　肋式杯形基础作图步骤

【例 5 -3】画出图5-17a所示组合体的三视图。

（1）空间分析。

由图 5 -17 a 可见，该组合体可分为五个基本体。以A向作为正立面方向，可明显地反映形体的形状特征，同时，各视图中虚线最少，图纸利用也较为合理。

（2）作图步骤。

确定画视图的比例以及图幅的大小、布置视图。具体画图步骤如图 5 -17所示。

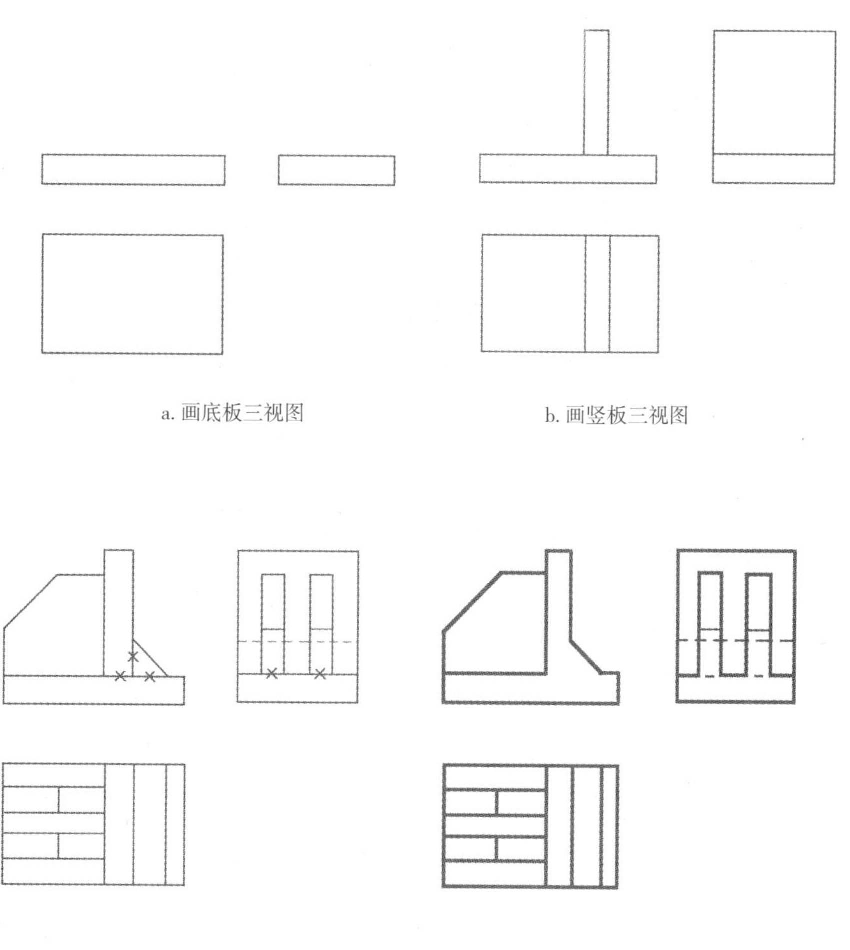

图5-17 组合体视图画法

三、组合体投影图的识读

读图的基本方法可概括为形体分析法和线面分析法两种。

1. 注意抓特征视图。

形状特征视图——最能反映物体形状特征的那个视图。在一组视图中，根据形状特征比较明显的视图，将其分成若干基本体，并想象出各部分的形状，然后按照它们的相互位置，综合想象出整体，这种方法称为形体分析法。

【例5-4】根据如图 5 -18 a 所示的三视图，想象出形体的形状。

（1）分析。按正立面图和平面图的特征，该组合体宜分为左右两部分，如图 5 -18 b 所示。

（2）读图。由左部分三视图可知，形状为左上角切去了一块的凸形棱柱体，如图 5 -18 c 所示。由右部分的三视图可知，因左部分高，故右半部分在左侧立面图中为不可见，用虚线画出。又因为右部凹口宽度与左部凸块部分的宽度相等，故凹口在左侧立面图上的虚线，正好与凸块的实线重合。于是可知右部分为凹形柱体，如图 5 -18 c 所示。最后，把左右两部分形状综合起来，想象出整体形状。

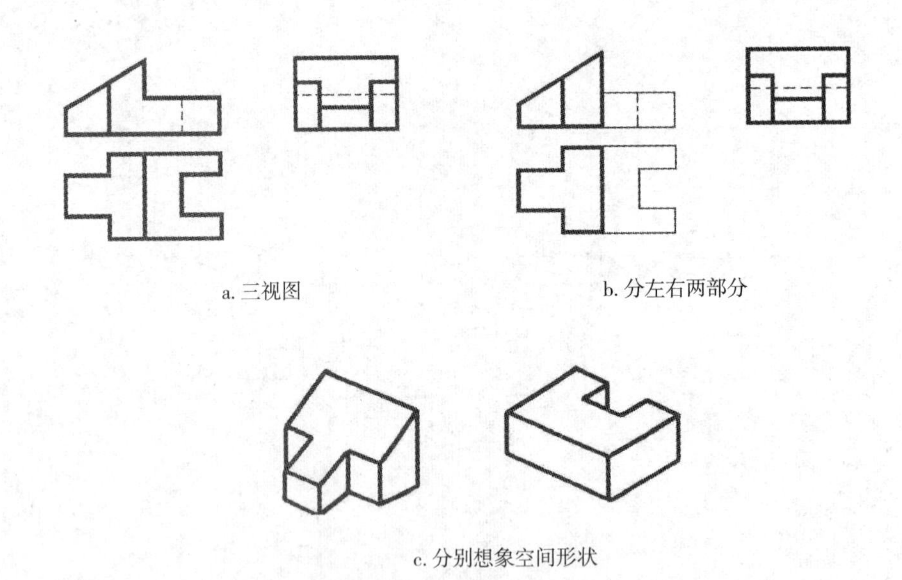

a. 三视图

b. 分左右两部分

c. 分别想象空间形状

图5-18　形体分析法读图

2. 线面分析法。

线面分析法是以线、面的投影规律为基础，根据形体视图中的某些棱线和线框，分析它们的形状和相互位置，从而想象出它们围成部分的形状。这种分析方法常在形体分析的方法读图感到有些困难时采用，以帮助想象形体的整体形状。利用线面分析法读图，必须掌握视图中每条图线、每个线框的含义。

【例5-5】根据如图5-19 a 所示三视图，想出形体的空间形状。

（1）分析。

由视图中可见，正立面图和平面图的外形是长方形线框，内部图线较多，左侧立面图的外形是五边形。该体为切割组合体，其原基本体应是五棱柱体，如图5-19所示。可用线面分析法读图。

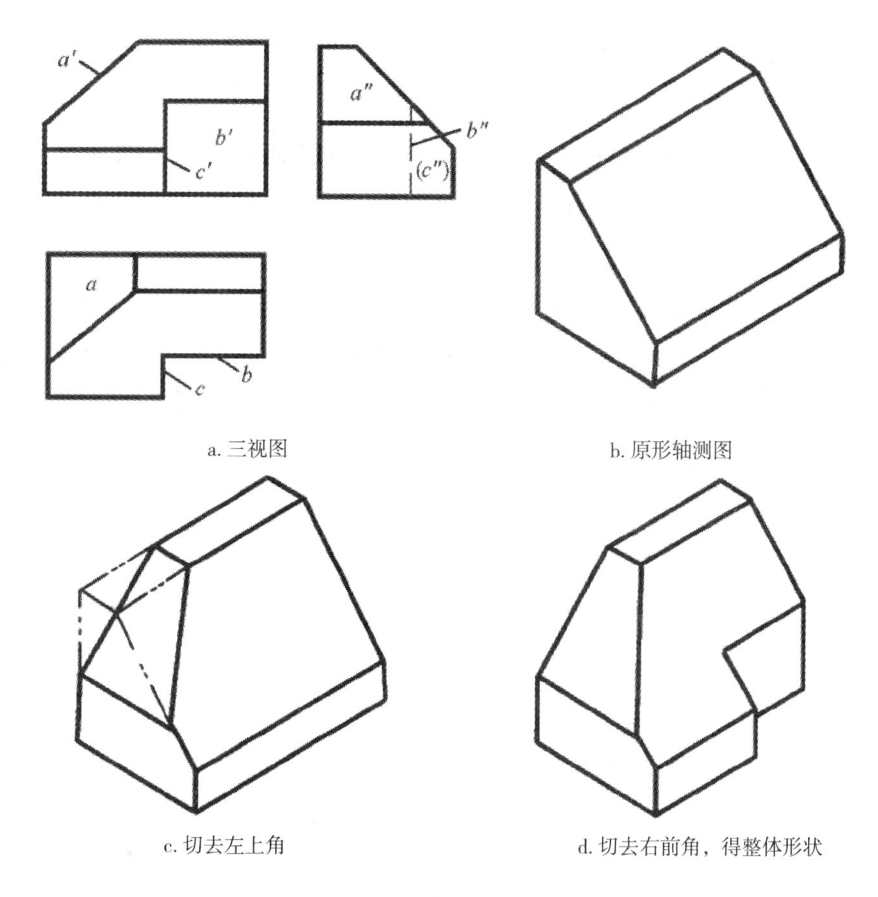

a. 三视图　　b. 原形轴测图

c. 切去左上角　　d. 切去右前角，得整体形状

图5-19　线面分析法读图

（2）读图。

① 正立面图左上缺一角，平面图右前有一长方形缺口。判断该五棱柱左上端被一斜面截切，右前方切去一个长方形缺口。

② 画线框，对视图，确定平面的形状和位置。将三个线框的三视图都标出。平面图中的线框

a，正立面图中线框b' 和左侧立面图中由虚线围成的线框c'' ，如图5–19 a 所示。根据线框A的三视图，在正立面图中积聚为一倾斜直线，说明线框A是一正垂面；线框B在平面图中积聚为一直线，该平面为正平面；线框C在平面图中也积聚为一直线，该面为侧平面。

③ 综合起来想整体。通过对三个线框的分析，可见该形体的左上方切去一角，形状如图5–19 c 所示。右前角切去一个四棱柱块，整体形状如图5–19 d 所示。

3. 要善于构思空间物体，始终把空间想象和投影分析相结合。

4. 小结。

形体分析法和线面分析法两者的读图步骤虽然相似，但形体分析法是从体的角度出发，划分视图所得的三个投影是一个形体的投影；而线面分析法是从面的角度出发，“分线框对投影”所得的三个投影是一个面的投影。

形体分析法较适合以叠加方式形成的组合体，线面分析法较适合以切割方式形成的组合体。由于组合体的组合方式往往既有叠加又有切割，所以看图时一般不是独立地采用某种方法，而是两者综合使用，互相配合，互相补充。

四、组合体的尺寸标注

建筑形体的投影图应注上足够的尺寸，才能明确形体的实际大小和各部分的相对位置。组合体标注尺寸的方法仍采用形体分析法，先标注每一基本立体的尺寸，然后标注建筑形体的总体尺寸。

1. 尺寸标注的基本要求。

（1）在图上所注的尺寸要完整，不能有遗漏，但也不应有重复多余的尺寸；

（2）要准确无误且符合制图标准的规定；

（3）尺寸布置要清晰，便于读图。

2. 尺寸标注的种类。

（1）定形尺寸。

这是确定组合体中各基本形体大小的尺寸。基本形体形状简单，只要注出它的长、宽、高或直径，即可确定它的大小。尺寸一般标注在反映该形体特征的实形投影上，对于带切口基本体，除了要反映出各种形状尺寸外，还应标出切口处截平面的位置尺寸，如图5–20。

（2）定位尺寸。这是确定各基本形体在建筑形体中相对位置的尺寸。

（3）总体尺寸。这是确定组合体总长、总宽、总高的尺寸。

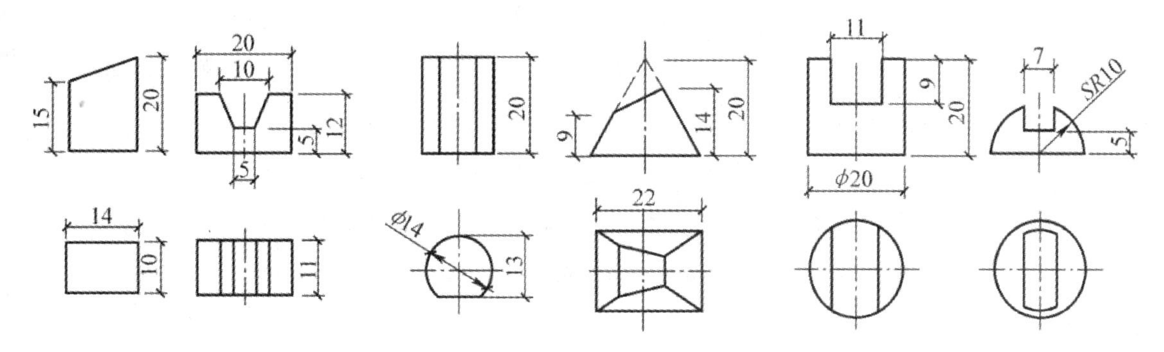

图5-20 带切口基本体的尺寸标注

3. 尺寸基准。

尺寸基准是指标注尺寸的起点。一般是将形体大的底面、端面、对称平面、回转体的轴线和圆的中心线定为尺寸基准。组合体的长、宽、高三方向都必须有一个以上的尺寸基准。长度方向一般可选择左侧面或右侧面为起点，宽度方向可选择前侧面或后侧面为起点，高度方向一般以底面或顶面为起点。若物体是对称形，还可选择对称中心线作为标注长度和宽度尺寸的起点。

4. 组合体的尺寸标注举例。

下面以图5-21的肋式杯形基础为例，介绍标注尺寸的步骤：

（1） 确定尺寸基准并标注定形尺寸。

肋式杯形基础是一个对称形物体，其长度方向的尺寸基准即两条中心对称线；高度方向的尺寸基准一般选为底面。各基本形体的定形尺寸有四棱柱底板长、宽和高，中间四棱柱长、宽和高，前后肋板长、宽、高，左右肋板长、宽、高，楔形杯口上底和下底、高和杯口厚度等，见图5-20。

（2）标注定位尺寸。

图5-21所示基础的中间四棱柱的长、宽、高定位尺寸是750mm、500mm、250mm，杯口距离四棱柱的左右侧面250mm，距离四棱柱的前后侧面250mm。杯口底面距离四棱柱顶面650mm，左右肋板的定位尺寸是宽度方向的875mm，高度方向的250mm，长度方向因肋板的左右端面与底板的左右端面对齐，不用标注。同理，前后肋板的定位尺寸是750mm、250mm。

（3） 标注总尺寸。

基础的总长和总宽即底板的长度3 000mm与宽度2 000mm，不用另加标注，总高尺寸为1 000mm。

5. 尺寸配置。

（1）尺寸标注要齐全，不要到施工时还得计算和度量。

（2）一般应把尺寸布置在图形轮廓之外（图5-21），但又要靠近被标注的基本形体。对某些细部尺寸，允许标注在图形内。

（3）同一基本形体的定形、定位尺寸，应尽量标注在反映该形体特征的视图中，并把长、宽、高三个方向的定形、定位尺寸组合起来，排成几行。标注定位尺寸时，平面体要定表面的位置。

（4）检查复核：标注尺寸是一项极其严肃的工作，必须认真负责，一丝不苟。尺寸数字必须正确无误和书写端正，同一张图纸上数字大小应一致；每一个方向细部尺寸的总和应等于该方向的总尺寸；检查有无尺寸被遗漏，必要时允许适当重复标注。

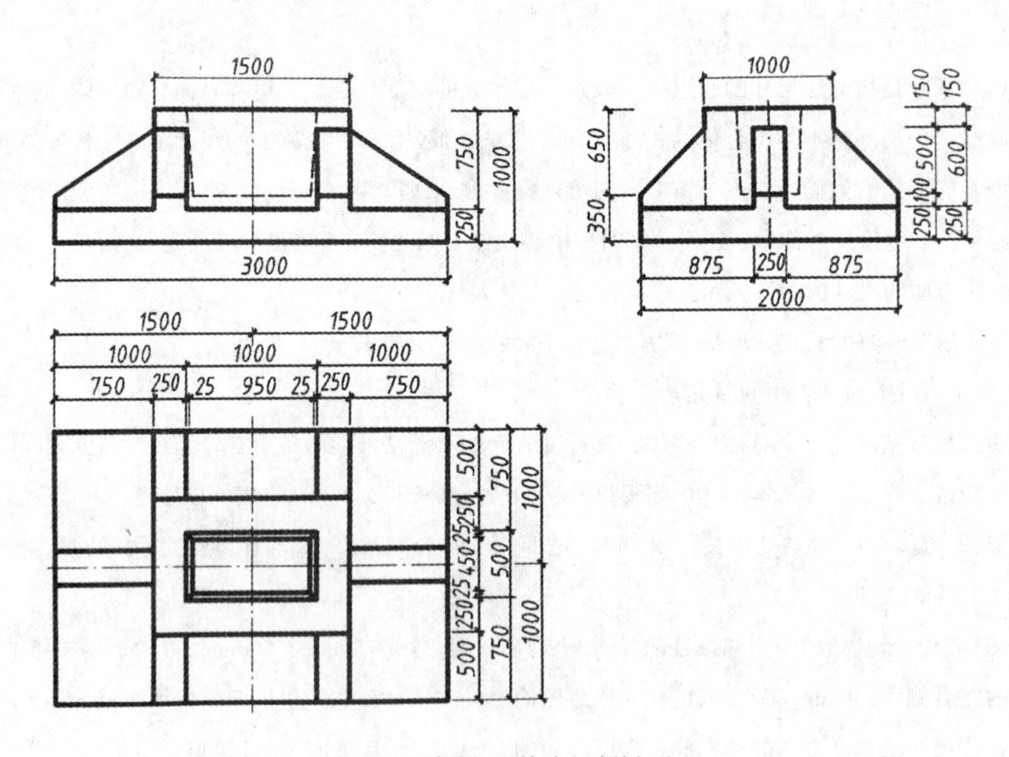

图5-21　肋式杯形基础尺寸的标注

本章复习指引

1. 投影图和各专业图都是通过投影的方法而产生的，对它的原理和特性，必须掌握和熟悉。必须熟练掌握三面投影图的形成和特性。

2. “三等”关系是体的投影的重要规律，它是根据已知投影求作第三投影的理论依据和方法。“三等”关系具有普遍意义：它适用于各种物体，适用于体的整体也适用于体上的任一局部。初学时，对于体的水平投影与侧面投影的度量对应关系及方位对应关系不易掌握。解决办法：①将实物投影对照，多观察；②注意投影面体系的展开规律。

3. 组合形体和建筑形体经常出现截交线和相贯线，必须了解它们的形成、投影特性以及掌握它们的作图方法和步骤。

复习思考题

1. 什么是形体分析法？

2. 为什么要强调画图与读图相结合？

第六章　截交线和相贯线

【学习内容】

本章学习平面立体截交线、回转体截交线的性质及作图方法，掌握两回转体相贯线的作图方法。

【基本要求】

通过本章，学习截交线和相贯线的作图步骤、作图方法。

在组合形体和室内空间形体的表面上，经常会出现一些交线。这些交线有些是形体被平面截割而产生，有些则是两形体相交而形成。基本形体被一个或多个平面截割，必然在形体的表面上产生交线。立体表面的交线在一般情况下是不能直接画出来的，因此必须先设法求出属于交线上的若干个点，然后把这些点连接起来。本章主要介绍截交线和相贯线的画法。

第一节　平面立体的截交线

一、基本概念

当平面截割立体时，与立体表面所形成的交线称为截交线；截割立体的平面称为截平面；因截平面的截切在立体表面上围成的平面图形称为截断面。

二、截交线的性质

立体被平面截切时，立体表面形状的不同和截平面相对于立体的位置不同，所形成截交线的形状也不同，但任何截交线均具有以下两个性质：

1. 截交线是封闭的平面多边形。

2. 截交线是截平面与立体表面的共有线。

如图6-1所示，截平面*P*截割三棱锥，截交线为三角形*ⅠⅡⅢ*，该三角形的各边是三棱锥各棱面与截平面*P*的交线，三角形的顶点是被截棱线与截平面的交点。

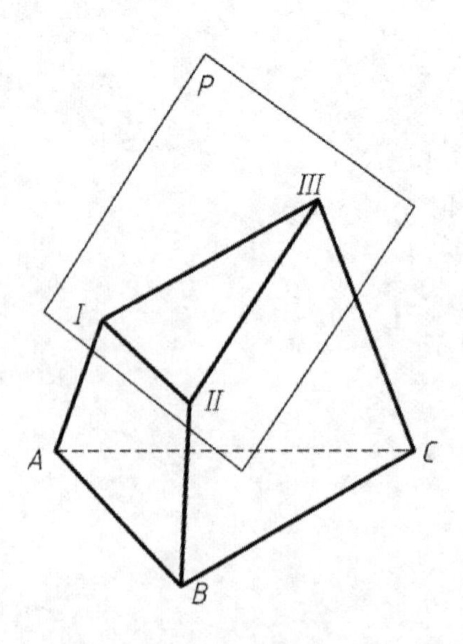

图6-1　截切三棱锥

三、画截交线的一般方法

1. 空间分析。

分析截平面与立体的相对位置， 确定截交线的形状。分析截平面与投影面的相对位置， 确定截交线的投影特性。

2. 画投影图。

求出平面立体上被截断的各棱线与截平面的交点，然后顺次连接各点成封闭的平面图形。

【例6–1】求作四棱锥被截切后的水平投影和侧面投影， 如图6–2 a 、 b 所示。

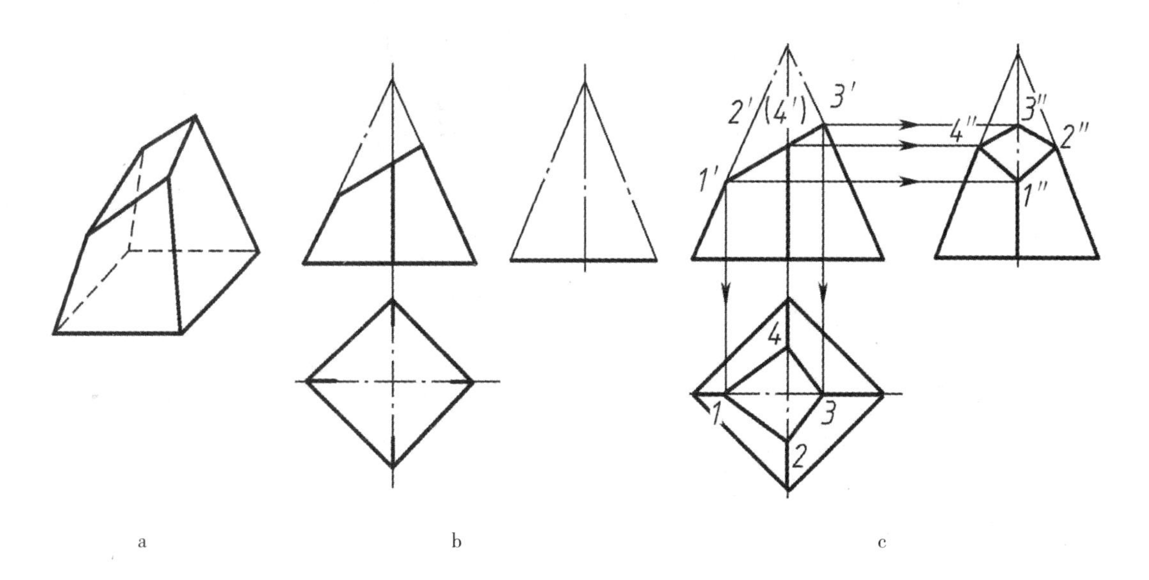

图6–2　截切棱锥体的三视图

（1）空间分析。

截平面为正垂面， 截交线的正面投影积聚为直线。截平面与四条棱线相交，从正面可直接交点，其余投影必在各棱线的同面投影上。

（2）作图步骤。

根据点的投影规律，在相应的棱线上求出截平面与棱线的交点，判断可见性后依次连接各点的同面投影，即得截交线，如图6–2 c 所示。

【例6-2】正垂面截切六棱柱，完成截切后的三面投影，如图6-3 a 、b 所示。

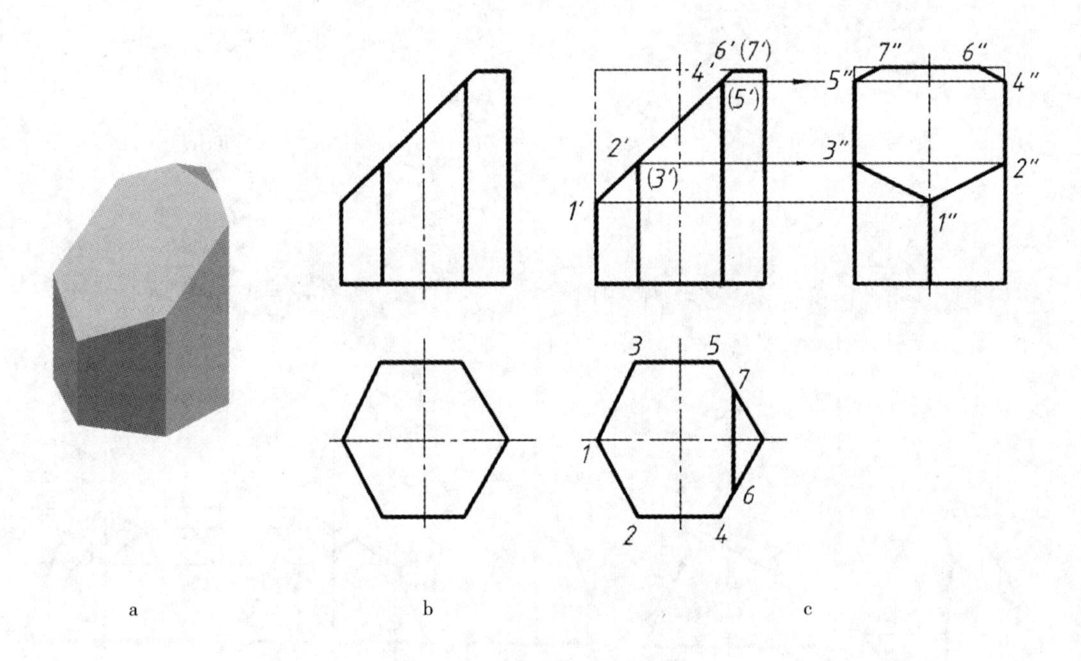

图6-3　截切六棱柱的三视图

（1）空间分析。

由图可知，六棱柱被正垂面截切，截交线的正面投影积聚为一直线。水平投影除顶面上的截交线外，其余各段截交线都积聚在六边形上。

（2）作图步骤。

由截交线的正面投影可在水平面和侧面相应的棱线上求得截平面与棱线的交点，依水平投影的顺序连接侧面投影各交点，可得截交线的投影，如图6-3 c 所示。画左视图时，既要画出截交线的投影，又要画出六棱柱轮廓线的投影。

（3）判别可见性。

俯视图、左视图上截交线的投影均为可见，在左视图中后棱线的投影不可见，应画成细虚线。

第二节　曲面体的截交线

平面与曲面体相交， 截交线的形状取决于曲面体的几何性质及其与截平面的相对位置， 截交线有如下性质：

1. 截交线是截平面和曲面体表面的共有线，截交线上任意点都是它们的共有点。

2. 截交线是封闭的平面图形。

3. 截交线的形状取决于曲面体表面的形状及截平面对曲面体轴线的相对位置。

求截交线的方法和步骤：

1. 分析曲面体的表面性质、截平面与投影面的相对位置、截平面与曲面体的相对位置，初步判断截交线的形状及其投影。

2. 求出截交线上的点，首先找特殊点，为了作图准确还要补充中间点。

3. 补全轮廓线，光滑地连接各点，求得截交线的投影。

本节主要介绍特殊位置平面与几种常见曲面体相交时截交线的画法。

一、平面与圆柱体相交

平面与圆柱体相交，截交线的形状取决于截平面与圆柱轴线的相对位置。平面截切圆柱体截交线的形式有三种，如表6–1所示。

表6–1　平面截切圆柱体截交线的形式

截平面与圆柱轴线平行	截平面与圆柱轴线垂直	截平面与圆柱轴线倾斜
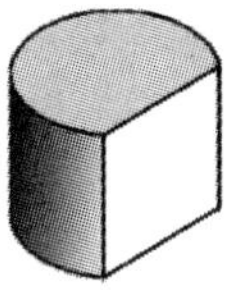	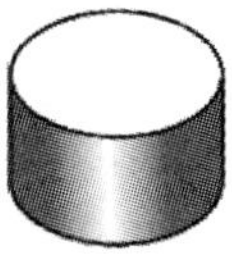	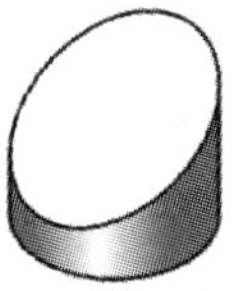

续表

截平面与圆柱轴线平行	截平面与圆柱轴线垂直	截平面与圆柱轴线倾斜
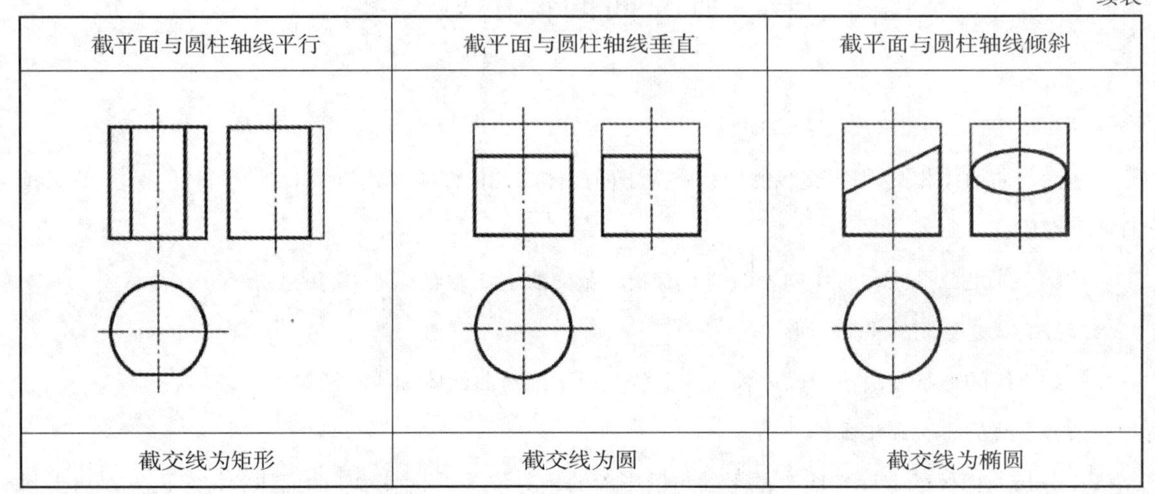		
截交线为矩形	截交线为圆	截交线为椭圆

【例6-3】已知斜切圆柱体的主视图和俯视图，求左视图，如图6-4 a、b 所示。

（1）空间分析。

圆柱的轴线是铅垂线，截平面为正垂面且与圆柱轴线倾斜，斜切圆柱体的截交线为椭圆。截交线的正面投影积聚为直线，水平投影积聚在圆周上，侧面投影为椭圆。

（2）作图步骤。

① 求特殊点。截交线最左素线上的点*Ⅰ* 和最右素线上的点*Ⅱ* 分别是截交线的最低点和最高点。截交线最前点*Ⅲ*和最后点*Ⅳ*分别是最前素线和最后素线与截平面的交点。作出*Ⅰ*、*Ⅱ*、*Ⅲ*、*Ⅳ* 的正面投影$1'$、$2'$、$3'$、$4'$ 和水平投影1、2、3、4，根据从属关系求出$1''$、$2''$、$3''$、$4''$，如图6- 4 c 所示。

② 求一般点。从正面投影上选取a'、b'、c'、d' 四点，然后作OX轴的垂线求得a、b、c、d，根据点的投影规律求出侧面投影a''、b''、c''、d''，如图6-4 d 所示。

③ 按截交线的顺序，光滑地连接各点的侧面投影。侧面投影的轮廓线画到$3''$、$4''$ 为止，并与椭圆相切，如图6-4 e 所示。

【例6-4】求如图6-5 a、b 所示的开槽圆柱体的左视图。

（1）空间分析。

圆柱体上部的槽是由三个截平面截切形成的，左右对称的两个截平面是平行于圆柱轴线的侧平面，它们与圆柱面的截交线均为两条直素线，与顶面的截交线为正垂线；另一个截平面是垂直于圆

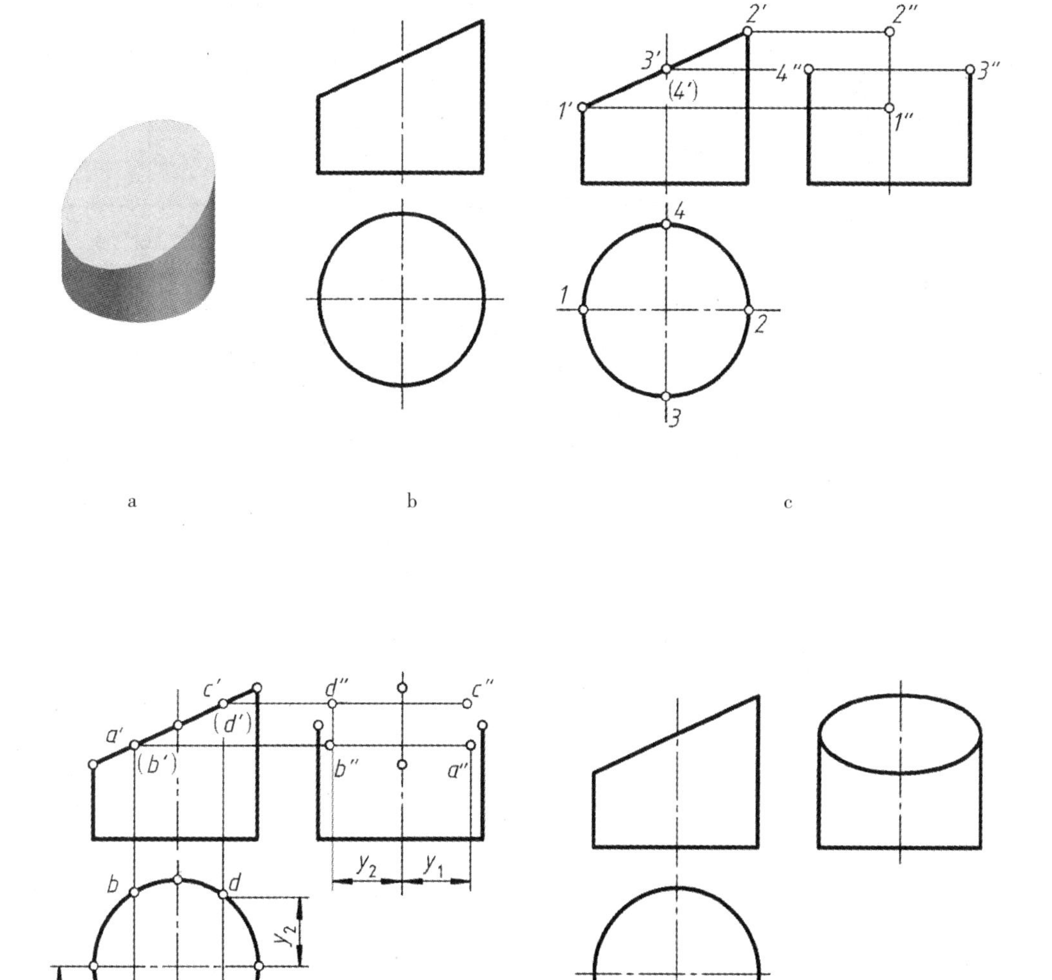

图6-4　斜切圆柱体的截交线

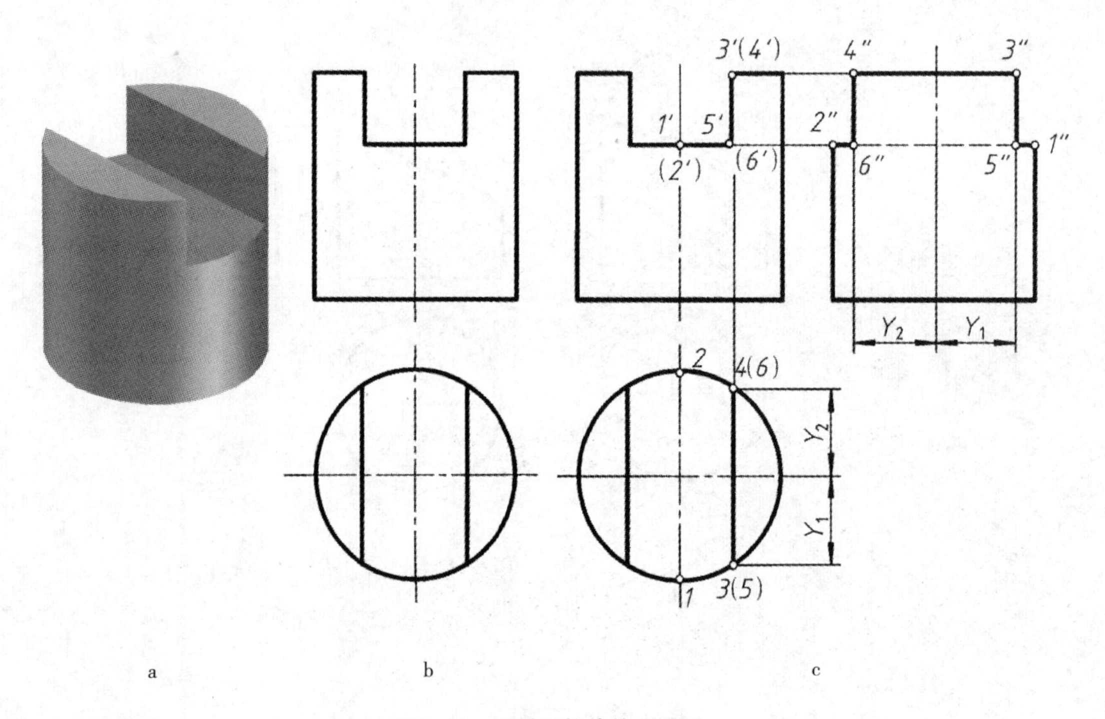

图6-5　开槽圆柱体的三视图

柱轴线的水平面，它与圆柱面的截交线为两段圆弧。三个截平面间产生了两条交线，均为正垂线。

（2）作图步骤。

在水平投影上和正面投影上找出特殊点*1*、*2*、*3*、*4*、*5*、*6* 和*1′*、*2′*、*3′*、*4′*、*5′*、*6′*，根据点的投影规律作出*1″*、*2″*、*3″*、*4″*、*5″*、*6″*，按顺序依次连接各点，如图6–5 c 所示。

二、平面与圆锥体相交

由于截平面与圆锥体的截切位置和轴线倾角不同，截交线有五种不同的情况，如表6–2 所示。

因为圆锥面的各个投影均无积聚性，所以求圆锥的截交线时，可采用辅助平面法。作一辅助平面，利用三面（截平面、圆锥面、辅助平面）共点原理，求截交线上的点，下面举例介绍截切圆锥的作图步骤。

表6–2　截交线的不同情况

截平面垂直于轴线	截平面倾斜于轴线		截平面平行于轴线	截平面过圆锥锥顶
$\theta=90°$	$\theta>\alpha$	$\theta=\alpha$	$\theta=0$或$\theta<\alpha$	$0\leq\theta<\alpha$
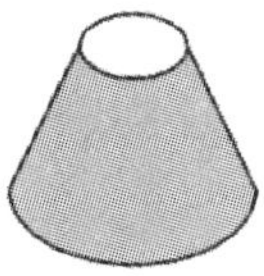	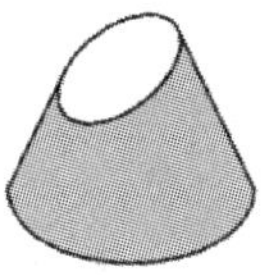	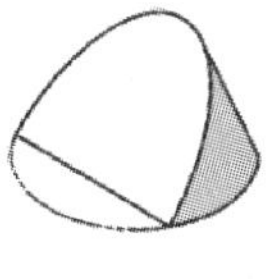	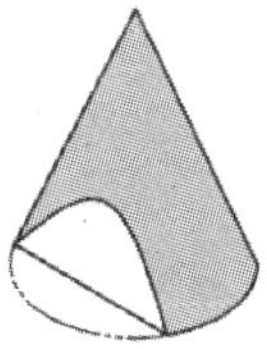	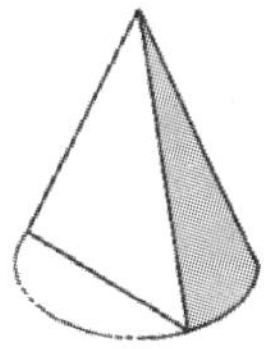
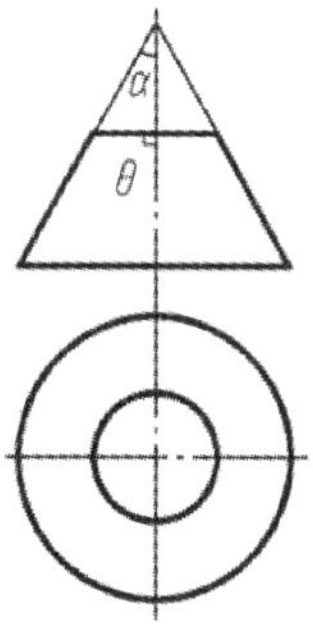	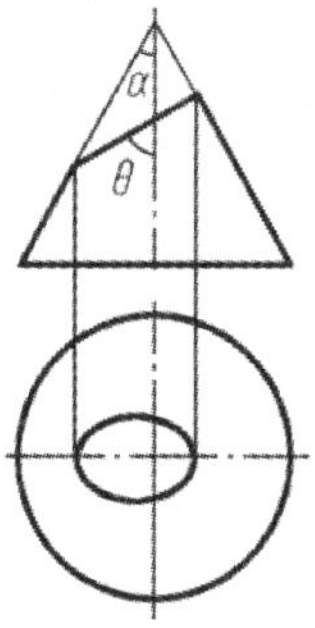	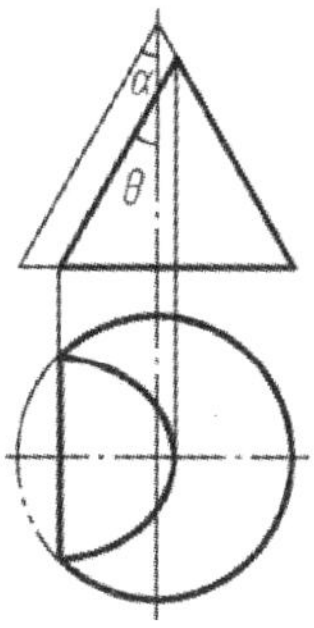	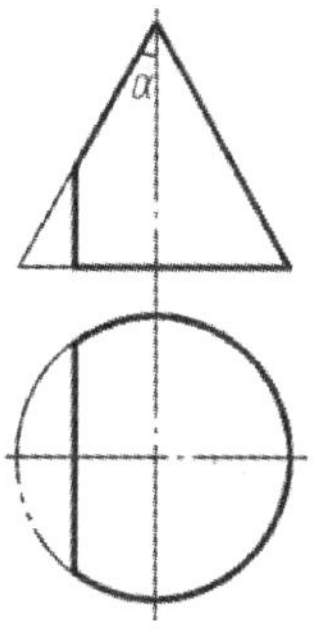	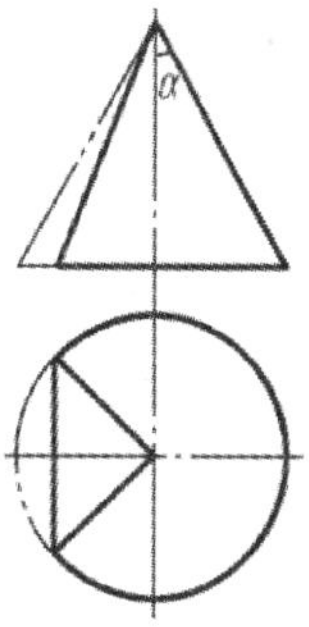
截交线为圆	截交线为椭圆	截交线为抛物线	截交线为双曲线	截交线为三角形

【例6–5】已知圆锥体的正面投影和部分水平面投影，求斜切圆锥体的水平投影和侧面投影，如图6–6 a 所示。

（1）空间分析。

圆锥体的轴线为铅垂线，因截平面与圆锥轴线的倾角大于圆锥母线与轴线的夹角，所以截交线为椭圆。截平面是正垂面，截交线的正面投影为直线，水平投影和侧面投影均为椭圆。选用辅助水平面作出截交线的水平和侧面投影。

（2）作图步骤。

① 求特殊点。

截交线的最低点A和最高点B是椭圆长轴的端点，它们的正面投影a'、b'可直接求出，水平投影a、b和侧面投影a''、b''按点从属于线的关系求出。截交线的最前点K和最后点L是椭圆短轴的端点，它们的正面投影为a' b' 的中点，作辅助水平面求出k、l 和k'' 、l'' 。圆锥体前后素线与正面投影的交点c' 、d' 可直接求出，水平投影c、d 和侧面投影c'' 、d'' 可按点从属于线的原理求出，如图6-6 b 所示。

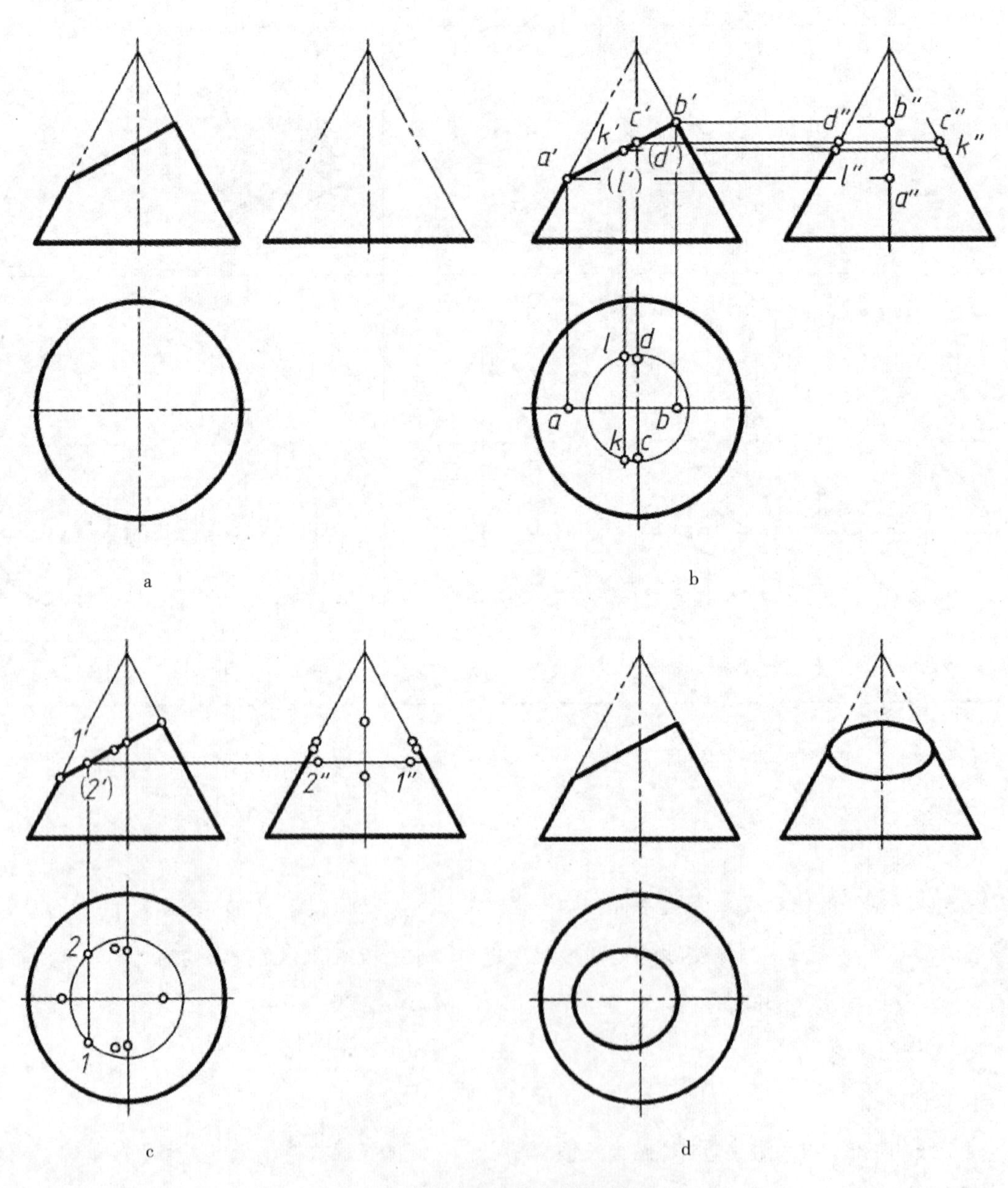

图6-6　作平行于圆锥轴线的截交线

② 求一般点。

选择适当的位置作辅助水平面，与截交线正面投影的交点为1′、2′，其水平投影和侧面投影即可求出，如图6–6 c 所示。

③ 光滑连接各点同面投影，求出截断体的水平投影和侧面投影，并补全轮廓线，侧面投影轮廓线画到k″、l″ 两点，并与椭圆相切，如图6–6 d 所示。

三、平面与圆球体相交

平面与圆球相交，不论截平面处于什么位置，其截交线都是圆。当截平面平行于某一投影面时，截交线在该投影面上的投影为圆，在另两个投影面上的投影积聚为直线。当截平面垂直于投影面时，截交线在该投影面上的投影积聚为直线，另外两个投影为椭圆。

【例6–6】已知圆球体被截切后的正面投影，求作水平投影，如图6–7 a 所示。

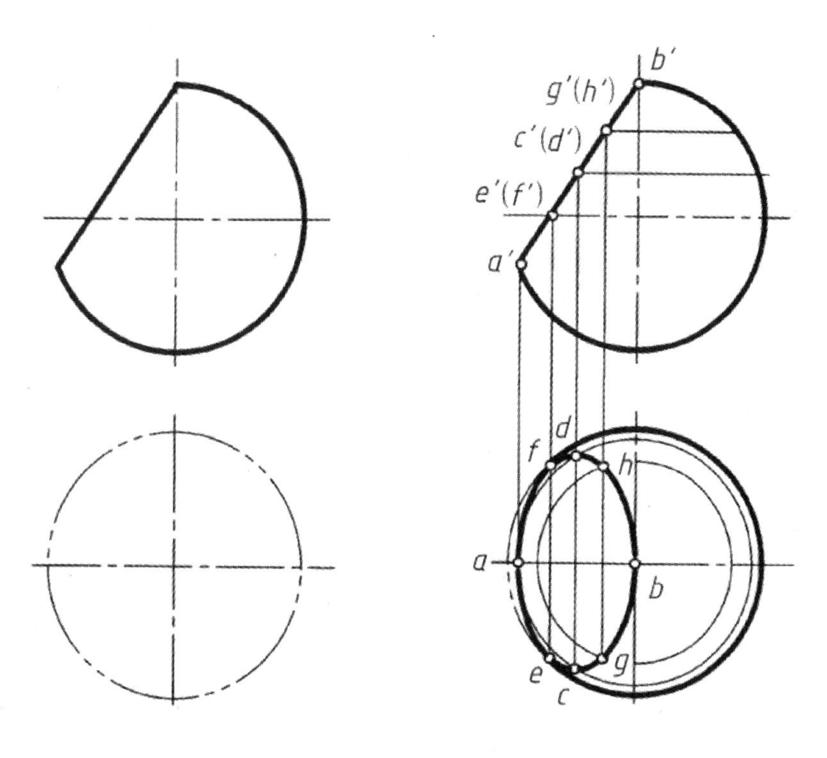

图6–7　求作截切圆球的水平投影

（1）空间分析。

截平面为正垂面，截交线的正面投影为直线，水平投影为椭圆。

（2）作图步骤如图6-7 b 所示。

①求特殊点。

截交线的最低点A和最高点B是最左点和最右点，也是截交线水平投影椭圆短轴的端点，水平投影a、b 在其正面投影轮廓线的水平投影上。a' b' 的中点c' （d' ）是截交线的水平投影椭圆长轴端点的正面投影，其水平投影c、d 在辅助水平圆上。e' （f' ）是截交线与圆球的水平投影轮廓线的正面投影的交点， 其水平投影e、f在圆球的水平投影轮廓线上。

②求一般点。

选择适当位置作辅助水平面，与a' b' 的交点g' 、h' 为截交线上两个点的正面投影，其水平投影g、h 投影在辅助圆上。

③光滑连接各点的同面投影，得截交线的水平投影，补全外形轮廓线，其轮廓线大圆画到e、f 两点为止。

第三节　相贯线

一、基本概念

如图6-8 所示，圆柱与圆锥台都是曲面体，它们相交后可看作一个形体，称为相贯体。即两曲面体相交称为相贯。其表面产生的交线称为相贯线。相贯线是两形体表面的公有线。相贯线上的点即为两形体表面的公有点。

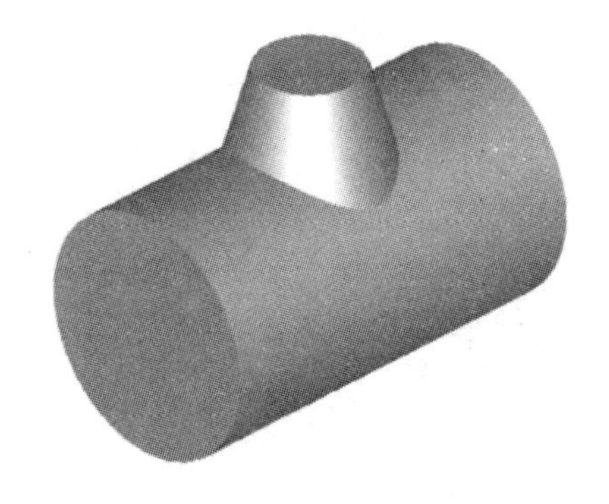

图6-8　相贯线

1. 相贯线性质。

（1）表面性。相贯线位于两立体的表面上。

（2）封闭性。相贯线一般是封闭的空间曲线，特殊情况下可以是平面曲线或直线段。

（3）共有性。相贯线是两立体表面的共有线，也是两立体表面的分界线， 相贯线上的点一定是两相交立体表面的共有点。

2. 相贯线的作图方法。

画两曲面体的相贯线，就是要求出相交表面的若干个共有点。求相贯线的作图步骤是：

（1）分析两曲面体表面性质，即两曲面体的相对位置和相交情况。

（2）求相贯线的特殊点，特殊点有最高点、最低点、最左点、最右点、最前点、最后点、可见与不可见的分界点及转向轮廓线上的点，有些点可根据从属关系直接求出， 有些要用辅助平面法求出。

（3） 求一般点，常用作图方法为辅助平面法，即假想作一辅助平面截切两曲面体，分别得出两曲面体表面的截交线，则两曲面体上截交线的交点必为相贯线上的点。如图6-9 所示，作辅助水平面*P*与圆柱轴线平行，与圆锥台轴线垂直，所以辅助平面与圆柱表面交线为矩形，与圆锥台表面交线为圆，则两截交线的交点*A*、*B*、*C*、*D* 即为圆柱和圆锥台表面的共有点，它们也是辅助平面*P*上的点。若作一系列的辅助平面，便可得到相贯线上的若干点。选择辅助平面的原则是：与两曲面体表面的截交线的投影为最简单形状（直线或圆）。一般选投影面平行面。

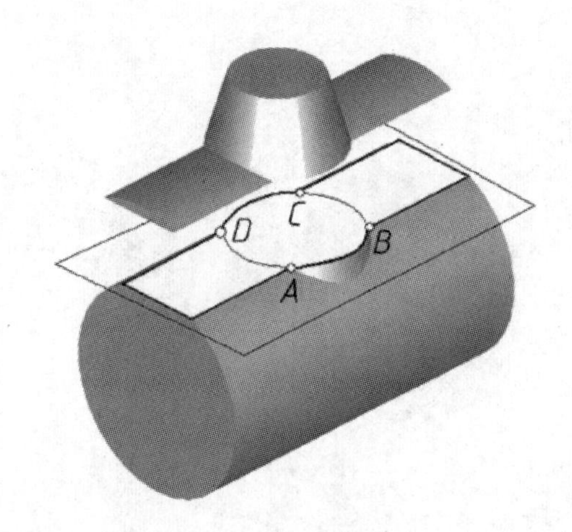

图6-9　辅助平面法求相贯线上的点

（4）顺次光滑连接各点，并判断相贯线的可见性。

二、两平面体相贯

两平面立体相交时，其相贯线为两组封闭的平面折线或一组封闭的空间折线。相贯线的每一段折线都是两相贯体相关棱面之间的交线，每个折点都是相贯体的棱线与另一相贯体的贯穿点。因此，求两平面立体的相贯线，就是求出所有的贯穿点，顺次连接各贯穿点就可得到相贯线。

具体作图步骤如下：

1. 分析已知条件。读懂投影图，分析两立体的相对位置，确定相交的棱线与贯穿点。

2. 求贯穿点。先利用线或面的积聚性投影求出贯穿点，再利用辅助面法求出一般贯穿点。

3. 连接贯穿点。判断可见性。

4. 过程如图6–10 b 所示。

① 补绘相贯体的W面投影。

② 求横向棱柱棱线与竖直四棱柱表面的交点。利用积聚投影在H 面投影上标注相贯点a、b，并确定其W面投影a'' 、b'' 。

③ 自a、b 两点向V 面引投影连线，得到a' 、b' 。同理，可求得其他棱线与竖直四棱柱的相贯点。

④ 依次连接各相贯点，并判断可见性。

相贯线的可见性由相贯线段的可见性决定。只有当相贯线段位于两形体都可见的棱面时，相贯线段才是可见的；只要有一个棱面不可见，该面上的相贯线段就不可见。

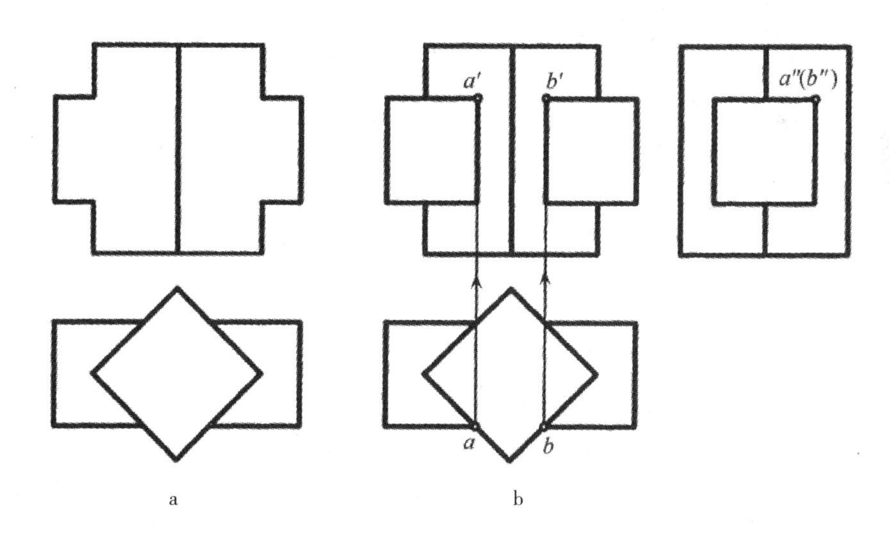

图6–10　求两四棱柱相贯线

三、平面体与曲面体相贯

平面体与曲面体相交时，相贯线是由若干段平面曲线或平面曲线和直线组成。其中，每段平面曲线或直线，为平面体上某表面与曲面体表面的截交线，称为相贯线段；每两条相贯线段的交点，为平面体棱线与曲面体表面的交点，称为贯穿点。因此，求作平面体与曲面体相贯线的实质是求平面体表面与曲面体表面的截交线和求平面体棱线与曲面体的贯穿点。

【例6-7】如图6-11所示，梯形柱与圆锥相交，求作相贯线的三面投影。

（1）空间分析。

梯形柱的四个表面与圆锥相交，所以相贯线为四段平面曲线组成。由于梯形柱的上、下棱面为水平面，所以此两棱面与圆锥的截交线为两段圆弧线。梯形柱左、右两斜面与圆锥面的截交线则为两段平面曲线（椭圆弧）。由于相贯线左右对称，其侧面投影重合。梯形柱正面投影有积聚性，其相贯线为已知，因此只需求出相贯线的水平投影和侧面投影。

（2）作图步骤，如图6-11 a 所示。

① 求上、下两段圆弧的水平和侧面投影，同时得到a 、b 、c 、d 四个折点。

② 求左、右两段椭圆弧。由于椭圆弧的端点a、b 、c 、d 已求出，只要利用圆锥面上取点的方法求出几个中间点（如e 、f ）即可，依次连成光滑曲线。

③ 判定可见性。相贯线在正面投影和侧面投影中均可见，在水平投影中圆锥面全部可见，梯形柱仅下棱面不可见，因此，将圆弧ab 连成虚线。

④ 擦去多余图线，加深图线，完成作图。

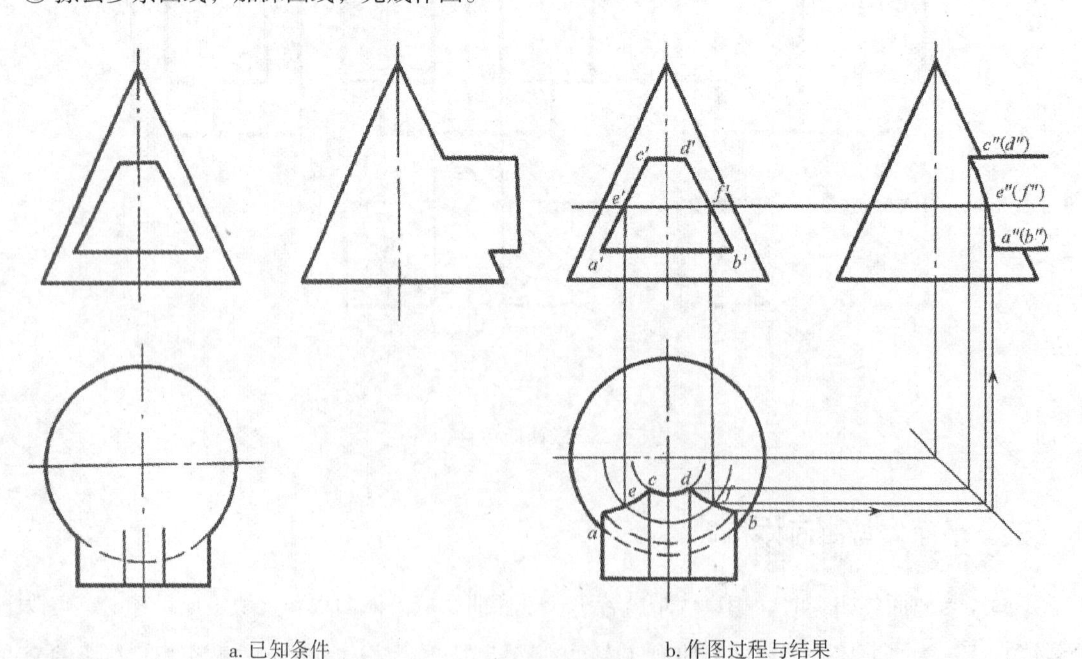

a. 已知条件　　b. 作图过程与结果

图6-11　梯形体与圆锥相交

四、两圆柱相交

【例6–8】如图6–12 a 所示，已知正交两圆柱的俯视图和左视图，求作主视图。

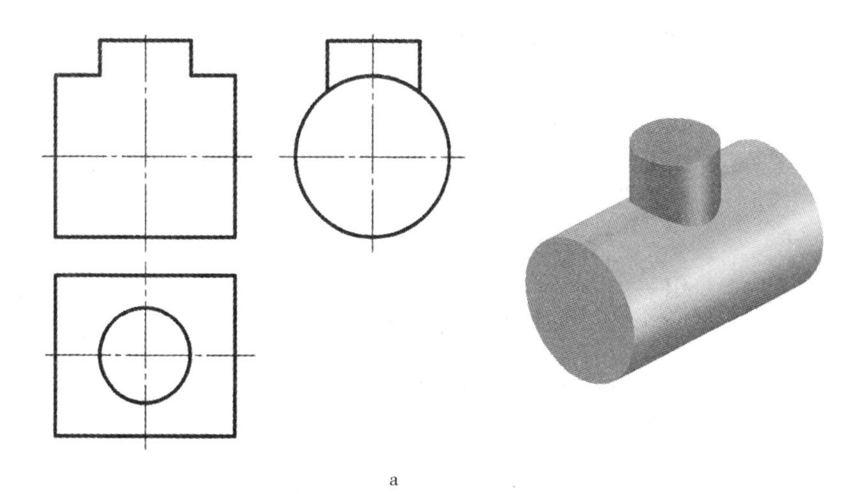

a

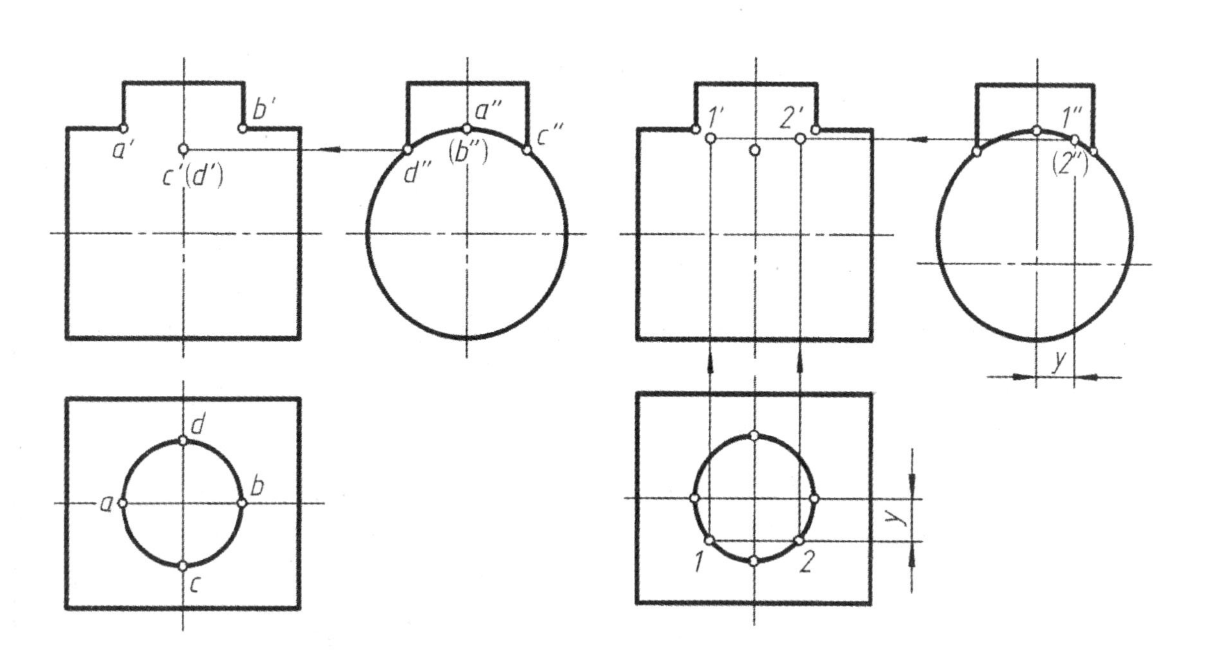

b　　c

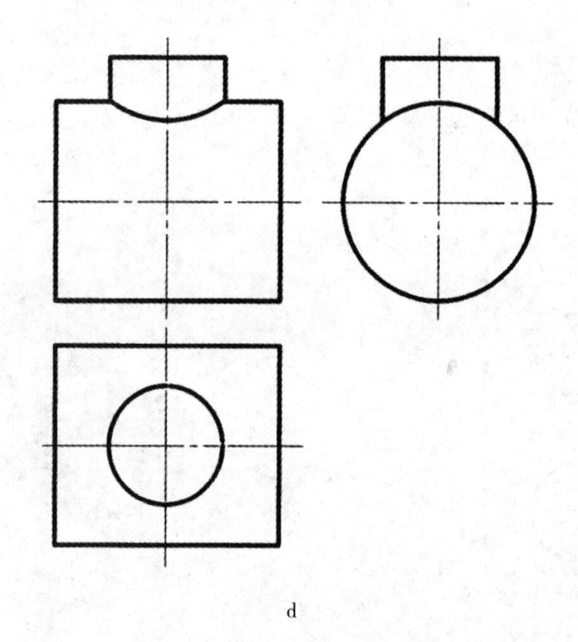

d

图6-12　两圆柱正交的相贯线

（1）空间分析。

两圆柱体轴线垂直相交，其轴线分别为铅垂线和侧垂线，因此小圆柱的水平投影和大圆柱的侧面投影都具有积聚性。相贯线的水平投影积聚在圆周上，侧面投影积聚于圆周的一部分。

（2）作图步骤。

① 求特殊点a' 、b' 是两圆柱表面共有点的正面投影，也是相贯线的最高点、最左点和最右点。从侧面投影轮廓线的交点求得相贯线最前点、最后点的侧面投影c'' 、d'' ，由从属关系求出其余两面投影，如图6-12 b 所示。

② 求一般点。

作辅助正平面，与两圆柱的交线均为矩形， 其侧面投影$1''$ 、$2''$ 和水平面投影1、2 分别为圆周与平面投影的交点，如图6-12 c 所示。

③ 判别相贯线的可见性。

前半相贯线的正面投影可见，因前后对称，后半相贯线与前半相贯线重影。

④ 按水平投影各点顺序，依次连点成光滑曲线，得相贯线的正面投影。如图6-12 d 所示。

五、圆柱与圆锥相交

作圆柱与圆锥相交的相贯线，通常采用辅助平面法。

【例6–9】求圆柱和圆锥相贯线的正面和水平面投影，如图6–13 a 所示。

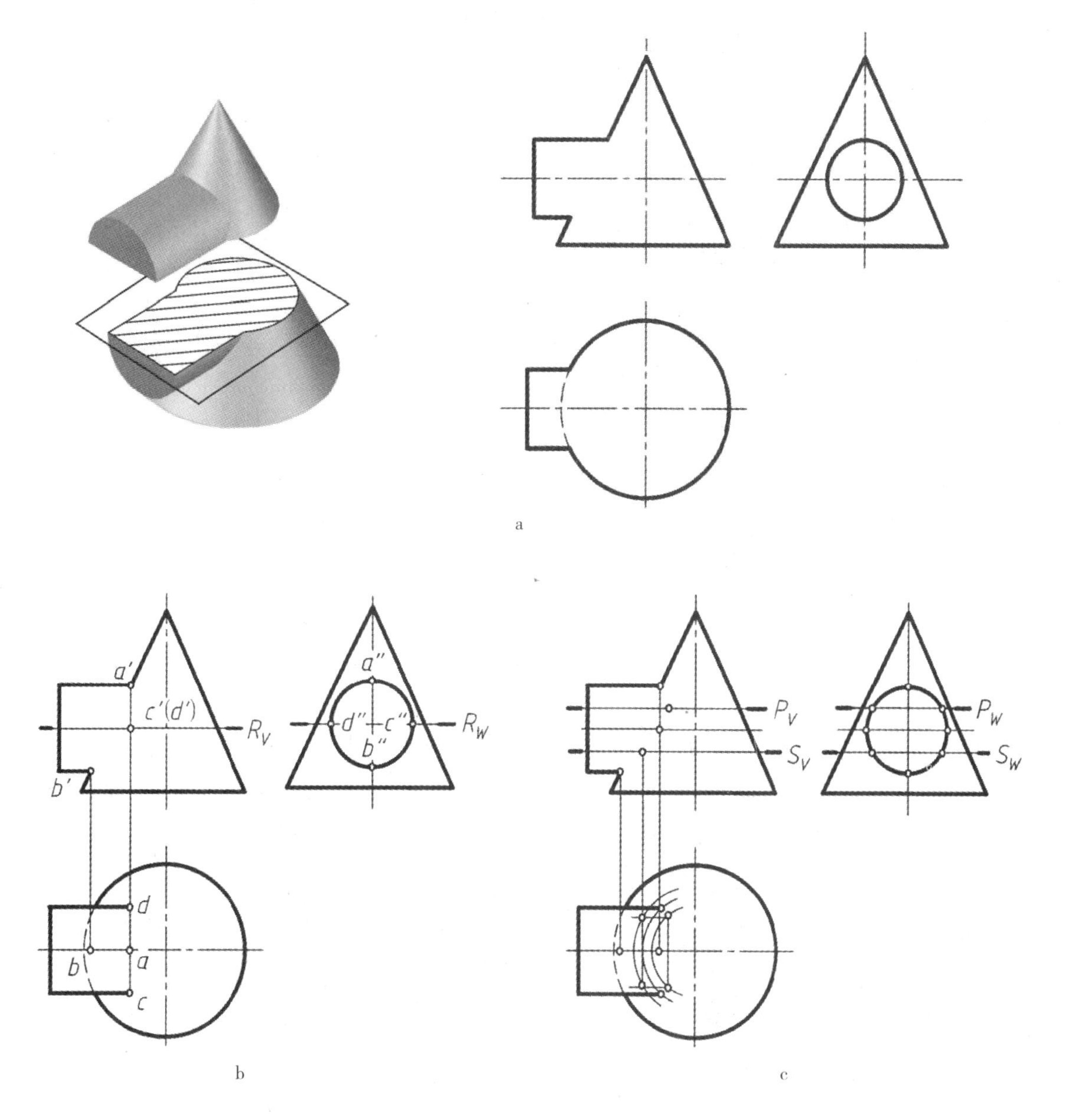

a

b　　c

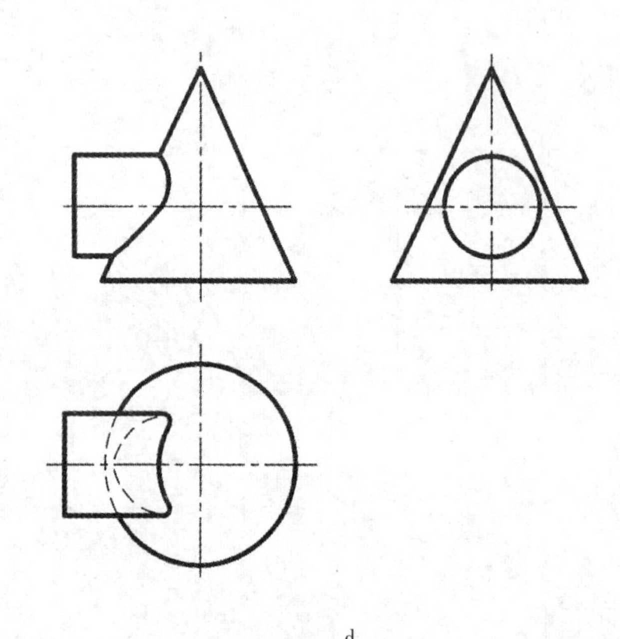

d

图6-13　圆柱和圆锥相交的相贯线

（1）空间分析。

圆柱与圆锥的轴线相互垂直，圆柱的轴线是侧垂线，圆锥的轴线是铅垂线。相贯线的侧面投影积聚在圆柱侧面投影的圆周上。用辅助平面法作图。

（2）作图步骤。

① 求特殊点。

由于圆柱和圆锥的正面投影转向轮廓线是在同一平面上，因此点A、B是相贯线的最高点和最低点，其水平投影a、b 和侧面投影a'' 、b'' 可由点线从属关系求出。过圆柱的最前、最后转向轮廓线作辅助水平面，可求得相贯线最前点、最后点的投影。辅助水平面与圆柱的交线的水平投影是转向轮廓线，与圆锥的交线是圆，它们水平投影的交点c、d就是最前点和最后点的水平投影，也是相贯线可见与不可见的分界点。将C、D 投射到正面辅助线上可得c' 、d' ， 如图6-13 b 所示。

② 求一般点。

作辅助水平面与圆柱的交线为矩形，与圆锥交线的水平投影为圆，矩形与圆的交点即为所求，根据从属关系可求出正面投影，如图6-13 c 所示。

③ 判别可见性。

在主视图上，前半相贯线的投影可见，后半相贯线的投影与前半相贯线重合。在俯视图上，*C*、*D* 为可见与不可见的分界点，*C*、*D* 以上部分为可见，以下部分为不可见。

④ 依次连点成相贯线，如图6-13 d 所示。

本章复习指引

1. 截交线是截平面与立体表面的交线，平面立体的截交线是由直线组成的封闭平面多边形，通过截平面与立体棱线的交点求出。曲面体的截交线是封闭的平面图形，可通过立体表面取点求出。

2. 当立体被多个截平面截切时，要逐个截平面进行截交线的分析与作图。当只有部分被截切时，先按整体被截切求出截交线，然后再取局部。

3. 两曲面体相贯，相贯线具有共有性、表面性和封闭性。图解相贯线的关键是作出其上的特殊点和一般位置点，根据相贯立体的结构特点，可选用积聚投影法和辅助平面法求相贯线上的点。

复习思考题

1. 什么是截交线？什么是相贯线？

2. 圆柱的截交线有几种形状？什么是截交线上的特殊点？

3. 利用辅助平面求两曲面体相贯线的依据是什么？如何选择辅助平面？

第七章　室内装修图样的表达方法

【学习内容】

本章学习室内装修图样的常见表达方法即视图、剖面图和断面图的概念、分类和画法。

【基本要求】

通过学习本章的知识，读者要掌握视图、剖面图和断面图的概念、分类和画法，能够选择恰当方法表达图样并提高识图能力。

室内装修图样的结构形式是多种多样的，为了准确、清晰、完整地表达形体，我国制图标准中规定了多种表达建筑形体的方法：视图、剖面、断面等。画图时可根据形体的具体情况选用。

第一节　视图选择

视图选择包括两个方面：一是选择视图数量，二是确定正立面图。

一、三视图

一般的建筑形体，可用三视图（即平面图、正立面图和侧立面图）表示。

建筑物及其室内装修图样的视图，在保证表达完整清晰的前提下，也可选用单个视图、两个视图、三个视图或者更多的视图来表示。

三面视图之间的投影联系规律：

①正立面图和平面图——长对正；

②正立面图和左侧立面图——宽相等；

③正立面图和左侧立面图——高平齐。

④六面视图之间的投影联系规律和三面视图的联系相对应。

二、基本视图

根据房屋建筑室内装饰装修制图标准规定，在表达复杂的室内装修图样时，可在前面介绍的正立投影面、水平投影面和左侧立投影面的基础上，再增加三个与其相对的投影面，这六个投影面统称为基本投影面。将物体向基本投影面投射，所得到的六个视图称为基本视图。在增加的三个投影面上所得到的视图为：背立面图——由后面向前面投射（后视）所得的视图；底面图——右下向上投射（仰视）所得的视图；右侧立面图——由右向左投射（右视）所得到的视图。基本视图的形成与展开见图7–1、图7–2。

基本投影展开后，各基本视图的配置关系如图7–3，基本视图之间仍保持“长对正、高平齐、宽相等”的关系。

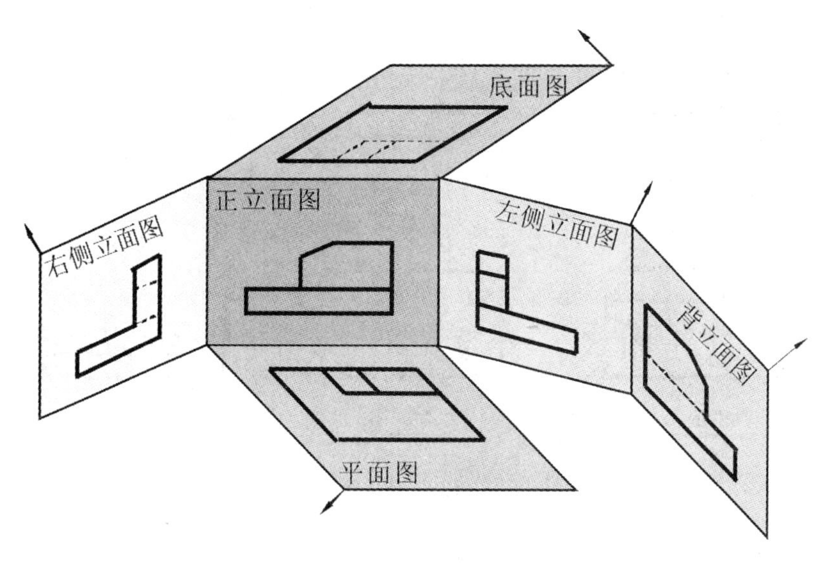

图7-1　基本视图的形成

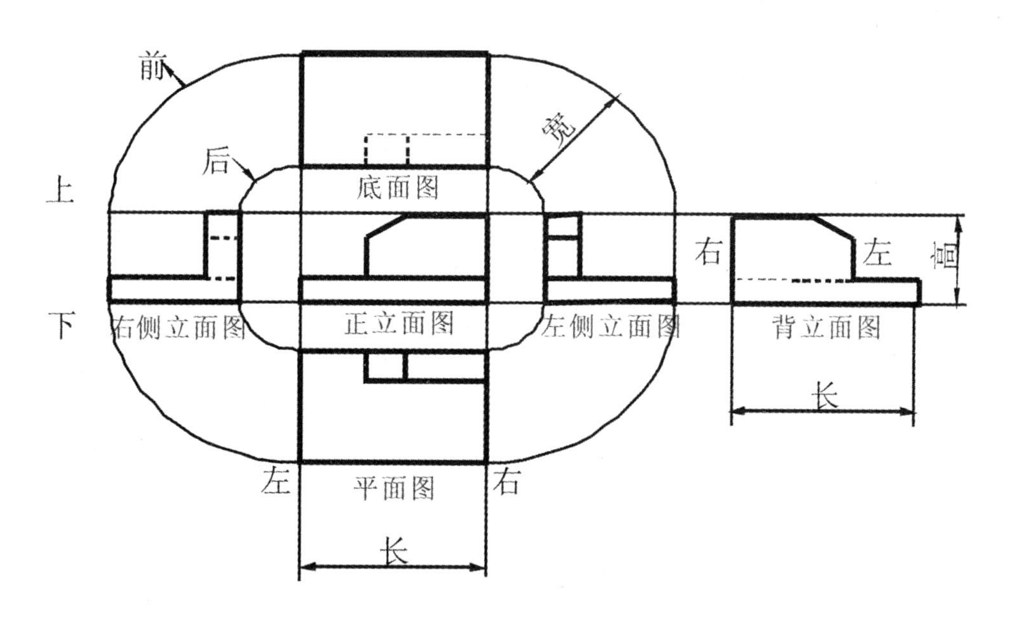

图7-2　基本视图投影对应关系

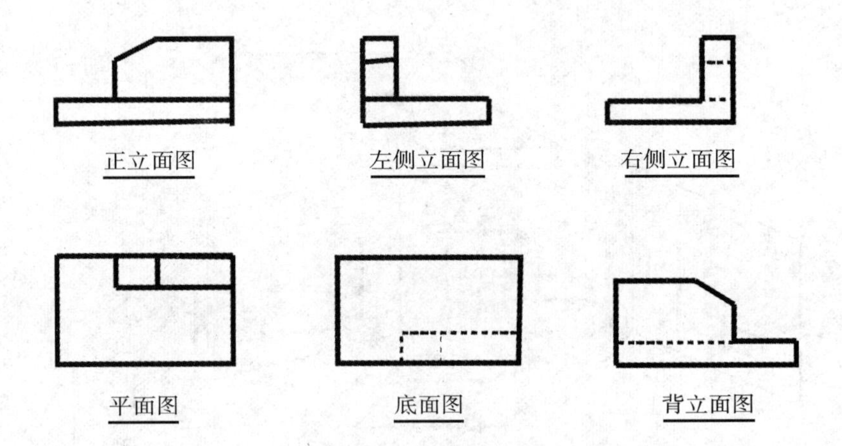

图7-3　不按投影关系配置

第二节　房屋建筑室内装饰装修设计的视图投影法

因房屋建筑室内装饰装修设计制图表现室内空间界面的装饰装修内容，故所采用的视点位于建筑内部。

1. 房屋建筑室内装饰装修设计的视图，可采用位于建筑内部的视点按正投影法并用第一角画法绘制。如图7–4所示，自A的投影镜像图称为顶棚平面图，自B的投影称为平面图，自C、D、E、F的投影称为立面图。

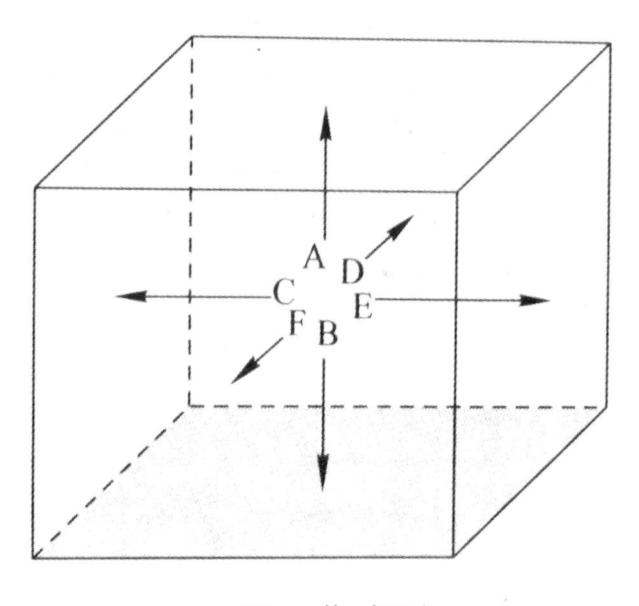

图7–4　第一角画法

2. 顶棚平面图采用镜像投影法绘制（图7–5），其图像中纵横轴线排列应与平面图完全一致，易于相互对照、清晰识读。

3. 装饰装修界面与投影面不平行时，可用展开图表示。

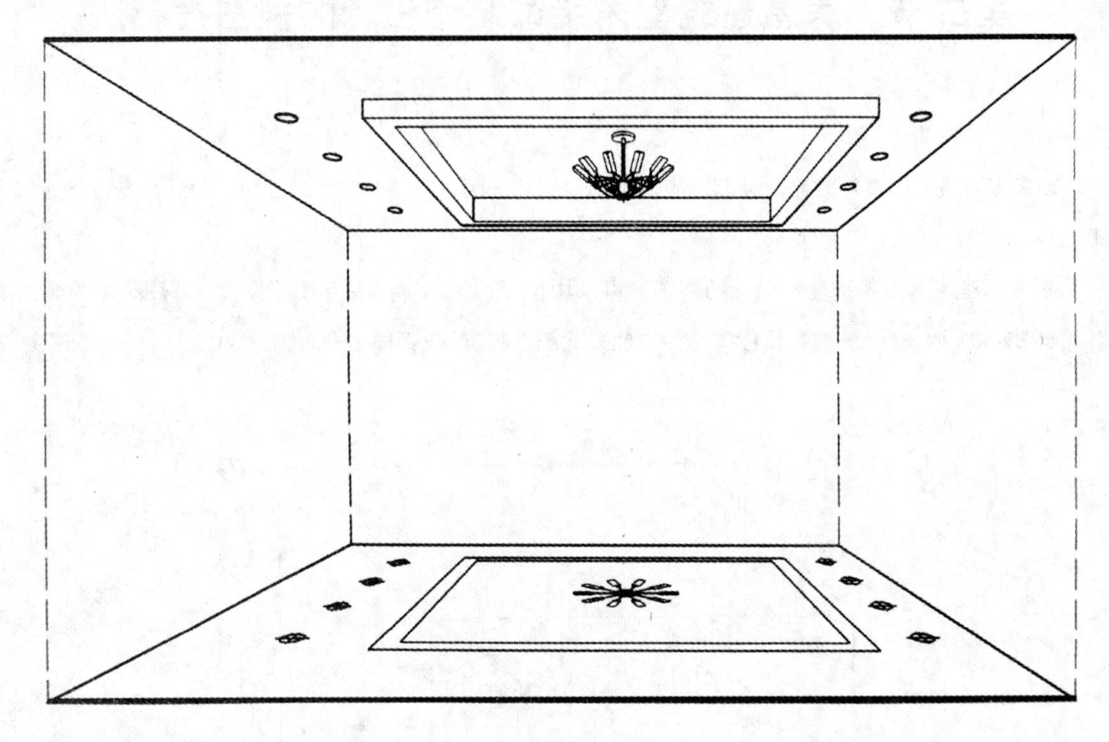

图7-5　镜像投影法

第三节　视图布置

1. 如在同一张纸上绘制若干个视图时，各视图的位置应根据视图的逻辑关系和版面的美观决定，各视图的位置宜按照图7–6的顺序进行布置。

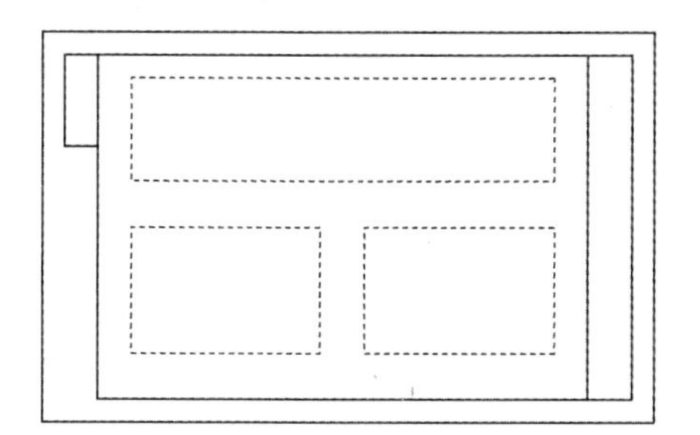
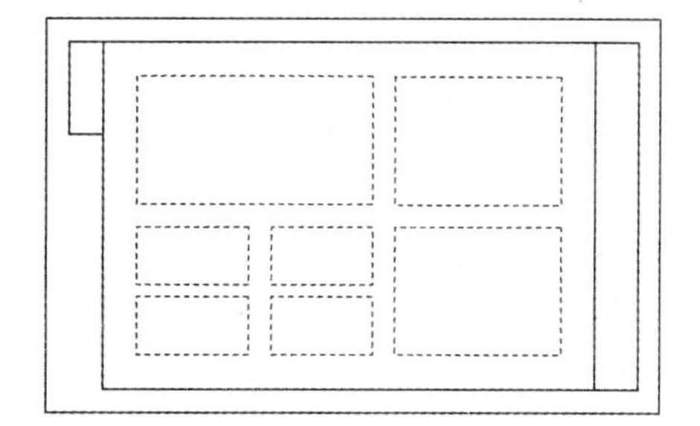

图7–6　常规的布图方法

2. 每个视图均要标注图名。各视图图名的命名主要包括平面图、立面图、剖面图或断面图、详图。同一种视图多个图的图名前加编号以示区分。平面图，以楼层编号，包括地下二层平面图、地下一层平面图、首层平面图、二层平面图等。立面图以该图两端头轴线号编号，剖面图或断面图以剖切号编号。详图以索引号编号。图名宜标注在视图的下方、一侧或相近位置，并在图名下用粗实线绘一条横线，其长度要以图名所占长度为准。使用详图符号作图名时，符号下不再画线，如图7–7所示。

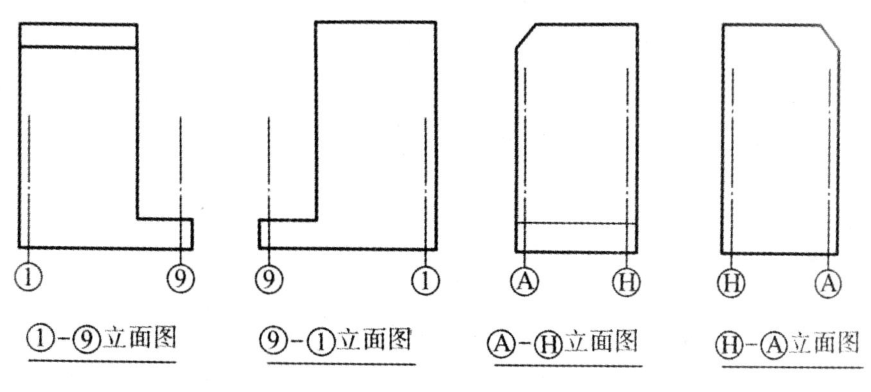

图7–7　视图布置

3. 分区绘制的建筑平面图，要绘制组合示意图，指出该区在建筑平面图中的位置，各分区视图的分区部位及编号均保持一致，并与组合示意图一致（图7–8）。

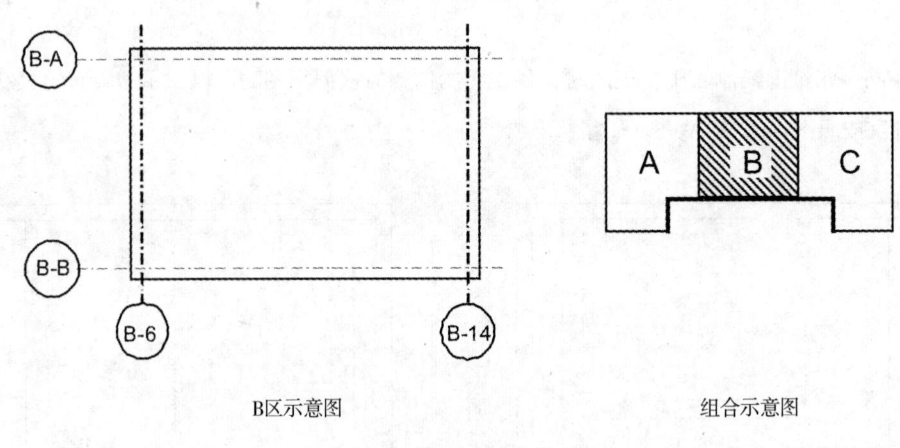

B区示意图　　组合示意图

图7–8　分区绘制建筑平面图

4. 总平面图是反映建筑物在室外地坪上的墙基外包线，不要画屋顶平面投影图。同一工程不同专业的总平面图，在图纸上的布图方向均保持一致；单体建（构）筑物平面图在图纸上的布图方式，必要时可与其在总平面图的布图方向不一致，但必须标明方位；不同专业的单体建（构）筑物平面图，在图纸上的布图方向均保持一致。

5. 建（构）筑物的某些部分，如与投影面不平行（如圆形、折线形、曲线形等），在画立面图时，可与该部分展至与投影面平行，再以正投影法绘制，并在图名后注写“展开”字样。

6. 建筑吊顶（顶棚）灯具、风口等设计绘制布置图，是反映在地面上的镜面图，不是仰视图。

第四节 剖面图

一、剖面图的概念与画法

在画室内装修图样的视图时，形体上不可见的轮廓线需用虚线画出。对于内形复杂的建筑物，例如一幢房屋，内部有各种房间、走廊、楼梯、门窗等，如果用虚线来表示这些看不见的部分，必然形成图面上虚实线交错，混淆不清，既不便于标注尺寸，也容易产生混乱。一些室内构配件存在同样的问题。为此，假想将形体剖开，把内部构造显露出来，然后进行投射，用实线画出这些内部构造的视图。

图7–9是钢筋混凝土双柱杯形基础的视图。这个基础安装柱子用的两个杯口，在正立面图和侧立面图上都画上虚线，图面不清晰。假想用一个通过基础前后对称平面的剖切平面*P*将基础剖开，然后将剖切平面*P*连同它前面的半个基础移走，将留下来的半个基础投射到与剖切平面*P*相平行的*V*投影面上，所得到的视图，称之为剖面图（图7–10）。在剖面图中，我们可以清晰地看到基础内部的形状、大小和构造，例如杯口的深度和杯底的长度都表示非常清楚。

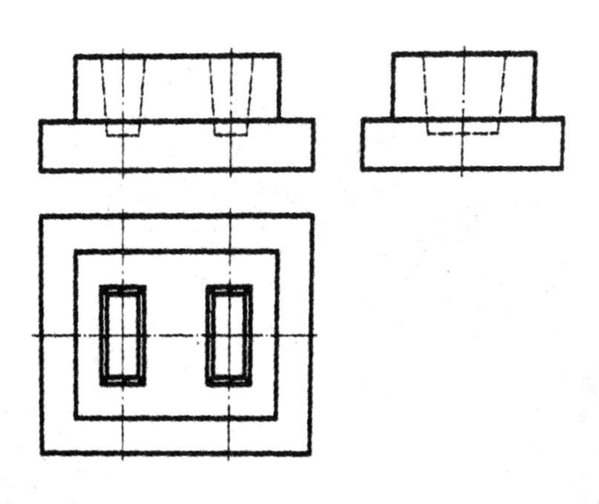

图7–9 双柱杯形基础

同样用可以假想一个通过左侧杯口的中心线并平行于*W*面的剖切平面*Q*将基础剖开，移走剖切平面*Q*和它左边的部分，然后向*W*面进行投射，得到基础的另一个方向的平面图，如图7–11所示。

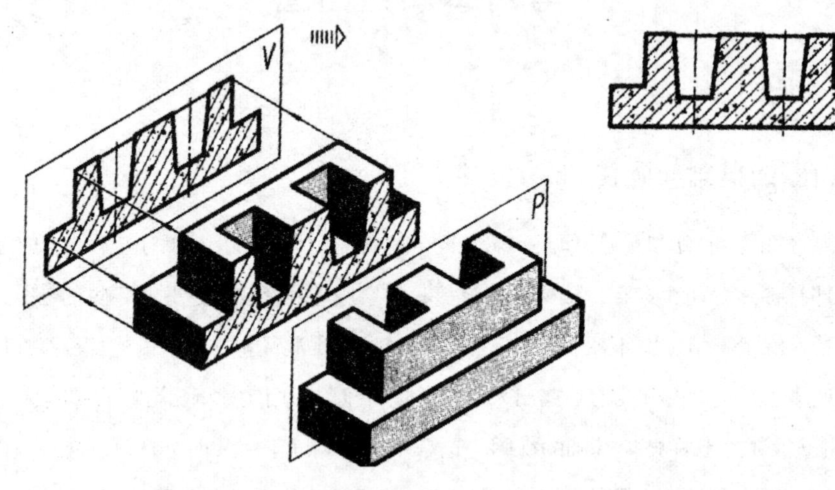

a. 假想用剖切平面P剖开基础并向V面进行投射　　b. 基础的V向剖面图

图7-10　V向剖面图的产生

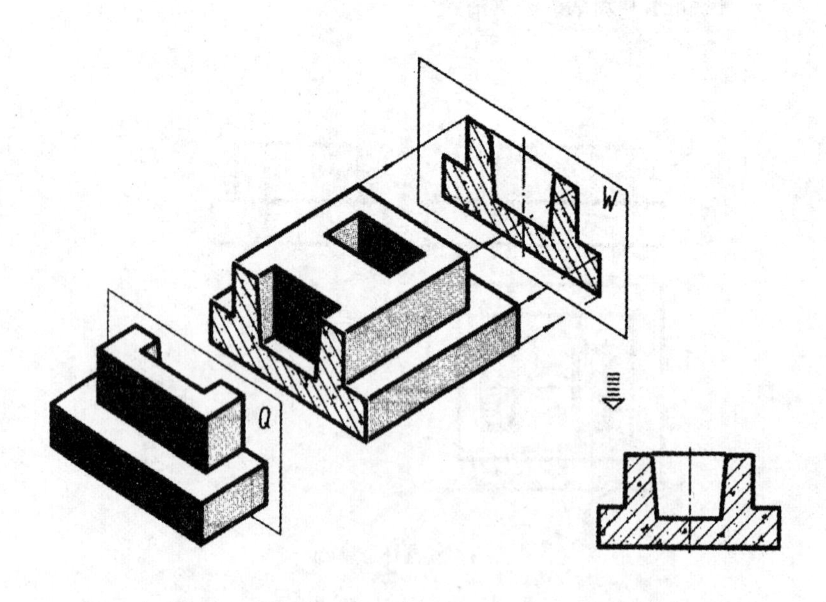

a. 假想用剖切平面Q剖开基础并向W面进行投射　　b. 基础的W向剖面图

图7-11　W向剖面图的产生

作剖面图时，一般都使剖切平面平行于基本投影面，从而使断面的投影反映实形。同时，剖切平面要根据图纸的用途或设计深度，在平面图上选择能反映全貌或构造特征以及有代表性的部位剖切，例如可尽量通过形体上的孔、洞、槽等隐蔽的形体的中心线，将形体内部表示清楚。剖切平面平行于*V*面时，作出的剖面图称为正立剖面图，可以用来代替原来带虚线的正立面图；剖切平面平行于*W*面时，作出的剖面图称为侧立剖面图，可以用来代替原来带虚线的侧立面图，如图7–12所示。

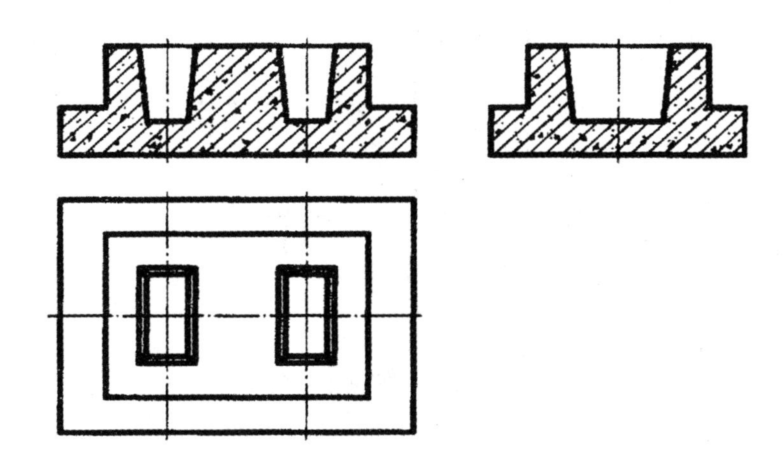

图7–12　用剖面图表示的投影图

二、画剖面图的注意事项

1. 各种剖面图要按照正投影法来绘制。画室内剖立面时，相应部位的墙体、楼地面的剖切要有所表示。必要时，占空间较大的设备管线、灯具等的剖切面，要在图纸上绘出。

2. 在剖面图上断面应用剖面符号来表示，不同的材料，剖面符号不同。

3. 剖开后形体的所有可见轮廓线均用粗实线绘制，不可见轮廓线（虚线）一般省略不画，但如果剖面图上不表达该不可见轮廓线而无法确定形体的形状时，则仍应画上虚线。

4. 剖切符号由剖切位置线（亦称剖切线）、投射方向线及编号组成。剖切位置线用一组不穿越图形的粗实线表示，一般长度为6~10mm；在剖切线的两端用另一组垂直于剖切线的短粗实线表示投射方向，它就是投射方向线，一般长度为4~6mm，并在该短线方向用数字注写剖切符号的编号。剖切符号可以用阿拉伯数字、罗马数字或拉丁数字编号。如图7–13所示。

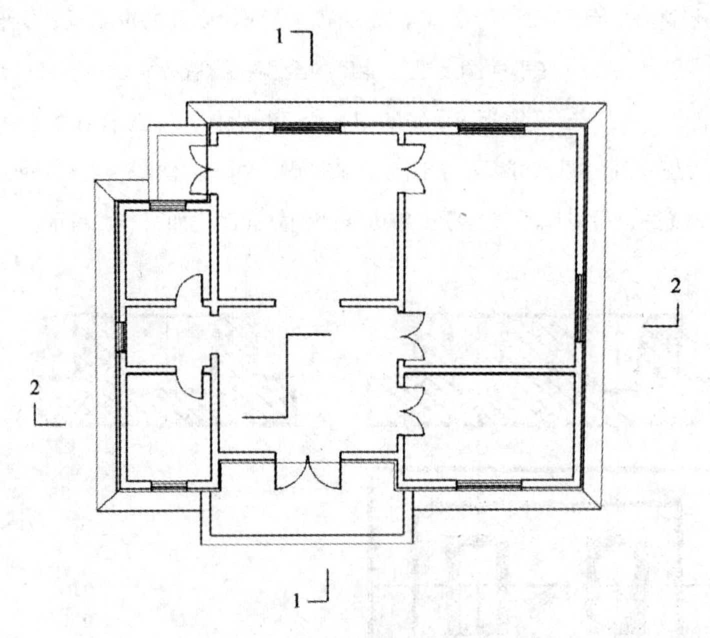

图7–13　剖切符号在平面图上的用法

5. 画室内剖立面时，相应部位的墙体、楼地面的剖切面宜有所表示。必要时，占空间较大的设备管线、灯具等的剖切面，应在图纸上绘出。

6. 剖面图除应画出剖切面切到部分的图形外，还应画出沿投射方向看到的部分，被剖切面切到部分的轮廓线用粗实线绘制，剖切面没有切到但沿投射方向可以看到的部分，用中实线绘制如图7–14所示。

7. 分层剖切的剖面图，应按层次以波浪线将各层隔开，波浪线不应与任何图线重合。

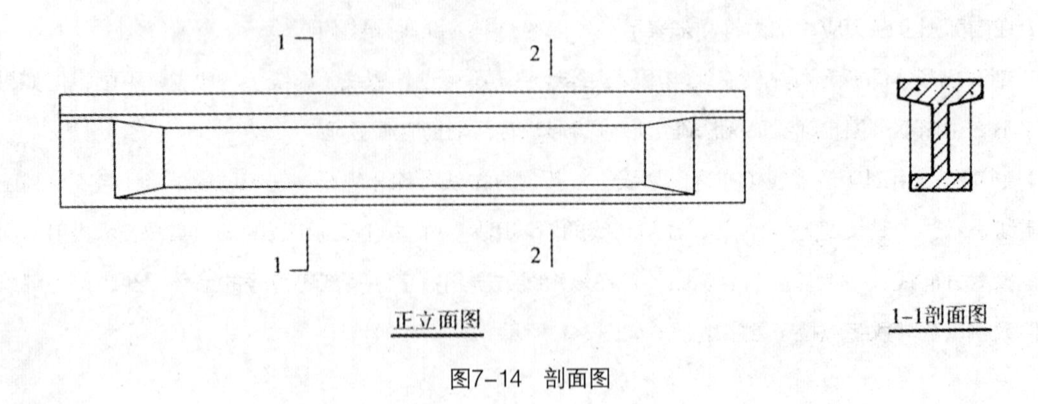

图7–14　剖面图

三、剖面图的几种处理方式

画剖面图时，根据形体的不同特点和要求，有如下几种处理方式：

1. 全剖面。

不对称的建筑形体，或虽然对称但外形比较简单，或在另一个视图中已将它的外形表达清楚时，可假想用一个剖切平面将形体整个剖开，画出它的剖面图。这种剖面图称为全剖面。如图7–15 所示的房屋，假想用一水平的剖切平面，通过门、窗洞将整幢房屋剖开（图7–15a），画出整体的剖面图，表示它的内部布置。这种水平剖切的全剖面图，在房屋建筑图中称为平面图（图7–15b）。

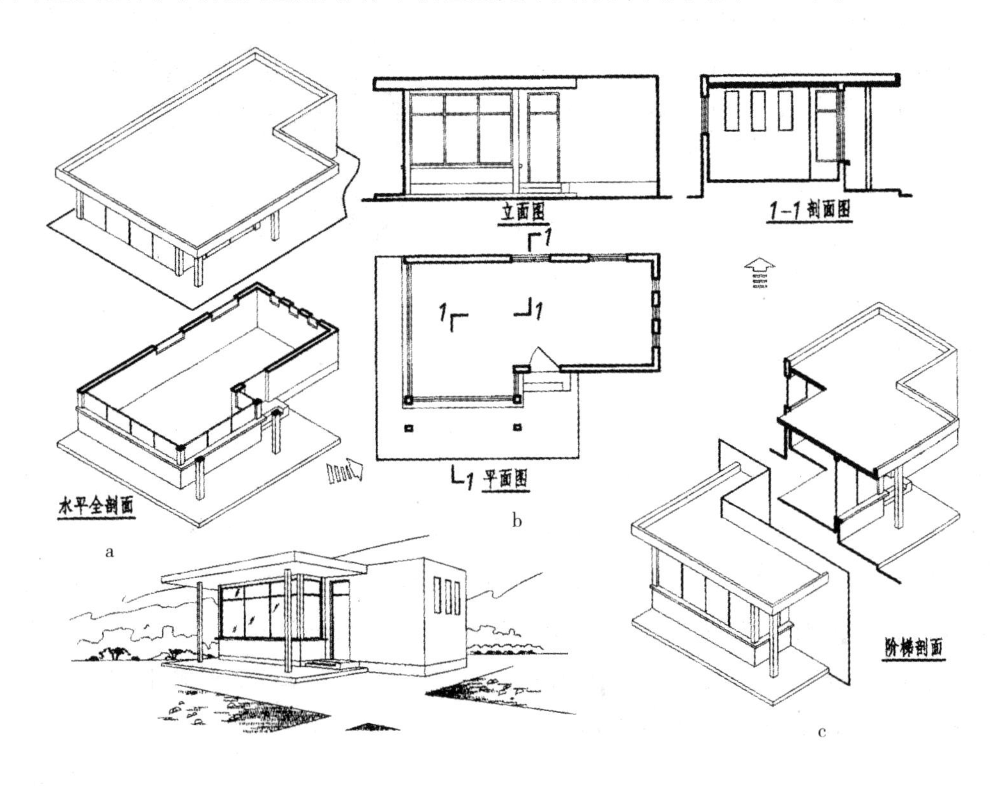

图7–15　房屋剖面图

2. 阶梯剖面。

一个剖切平面，若不能将形体上需要表达的内部构造一齐剖开时，可用两个（或两个以上）相互平行的剖切平面，将形体沿着需要表达的地方剖开，画出剖面图。如图7–15所示，如果只用一个平行于W

面的剖切平面，就不能同时剖开房屋前墙的窗和后墙的窗，这时可将剖切平面转折一次（图7–15c），使一个平面剖开前墙的窗，另一个与其平行的平面剖开后墙的窗。所得的剖面图（图7–15b的1–1剖面图）称为阶梯剖面。阶梯形剖切平面的转折处，在剖面图上规定不画分界线。图7–16 是采用阶梯剖面表达组合体内部不同深度的凹槽和通孔的例子。

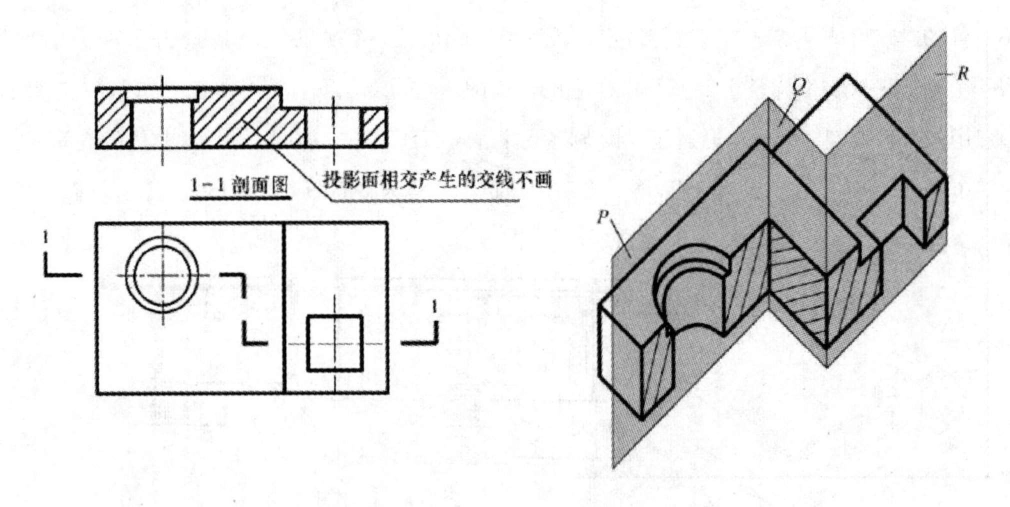

图7–16 阶梯剖面图剖切凹槽和通孔

3. 局部剖面。

当形体的外形比较复杂，完全剖开后无法表示清楚它的外形时，可以保留原视图的大部分，而只将局部地方画成剖面图。图7–17画的是分层局部剖面，反映楼面各层所用的材料和构造做法。这种剖面多用于表达楼面、地面和屋面的构造，画图时应以波浪线将各层分开。如图7–18所示的杯形基础投影图，为了表示基础内部钢筋的布置，在不影响外形表达的情况下，将杯形基础水平投影的一个角画成剖面图。按国标规定，投影图与局部剖面之间画上波浪线作为分界线。《建筑结构制图标准》规定，断面上已画出钢筋的布置不必再画钢筋混凝土的材料图例。

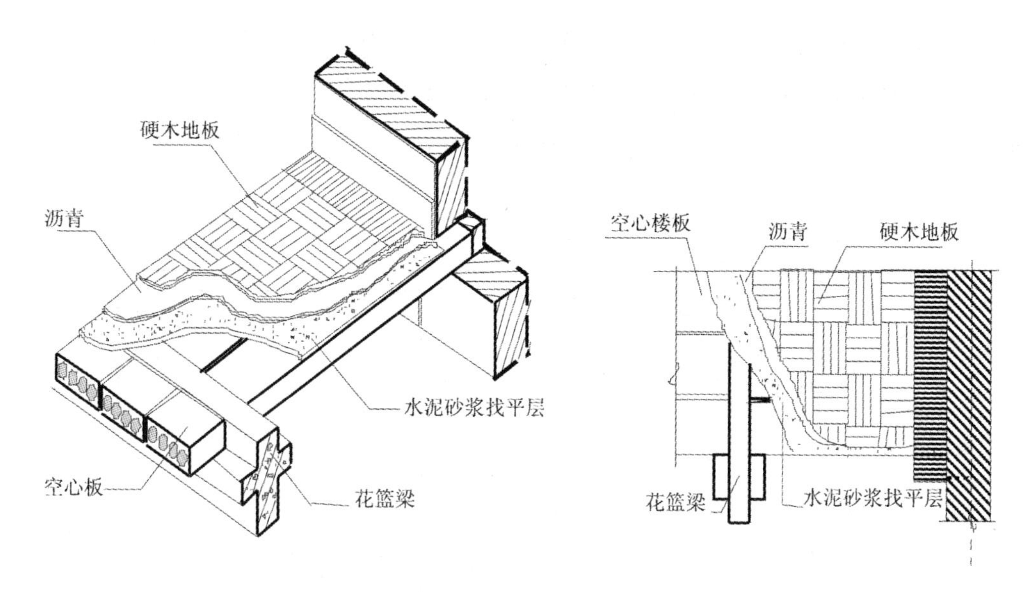

图7-17　分层局部剖面

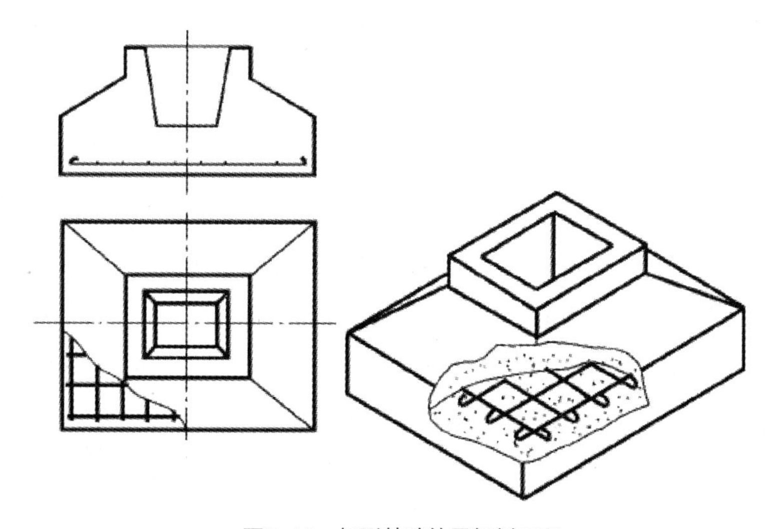

图7-18　杯形基础的局部剖面图

4. 半剖面。

当建筑形体是左右对称或前后对称，而外形又比较复杂时，可画出由半个外形视图和半个剖面图组成的图形，以同时表示形体的外形和内部构造。这种剖面称为半剖面。在半剖面图中，剖面图和视图之间，规定用对称符号为分界线（图7–19 ）。对称符号由对称线和两端的两对平行线组成。对称线为细单点长画线，平行线用细实线绘制，其长度为6~8 mm ，间距2~3 mm ；对称线垂直平分两对平行线，两端超出平行线2~3mm。当对称线是竖直线时，半剖面画在视图的右半边可以画在视图的下半边。

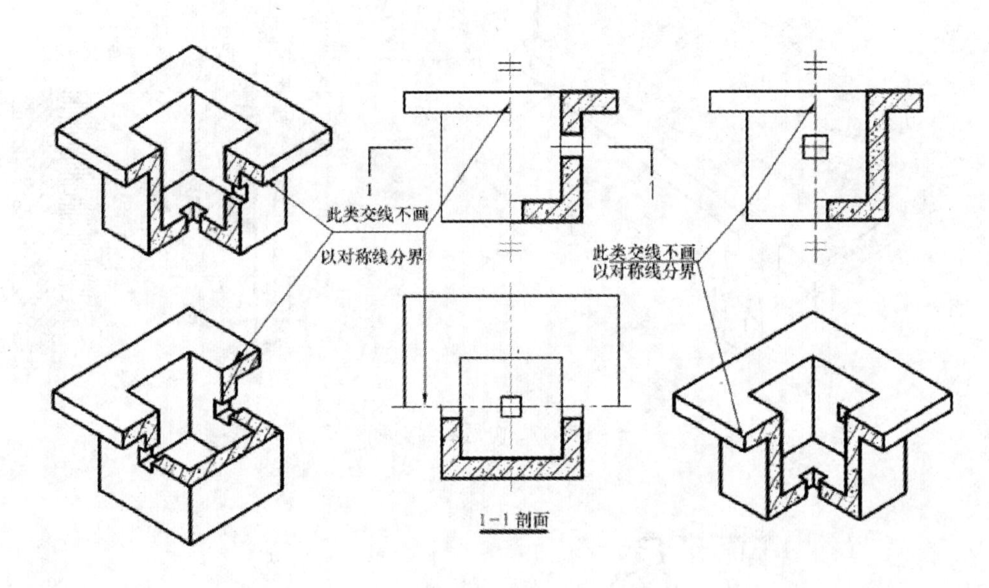

图7–19　半剖面图

5. 旋转剖面。

用两个相交的剖切平面（交线垂直于某基本投影面）剖开物体的方法，称为旋转剖。采用旋转剖画剖视图时，以假想的两个相交的剖切平面剖开物体，移去假想剖切掉的部分，把留下的部分向选定的基本投影面作为正投影，但对倾斜于选定的基本投影面的剖切平面剖开的结果及其有关部分，要旋转到与选定的基本投影面平行面后再进行投影。用旋转剖得到的剖视图，称为旋转剖面图（图7–20），其剖面图应在图名后加注字样。画旋转剖面图时应注意不画两个剖切平面截出的断面的转折线。

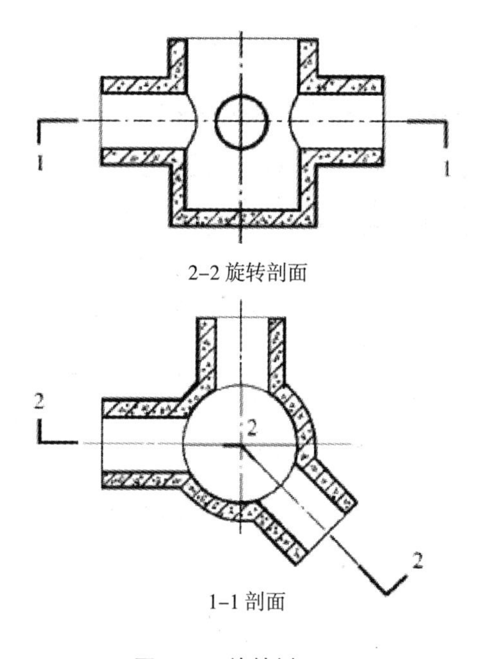

图7-20　旋转剖面图

四、剖面图的标注

为了读图方便，需要在视图上把所画剖面图的剖切位置和投射方向表示清楚，同时给每一个剖面图注上编号，以免产生混乱。对剖面图的标注方法有如下规定：

1. 用剖切位置线表示剖切平面的位置。剖切位置线实质上就是剖切平面的积聚投影。不过规定只用两小段粗实线（长度为6~10 mm）表示，并且不应与其他图线相接触。

2. 剖切后的投射方向用垂直于剖切位置线的短粗实线（长度为4 ~ 6 mm）表示，如画在剖切位置线的左边表示向左投射。

3. 剖切符号的编号，宜采用阿拉伯数字，按顺序由左至右，由下至上连续编排，并注写在投射方向线的端部。剖切位置线需转折时，应在转角的外侧加注与该符号相同的编号，如图7-21所示。

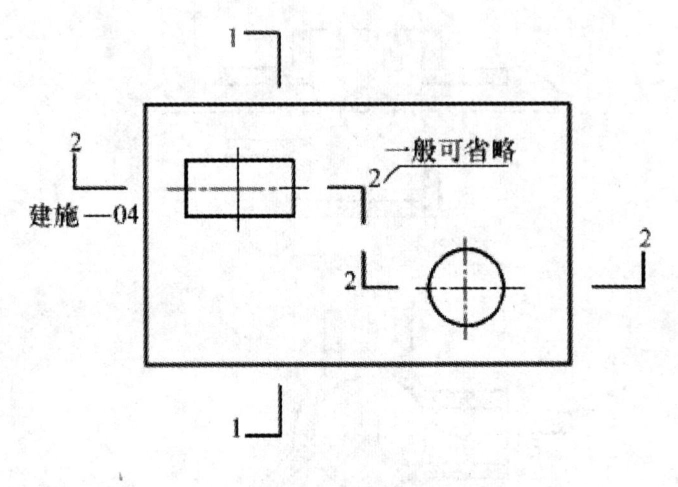

图7-21　剖切符号和编号

第五节　断面图

一、基本概念与画法

假想用剖切平面将物体切断，仅画出物体与剖切平面接触部分及断面材料符号的图形称为断面图。与剖面图一样，断面图也是用来表示形体（如梁、板、柱等构件）的内部形状的。剖面图与断面图的区别在于：

断面图只画出物体与剖切面接触部分的图形，而剖面图还要画出剖切平面后物体可见部分的投影。剖面图包含了断面图。如图7–22中2–2是台阶的断面图，而1–1是台阶的剖面图，它不仅绘出断面的图形，还绘出剖切面后可见部分的投影。

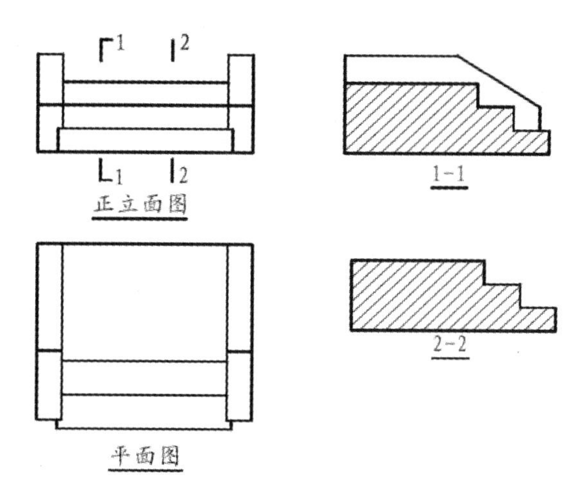

图7–22　台阶剖面图与断面图

1. 如图7–23 所表示的工字形柱，断面图只画出形体被剖开后断面的投影（图7–23d），是面的投影。而剖面图要画出形体被剖开后整个余下部分的投影，是体的投影。剖面图除画出断面图外，还画出了钢筋混凝土牛腿柱的投影（1–1）和柱脚部分的投影（2–2）。

2. 被剖开的形体必有一个截口，所以剖面图必包含断面图。断面图虽属于剖面图中的一部分，但往往单独画出。

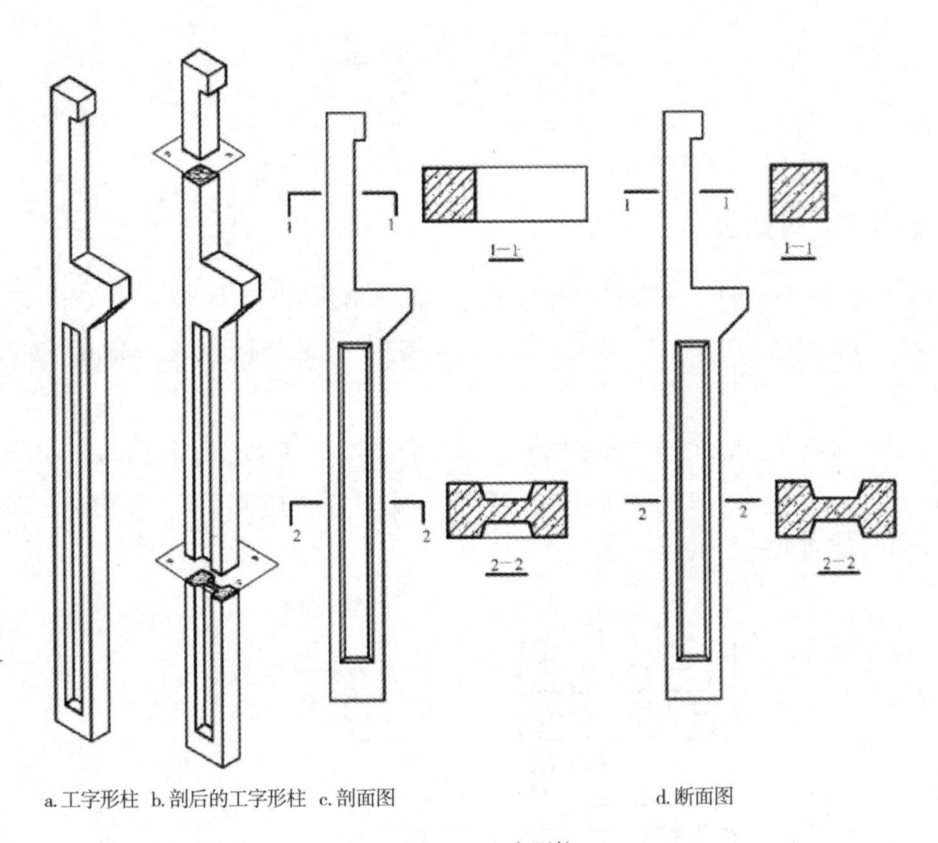

a.工字形柱 b.剖后的工字形柱 c.剖面图 d.断面图

图7–23 工字形柱

3.断面图和剖面图的剖切符号不同，断面图的剖切符号只画剖切位置线，长度为6~10mm的粗实线，不画剖视方向线。剖切方向用编号的注写位置来表示。编号写在剖切位置线下侧，表示向下投射，注写在左侧，表示向左投射。

4.剖面图中的剖切平面可转折，断面图中的剖切平面不能转折。

二、断面图的几种处理方式

1.移出断面。

一个形体有多个断面图时，可以整齐地排列在形体视图的四周，往往用较大的比例画出，这种断面称为移出断面。移出断面图的轮廓要画成粗实线，轮廓线内画图例符号。移出断面图一般应标注剖切位置、投影方向和断面名称，如1–1、2–2断面。

2. 中断断面图是将断面图画在杆件的中断处，称为中断断面图。

对于单一的长向杆件，也可以在杆件投影图的某一处用折断线断开，然后将断面图画于其中，不画剖切符号，如图7–24所示的槽钢杆件中断断面图。

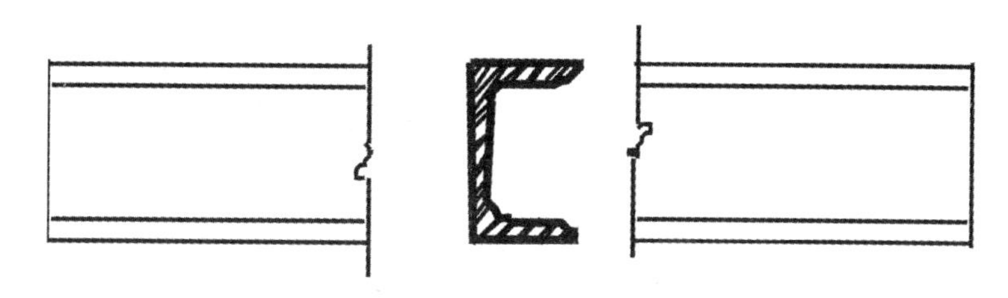

图7–24　槽钢的中断断面

3. 重合断面图是将断面图直接画在形体的投影图上，这样的断面图称为重合断面图。如图7–25所示为一角钢的重合断面图。它是假想用一个垂直于角钢轴线的剖切平面剖切角钢，然后将断面向右旋转90°，使它与正立面图重合后画出来的。

由于剖切平面剖切到哪里，重合断面就画在哪里，因而重合断面不需标注剖切符号和编号。为了避免重合断面与投影图轮廓线相混淆，当断面图的轮廓线是封闭的线框时，重合断面的轮廓线用细实线绘制，并画出相应的材料图例；当重合断面的轮廓线与投影图的轮廓线重合时，投影图的轮廓线仍完整画出，不应断开。如图7–25所示。

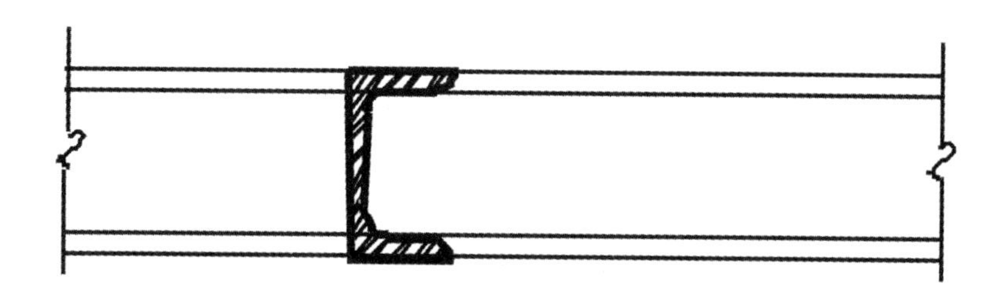

图7–25　重合断面图

本章复习指引

1. 断面图是表达形体内部结构的一种有效方法，要掌握断面图的几种处理方式以及它们与剖面图的区别。

2. 为表达清楚形体的内部结构，大量采用剖面图代替部分视图。必须了解和熟悉剖面图的几种处理方式以及它们的标注方法。

复习思考题

1. 什么是剖面图？它有几种处理方式？剖面图的标注有些什么规定？

2. 断面图与剖面图有什么关系和区别？断面图又有几种处理方式？

第八章　轴测投影

【学习内容】

本章的任务是学习工程图样的辅助图样的基本概念、类型、特性及轴测投影图的应用和画法。

【基本要求】

通过学习熟悉和了解轴测投影图的形成、轴测投影的基本概念、分类和特性；掌握轴测投影图的应用和画法，尤其是正等轴测图的应用和画法。

工程上应用最广泛的图样是用正投影法绘制的多面投影图，如图8-1a所示，其特点是能准确地反映物体的形状和大小，且作图简便，但缺乏立体感，不容易想象出其真实形状。为了接近人们的视觉习惯，在实践中，常用轴测图这种富有立体感的单面投影图作为辅助图样来表示空间立体，它能同时反映物体三个方向的形状，直观性能好，立体感强，但作图较为复杂，度量性能差，如图8-1b所示。

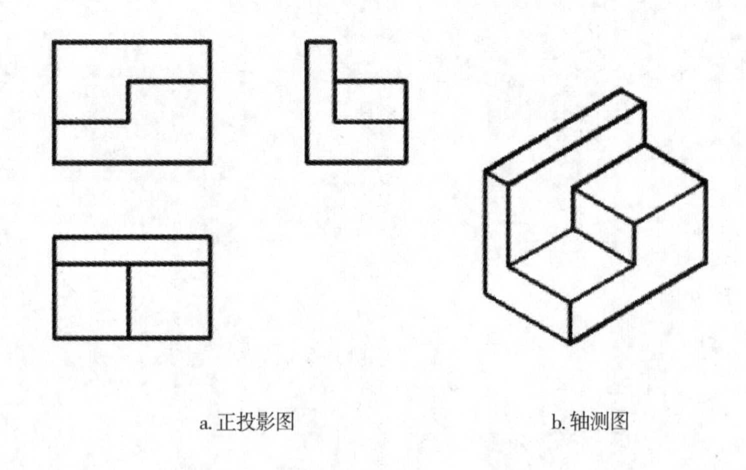

a. 正投影图　　b. 轴测图

图8-1　轴测投影与多面正投影比较

轴测图比多面正投影图更加清晰、易懂。在学习过程中，若能经常把轴测图与多面正投影图互相对照，并掌握轴测图的画法，则有助于提高空间想象力和空间表达力。

第一节　轴测投影的基本知识

多面正投影图的优点是能够完整地、准确地表达形体的形状和大小，而且作图简便，度量性好，所以在工程实践中被广泛采用。但是，这种图缺乏立体感，要有一定的读图能力才能看懂。见图8-2，必须对照多面投影图并运用正投影原理进行阅读，才能想象出物体的形状。

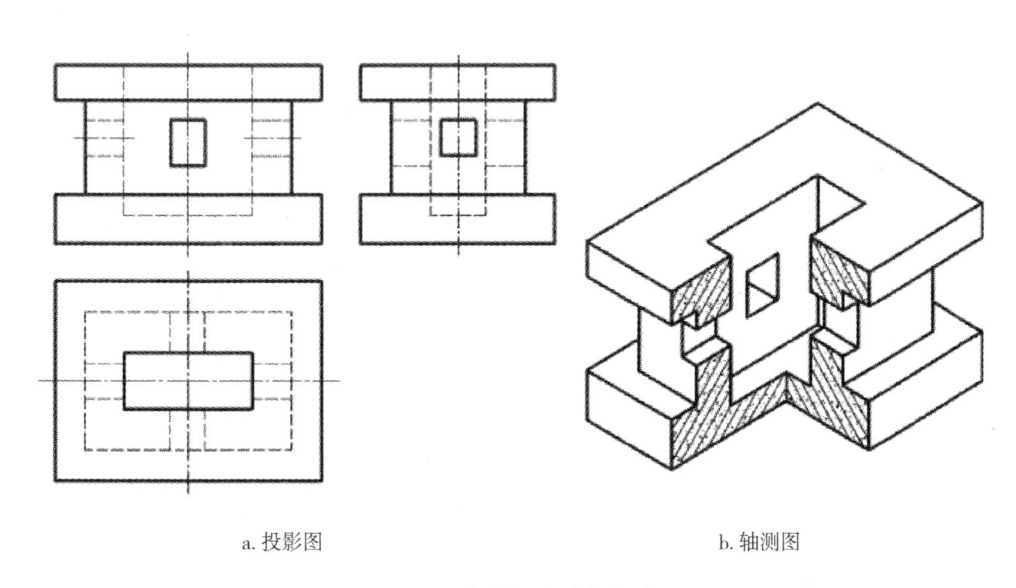

a. 投影图　　b. 轴测图

图8-2　运用正投影原理进行阅读

轴测投影图是形体在平行投影的条件下形成的一种单面投影图，但由于投影方向不平行于任一坐标轴和坐标面，所以能在一个投影图中同时反映出物体的长、宽、高和不平行于投影方向的平面，因而轴测投影图具有较强的立体感。缺点是度量性不够理想，有遮挡，作图也较麻烦，工程制图中常将轴测投影图作为辅助图样，用以帮助人们阅读正投影图。但有些较为简单的形体，也可以用轴测图替代部分正投影图。如图8-3所示雨水管出口的构造详图，图中只画出一个剖面图表示雨水口和水簸箕的相对位置，另加一个水簸箕的轴测图，表示水簸箕的形状和大小。这样的轴测图也可作为施工的依据。

根据平行投影原理，把形体连同确定其空间位置的三根坐标轴OX、OY、OZ一起，沿不平行于

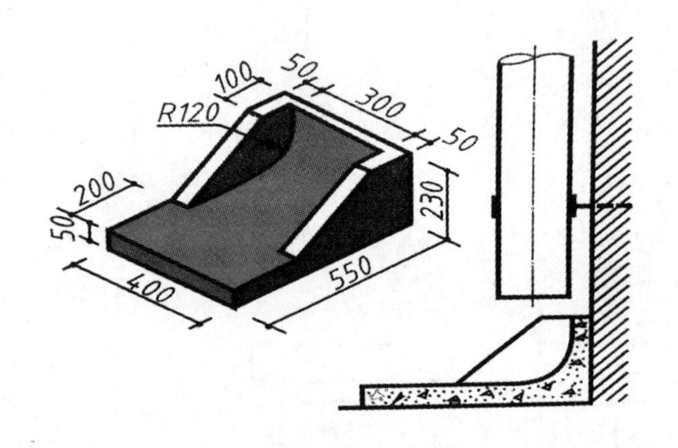

图8-3　雨水管出口构造详图

任一坐标平面的方向S，投射到新投影面P或Q上，所得到的投影称为轴测投影，也称轴测图（如图8-4a所示）。当投射方向S垂直于投影面P时，所得的投影称为正轴测投影（如图8-4b所示）。当投射方向S倾斜于投影面Q时，所得的投影称为斜轴测投影（如图8-4c所示）。

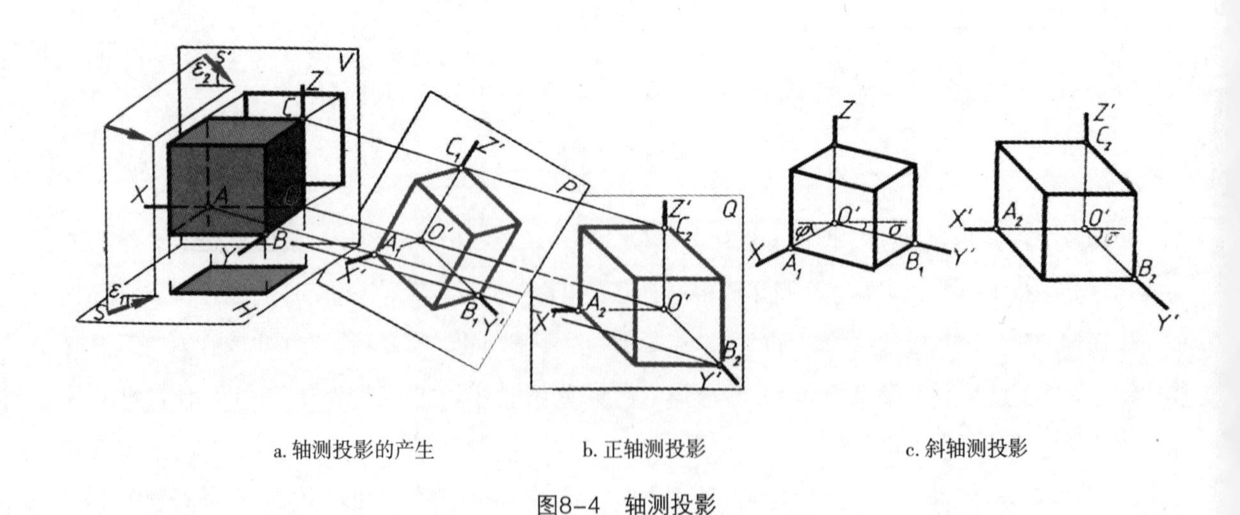

a. 轴测投影的产生　　b. 正轴测投影　　c. 斜轴测投影

图8-4　轴测投影

轴测投影中，投影面P和Q称为轴测投影面；三根坐标轴OX、OY、OZ的轴测投影$O'X'$、

$O'Y'$、$O'Z'$，称为轴测轴；轴测轴之间的夹角，即$\angle X'O'Z'$、$\angle X'O'Y'$、$\angle Y'O'Z'$，称为轴间角。画图时，通常都把$O'Z'$画成竖直方向，如图8–4b和图8–4c所示，则$O'X'$和$O'Y'$与水平线的夹角分别标记为φ和σ，称之为轴倾角；轴测轴上的单位长度与相应坐标轴上的单位长度之比值，如设$O'A_1/OA=p_1$、$O'B_1/OB=q_1$、$O'C_1/OC=r_1$称为轴向伸缩系数；方向S称之为轴测投射方向，S的H投影s和V投影s'与OX轴的夹角，分别标记为ε_1和ε_2（如图8–4a所示）。

轴测投影是平行投影的一种，它必然具有如下特性：

1. 根据投影的平行性：凡在空间平行的线段，其轴测投影仍平行。其中在空间平行于某坐标轴（X、Y、Z）的线段，其轴测投影也平行于相应的轴测轴。

2. 根据投影的定比性：空间互相平行两线段的长度之比，等于它们轴测投影的长度之比。因此，形体上平行于坐标轴的线段的轴测投影与线段实长之比，等于相应的轴向伸缩系数。

3. 根据投影的从属性：点属于空间直线，则该点的轴测投影必属于该直线的轴测投影。

只要给出各轴测轴的方向（轴间角大小或轴倾角φ和σ）以及各轴向伸缩系数（p_1、q_1、r_1），便可根据形体的正投影图，画出它的轴测投影。

【例8–1】已知$\varphi=7°$，$\sigma=41°$，$p_1=r_1=0.94$，$q_1=0.47$，试作出图8–5a给定的点A的轴测投影。

解：

（1）作竖直的$O'Z'$轴，并根据$\varphi=7°$，$\sigma=41°$作出$O'X'$、$O'Y'$（图8–5b）。

（2）在$O'X'$上截取一点a_{1x}，使$O'a_{1x}=p_1 \cdot x_A=0.94x_A$。

（3）过点a_{1x}作$a_{1x}a_1 /\!/ O'Y'$，并截取$a_{1x}a_1=q_1 \cdot y_A=0.47y_A$，得点$a_1$。

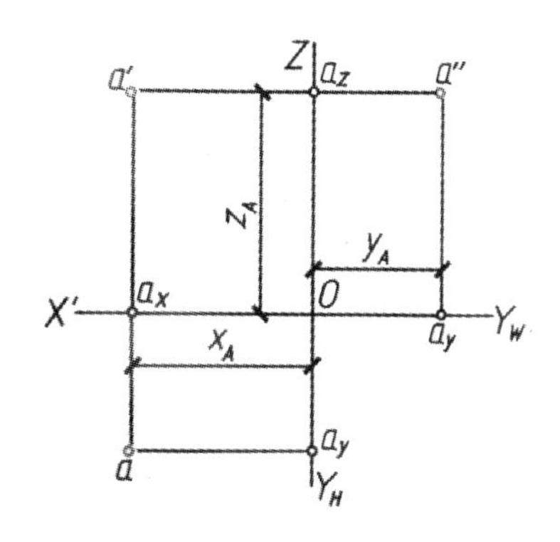

a. 已知正投影

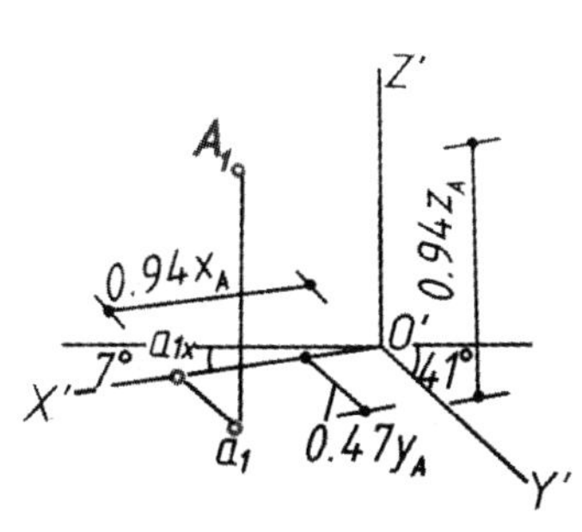

b. 作轴测轴及点A的轴测投影

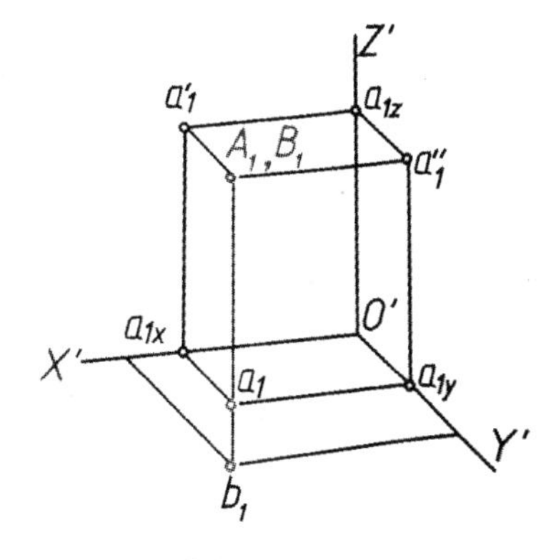

c. 作点A的其他次投影

图8–5　作点的轴测投影

（4）过点a_1作一竖直线$a_1A_1 /\!/ O'Z'$，并截取$a_1A_1 = r_1 \cdot z_A = 0.47z_A$，得点$A_1$。

（5）点A_1即为所求点A的轴测投影，图中的点a_1为点A的水平投影a的轴测投影，称为点A的水平面次投影。

在轴测投影中，一点（或其他几何元素）的空间位置，可由该点（或几何元素）的轴测投影和它的一个次投影确定（图8-5b）。在图8-5c中，尽管另一个点B的轴测投影B_1和A_1重合，但它们的水平面次投影分别为b_1和a_1，说明它们是两个不同点的轴测投影，且点B的三个坐标值x_B、y_B、z_B均比点A的三个坐标值大。

作轴测投影时，还可作出该点（或其他几何元素）的正面次投影a_1'和侧面次投影a_1''，它们分别为点A（或其他几何元素）的V投影a'和W投影a''的轴测投影（图8-5c所示）。

在画立体的轴测投影时，往往着重于表达该立体的几何形状及各组成部分之间的相对位置，而较少去研究该立体与投影面之间的关系，因为通常把立体的一个底面假设放置在坐标平面上，立体底面的轴测投影就是它的部分或整个次投影，无须特别再画。如图8-6所示，图8-6a和图8-6b的正棱柱和正棱锥，它们的次投影与底面的轴测投影重合，而图8-6c的斜棱锥，如需确定它的确切形状和立体各几何元素间的相对位置，就需要画出锥顶S在锥底平面（XOY面）上的次投影s_1。

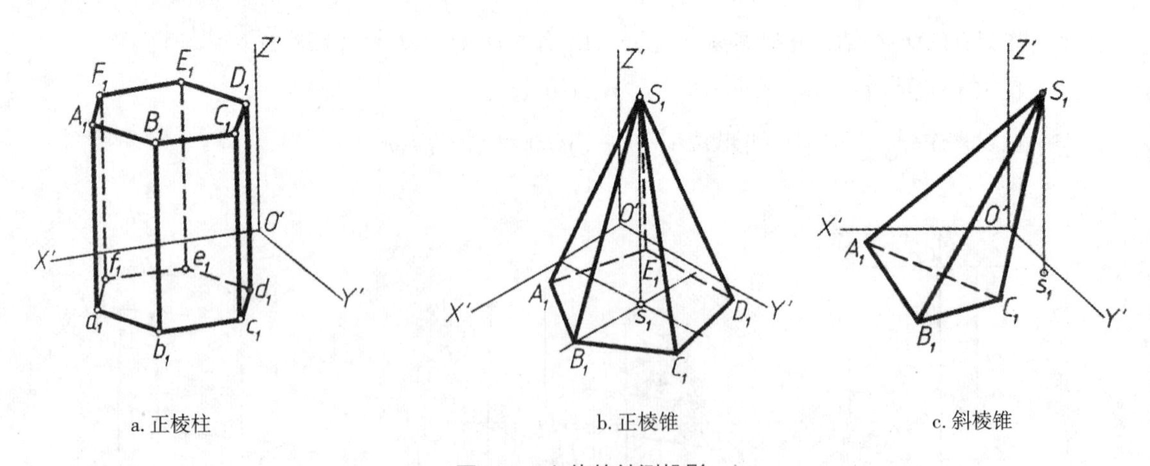

a. 正棱柱　　b. 正棱锥　　c. 斜棱锥

图8-6　立体的轴测投影

第二节 正轴测图

当投射方向S垂直于轴测投影面P时，所得的投影称为正轴测投影。

一、正等轴测投影

三个轴向伸缩系数都相等的正轴测投影称为正等轴测投影（图8–7d），即$p_1=q_1=r_1\approx0.82$，为了作图简便，常采用简化轴向伸缩系数$p=q=r=1$。用简化轴向伸缩系数画出的正等轴测图与实际形体轴测图形状完全一样，只是放大了1.22倍。此时，$\varphi=\sigma=30°$，$\varepsilon_1=\varepsilon_2=45°$ 这是最常用的一种轴测图，它的两个轴倾角都是30°，可以直接利用丁字尺和30°三角板作图（图8–7c）。

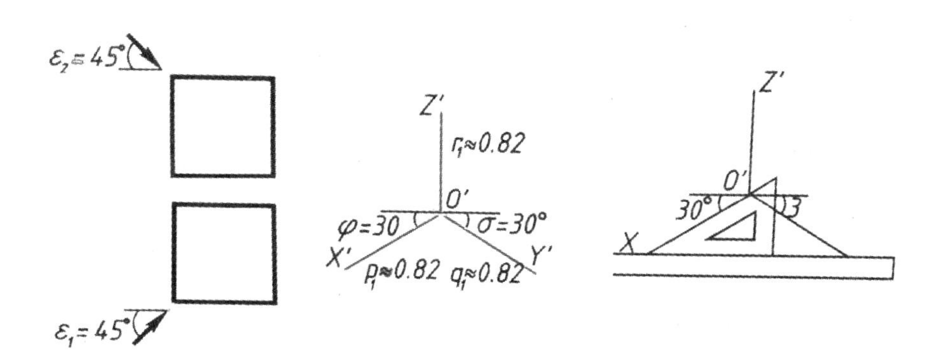

a. 投射方向　　b. 轴倾角和轴向伸缩系数　　c. 轴测轴的画法

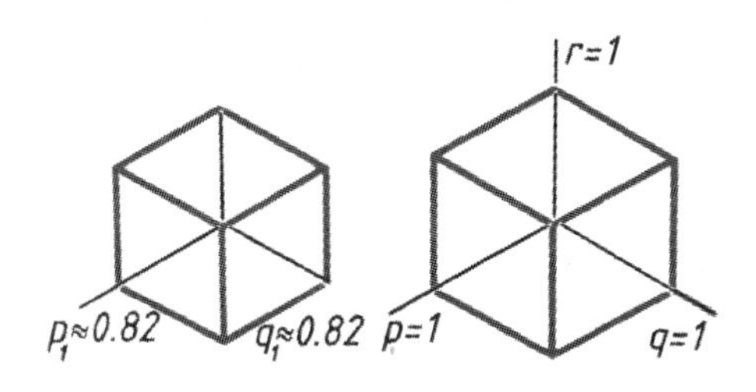

d. 轴向伸缩系数等于0.82和等于1的区别

图8–7 正等轴测图

二、画轴测图常用的方法

根据形体的特征，可选用不同的作图方法（如坐标法、装箱法、端面法等）作形体的轴测图。

【例8-2】已知基础形体的投影图，求作它的正等测图。

解：作图步骤如下：

（1）对基础形体进行形体分析。从下而上它由棱柱和棱台组成，可分别画出。

（2）设置坐标系，画轴测轴。然后沿$O'X'$方向截取棱柱底面长度x_1，沿$O'Y'$方向截取棱柱底面宽度y_1，画出底面的轴测图（图8-8b）。

（3）从底面各个顶点引竖直线，并截取棱柱高度z_1，连各顶点，得棱柱的正等测（图8-8c）。一般情况下，画轴测图时都不画出不可见的线条。

（4）棱台下底面与棱柱顶面重合。棱台的侧棱是一般线，其轴测投影方向和伸缩系数都未知，不能直接画出。此时，需要先分别画出它们的两个端点，再连成斜线。要作棱台顶面的四个顶点，先画出它们在棱柱顶面（平行于H面）上的次投影，再竖高度。为此，从棱柱顶面的顶点起，分别沿$O'X'$方向量取x_3x_2，并各引直线相应平行于$O'Y'$和$O'X'$，得四个交点（图8-8d）。

（5）从这四个交点（次投影）竖高度z_2，得棱台顶面的四个顶点。连接这四个顶点，画出棱台

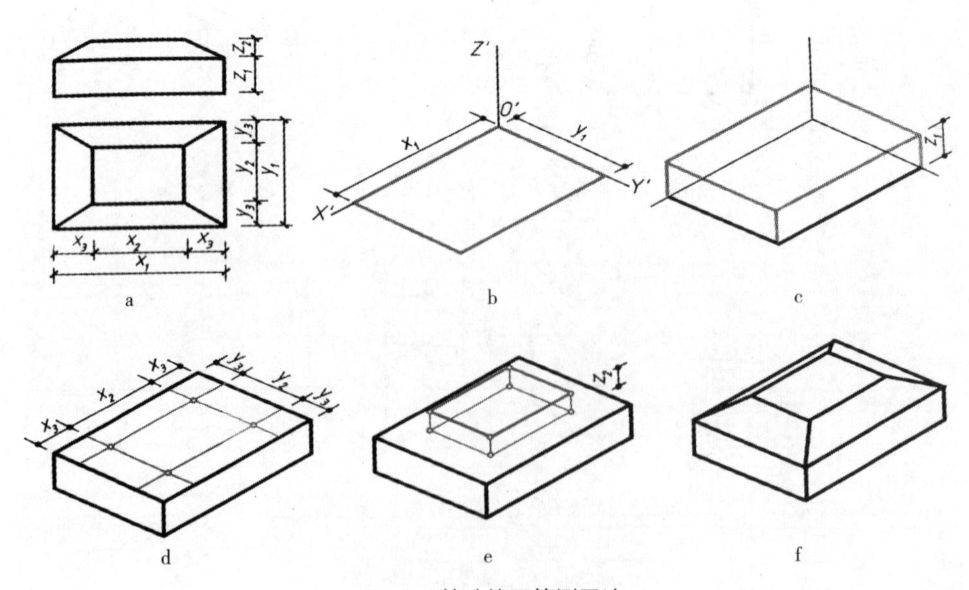

图8-8 基础的正等测画法

的顶面（图8-8e）。这种根据一点的X、Y、Z坐标作出该点轴测图的方法，称为坐标法。

（6）以直线连棱台顶面和底面的对应顶点，作出棱台的侧棱，完成基础形体的正等测图（图8-8f）。

【例8-3】已知台阶的投影图（图8-9a），求作它的正等测图。

解：作图步骤如下：

（1）形体分析。台阶由两侧栏板和三级踏步组成。先逐个画出侧栏板，再画踏步。

（2）画侧栏板。根据侧栏板的长、宽、高画出一个长方体（图8-9b），然后"切"去长方体的一角，画出斜面。这个长方体好像是一个恰好把侧栏板装在里面的箱子，这种作轴测图的方法称之为装箱法。

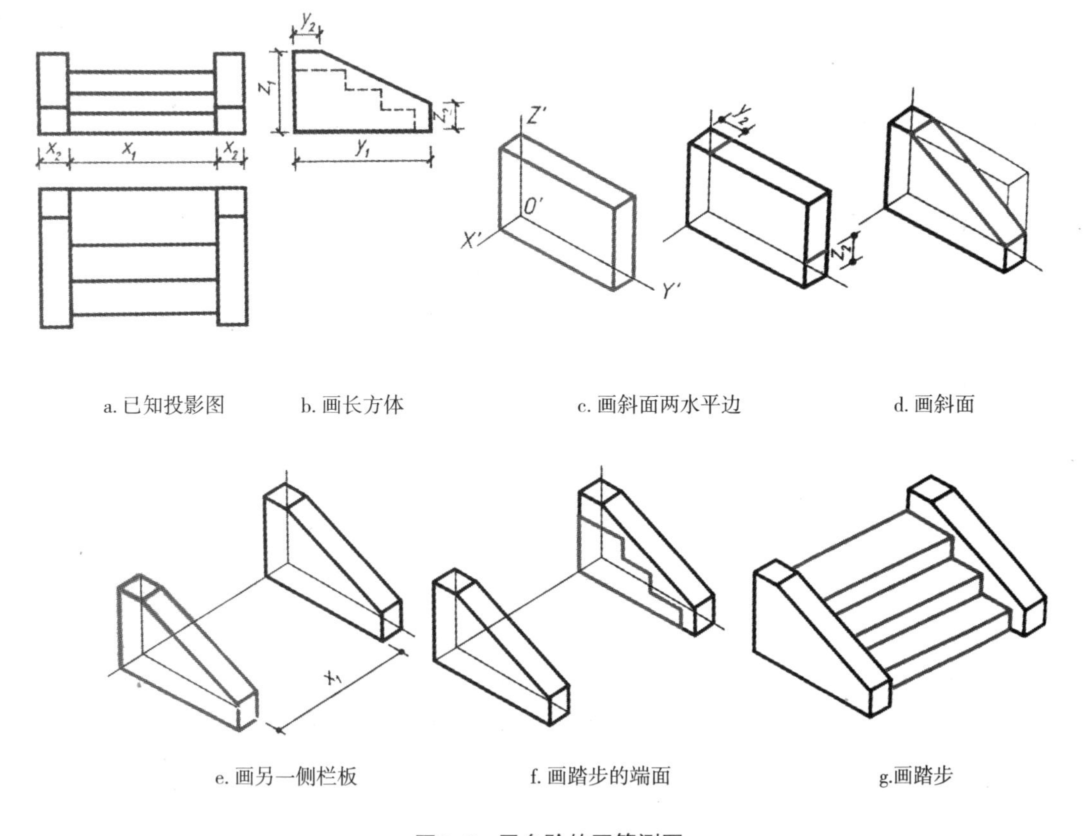

a. 已知投影图　b. 画长方体　c. 画斜面两水平边　d. 画斜面

e. 画另一侧栏板　f. 画踏步的端面　g.画踏步

图8-9　画台阶的正等测图

（3）侧栏板斜面上的斜边的轴测投影方向和伸缩系数都未知，可先画出斜面上、下两根平行于$O'X'$方向的棱边，再连对应点画出斜边。作图时，在长方体顶面沿$O'Y'$方向量y_2，又在正面沿$O'Z'$方向量z_2并分别引线平行于$O'X'$（图8-9c）。

（4）画出两斜边，得栏板斜面。

（5）用同样方法画出另一侧栏板，注意要沿$O'X'$方向量出两栏板之间的内侧距离x_1（图8-9e）。

（6）画踏步。可在右侧栏板的内侧面（平行于W面）上，按踏步的侧面投影形状，画出踏步的正等测图，即画出各踏步在该侧面上的次投影（图8-9f）。

（7）过端面各顶点引线平行于$O'X'$，得踏步（图8-9g）。

凡是画底面比较复杂的棱柱体，都可以先画出端面，再完成棱柱体的轴测图，这种方法称为端面法。

从上述两例可见，整个作图过程，始终是按三根轴测轴和三个轴向伸缩系数来画出平行于长、宽、高方向的线段并确定它们的长度。对于不平行于轴测轴的斜线，则通过“坐标法”确定斜线的两端点，或采用“装箱法”进行画图。

三、轴测图的选择

从上述例题中可见：正轴测图类型的选择直接影响到轴测图的效果。选择时，一般先考虑作图比较简便的正等测图。如果直观性不好，立体感不强，再考虑用正二测图，最后再考虑采用正三测图。必要时可以选用带剖切的轴测图画法。

为使轴测图的直观性好，表达清楚，应注意以下几点：

1. 要避免被遮挡。轴测图上，要尽可能将隐蔽部分表达清楚，要能看通或看到其底面。如图8-10a所示。

2. 要避免转角处交线投影成一直线。如图8-10b所示的基础的转角处交线，位于与V面成45°倾斜的铅垂面上，这个平面与正等测的投影方向平行，在正等测图中必然投影成一直线。

3. 要避免轴测投影成左右对称图形。如图8-10b的组合体，由于正等测图左右对称，所以显得呆板且直观性不好。这一要求只对平面立体适用，而对于圆柱、圆锥、圆球等对称的曲面体，则不适用。

4. 要避免有侧面的投影积聚为直线。如图8-10c所示。

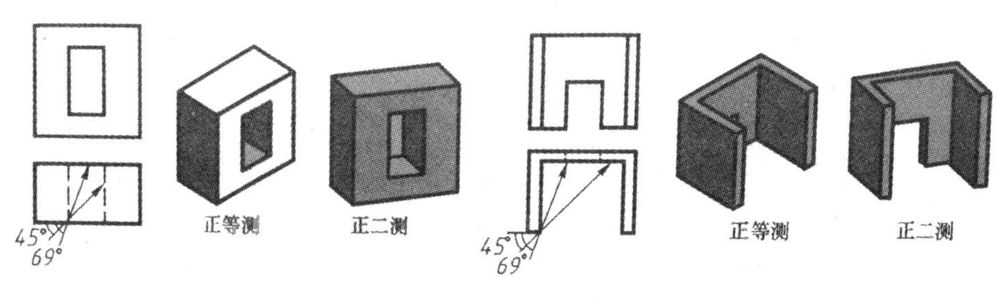

a. 避免被遮挡

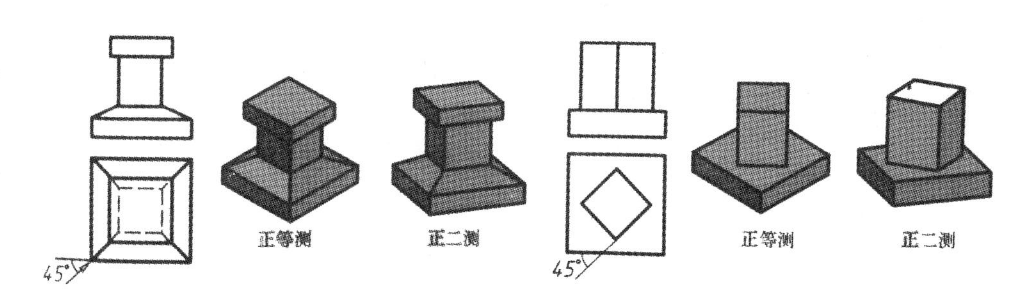

b. 避免转角交线投射成直线　　c. 避免投射成左右对称图形

图8-10　正轴测图形式的选择

5. 要注意轴测投影方向的指向选择。每一类轴测投影的投影方向的指向有四种情况，如图8-11所示。

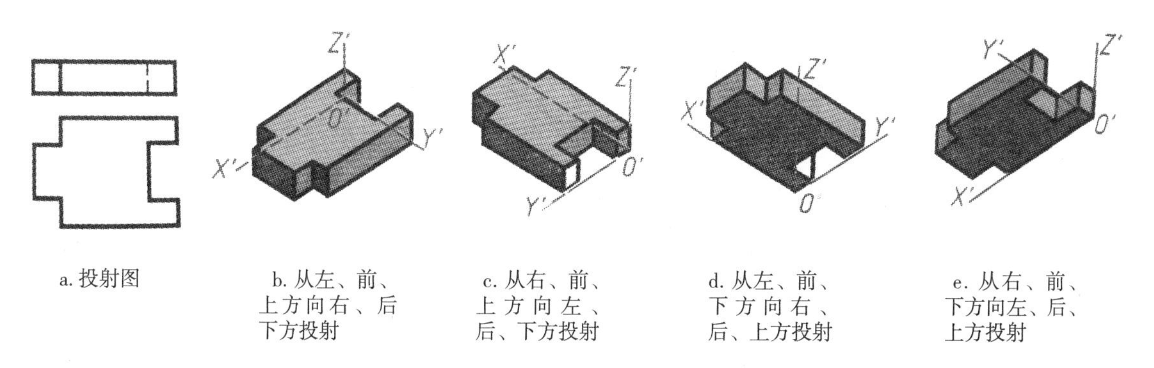

a. 投射图　b. 从左、前、上方向右、后下方投射　c. 从右、前、上方向左、后、下方投射　d. 从左、前、下方向右、后、上方投射　e. 从右、前、下方向左、后、上方投射

图8-11　四种投射方向的轴测图

【例8-4】根据柱顶节点的两投影（图8-12a），作出它的正等轴测图。

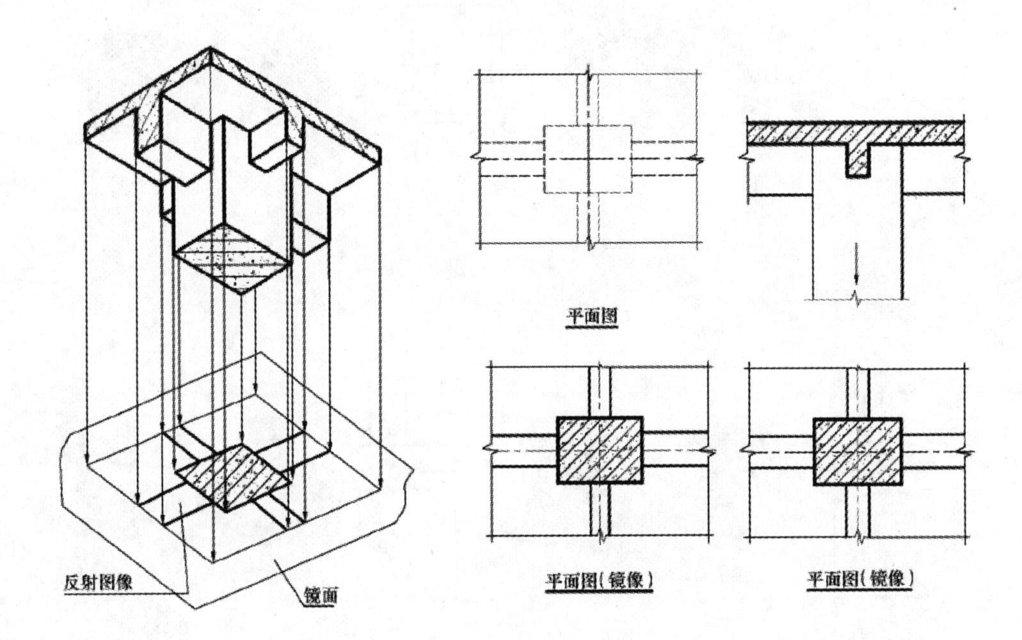

a. 投射图

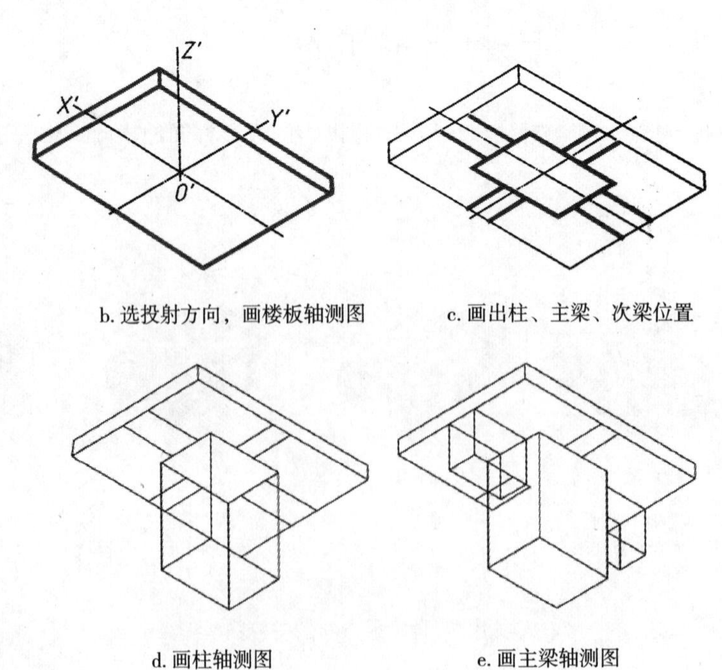

b. 选投射方向，画楼板轴测图

c. 画出柱、主梁、次梁位置

d. 画柱轴测图

e. 画主梁轴测图

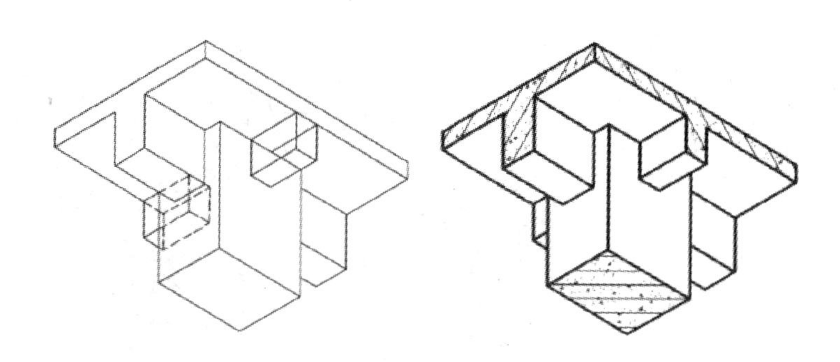

f. 画次梁，并完成节点轴测图

图8-12　柱顶节点轴测图

解：为作图简便起见可画正等测图，但必须选择从下向上的投射方向，才能把柱顶节点表达清楚，不被遮挡。

（1）选取图8-11d 所示从左、前、下方向右、后、上方投射的方向，画出楼板的正等测图（图8-13b）。

（2）在楼板底面上画出柱、主梁和次梁的次投影位置（图8-12c）。

（3）作柱的正等测图（图8-12d）。

（4）根据主梁的位置及高度作出主梁的正等测图（图8-12e）。

（5）同法作出次梁的正等测图。最后把不可见线条擦去，画出截面处的材料图例，完成节点正等测图（图8-12f）。

四、圆的正轴测图

在平行投影中，当圆所在的平面平行于投影面时，它的投影还是圆。而当圆所在平面倾斜于投影面时，它的投影成为椭圆（图8-13）。

平行于坐标面的圆的正等测是一个椭圆，通常用近似方法画出（称为“四心椭圆”），如图8-14 所示。立方体三个面上的圆的正等测椭圆，大小相同，方向不一，但作图方法一样。现以平行于H 面的圆（图8-14a）为例，说明四心椭圆的作法如下：

1. 过圆心O' 沿轴测轴方向$O'X'$ 和$O'Y'$ 画中心线，截取半径长度，得椭圆上四个点B_1、D_1、A_1、

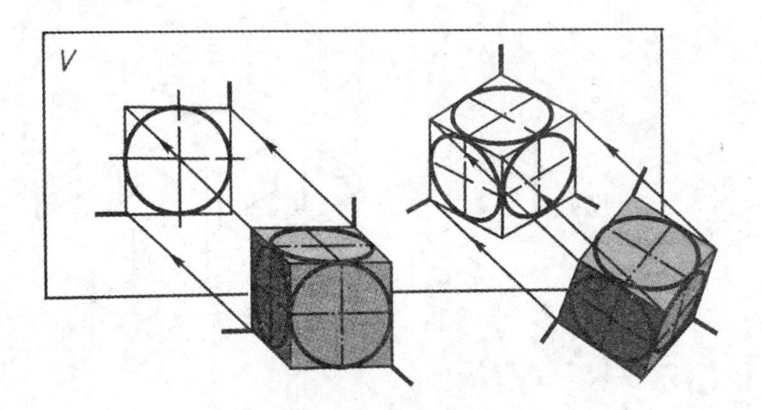

图8-13　圆的正投影和正轴测投影

C_1，画出外切菱形（图8-14b ）。

2．菱形短对角线端点为O_1、O_2。连O_1A_1 、O_1B_1 （或连O_2C_1 、O_2D_1 ），它们分别垂直于菱形的相应边，并交菱形的长对角线于O_3、O_4，得四个圆心O_1、O_2、O_3、O_4（图8-14c）。

3.以O_1为圆心，O_1A_1为半径画圆弧$\widehat{A_1B_1}$；又以O_2为圆心，O_2C_1（$=O_1A_1$）为半径，作另一圆弧$\widehat{C_1D_1}$（图8-14d）。

4. 以O_3为圆心，O_3A_1为半径作圆弧$\widehat{A_1D_1}$；又以O_4为圆心，O_4B_1（$=O_3A_1$）为半径，作另一圆弧$\widehat{B_1C_1}$，得近似的椭圆——四心椭圆（图8-14e）。

图8-15f中，分别画出轴线垂直于三个坐标面的圆柱，以及它们的底圆的画法。画图时，应注意各底圆的中心线方向，应平行于相应坐标面的轴测轴方向。图中还介绍了圆角的画法。

为图面清晰，如果轴测轴$O'X'$、$O'Y'$、$O'Z'$的方向已十分明确，图中可不再画出，如图8-14c、d、e、f所示。

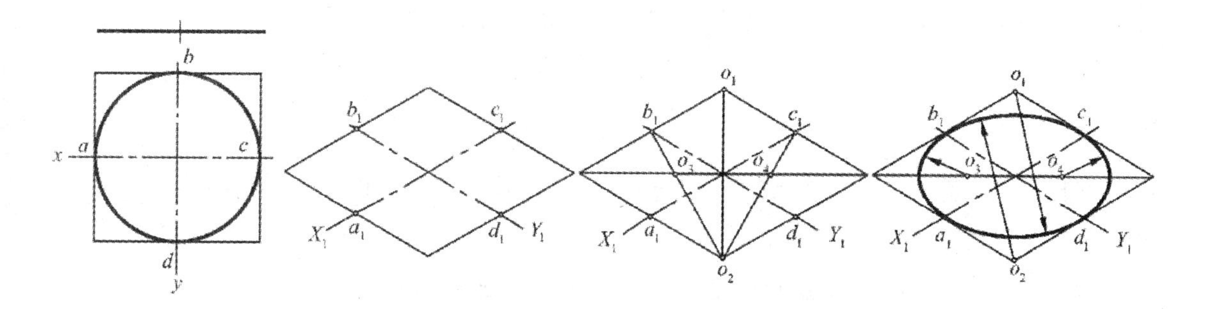

a. 平行于H面的圆　b. 画中心线及外切菱形　c. 求四个圆心　d. 画弧A_1B_1和弧C_1D_1

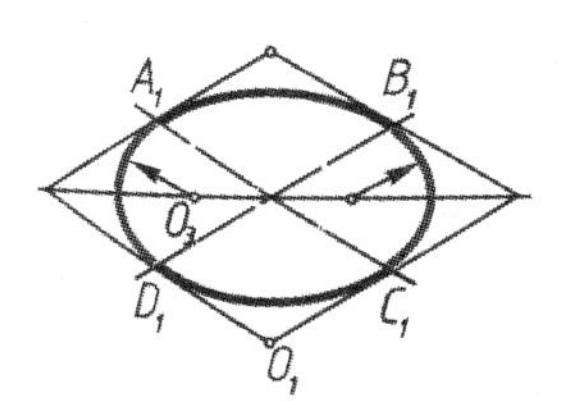

e. 画弧A_1D_1和弧B_1C_1

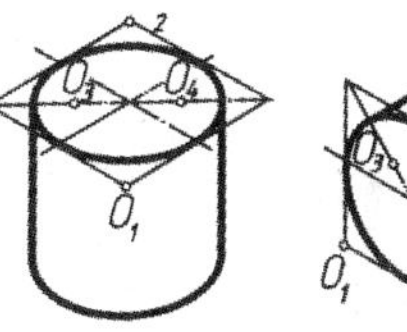

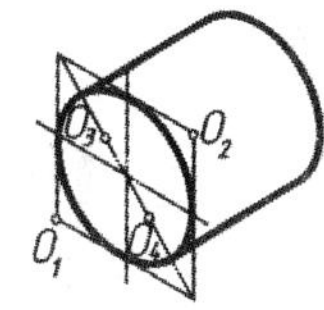

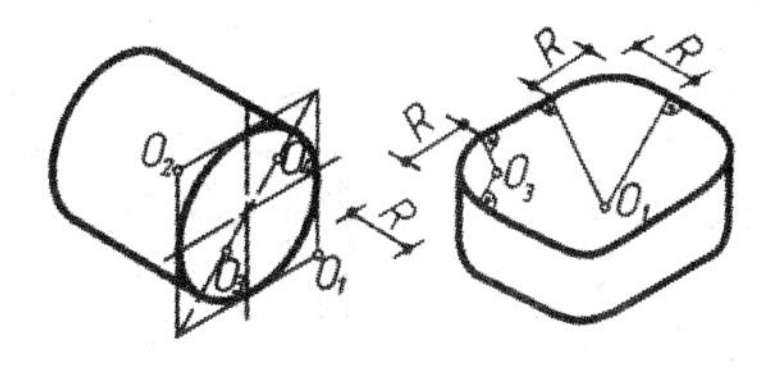

f. 三个方向的圆柱和圆角的画法

图8-14　圆的正等测近似画法

第三节　斜轴测图

当投射方向S倾斜于轴测投影面时所得的投影，称为斜轴测投影。以V面或V面平行面作为轴测投影面，所得的斜轴测投影，称为正面斜轴测投影。

若以H面或H面平行面作为轴测投影面，则得水平面斜轴测投影画斜轴测图与画正轴测图一样，也要确定轴间角、轴向伸缩系数以及选择轴测类型和投射方向。

一、正面斜轴测图

如图8-15a 所示，设形体处于作正投影图时的位置，投射方向S倾斜于V面，将形体向V面投射，得形体的正面斜轴测图。它是斜投影的一种，具有斜投影的如下特性：

1. 不管投射方向如何倾斜，平行于轴测投影面的平面图形，它的斜轴测图反映实形。也就是说，正面斜轴测图中O′ Z′ 和O′ X′ 之间的轴间角是90°，即$\varphi=0°$，两者的轴向伸缩系数都等于1，即$p_1 = r_1 = 1$。这个特性，使得作斜轴测图较为简便，对具有较复杂的侧面形状的形体，这个优点尤为显著。

2. 垂直于投影面的直线，它的轴测投影方向和长度，将随着投射方向S的不同而变化。然而，正面斜轴测图的O′ Y′ 轴的轴倾角σ和轴向伸缩系数q_1互不相关，可以单独随意选择。一般多采用σ

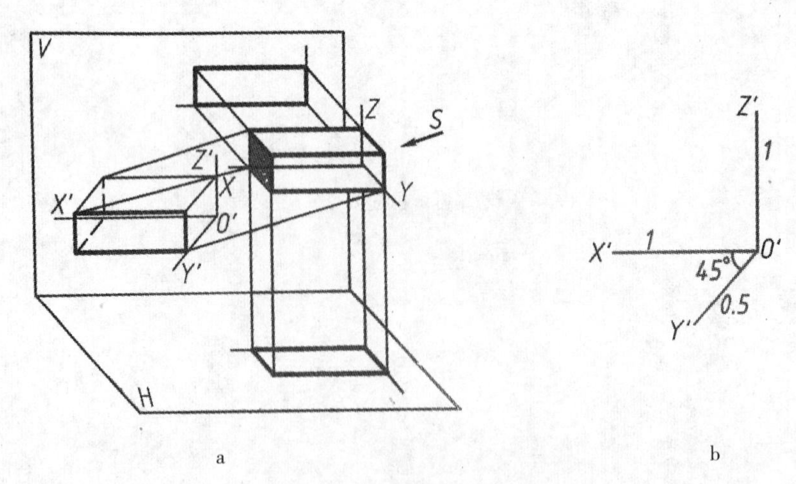

a　　　　b

图8-15　正面斜轴测图的形成

=45° 和q_1=0.5，作出正面斜二测图，如图8-15b 所示。

3. 与正轴测图一样，相互平行的直线，它们的正面斜轴测图仍相互平行。平行于坐标轴的线段的正面斜轴测图与线段实长之比，等于相应的轴向伸缩系数。

根据上述投影特性和长方体的投影图，它的正面斜轴测图的作图步骤，如图8-16 所示。

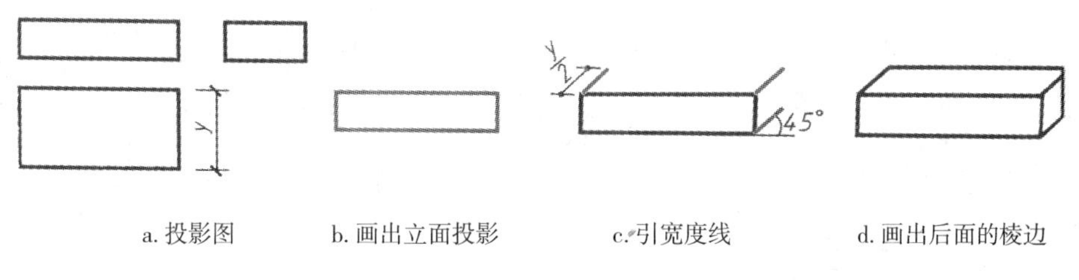

a. 投影图　　b. 画出立面投影　　c. 引宽度线　　d. 画出后面的棱边

图8-16　长方体的正面斜轴测图的作法

【例8-5】根据挡土墙的投影图（图8-17a），作它的正面斜轴测图。

解：

（1）根据挡土墙形状的特点，选定投射方向是从左向右，即$O'Y'$与$O'X'$的轴间$\angle X'O'Y'$=135°，这时三角形扶壁将不被竖墙遮挡而表示清楚。

（2）先画出竖墙和底板的正面斜轴测图（图8-17b）。

（3）壁到竖墙边的距离是y_1。从竖墙边往后量$y_1/2$，画出扶壁的三角形底面的实形（图8-17c）。

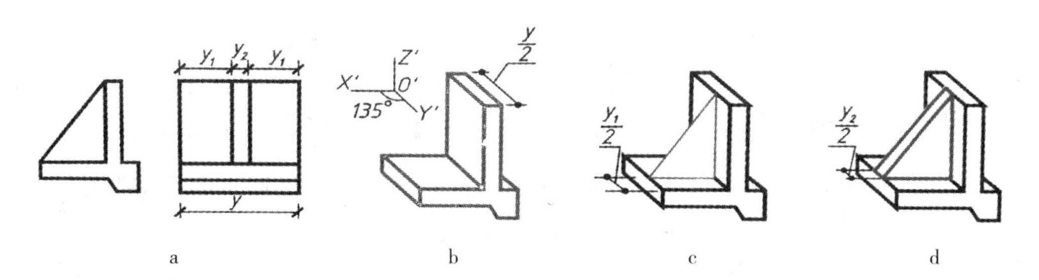

a　　b　　c　　d

图8-17　挡土墙的正面斜轴测图

（4）往后量$y_2/2$，完成扶壁（图8-17d）。

【例8-6】根据投影图（图8-18），作拱门的正面斜轴测图。

解：

（1）拱门由地台、门身及顶板三部分组成，画轴测图时必须注意各部分在Y方向的相对位置（图8–18a）。

（2）先画地台斜轴测图，并在地台面的对称线上向后量取$y_1/2$，定出拱门前墙面位置线（图8–18b）。

（3）按实形画出前墙面及Y方向线（图8–18e）。

（4）完成拱门斜轴侧图。注意后墙面半圆拱的圆心位置及半圆拱的可见部分的画法。在前墙面顶线中点作Y轴方向线，向前量取$y_2/2$，定出顶板底面前缘的位置线（图8–18d）。

（5）画出顶板，完成轴测图（图8–18e）。

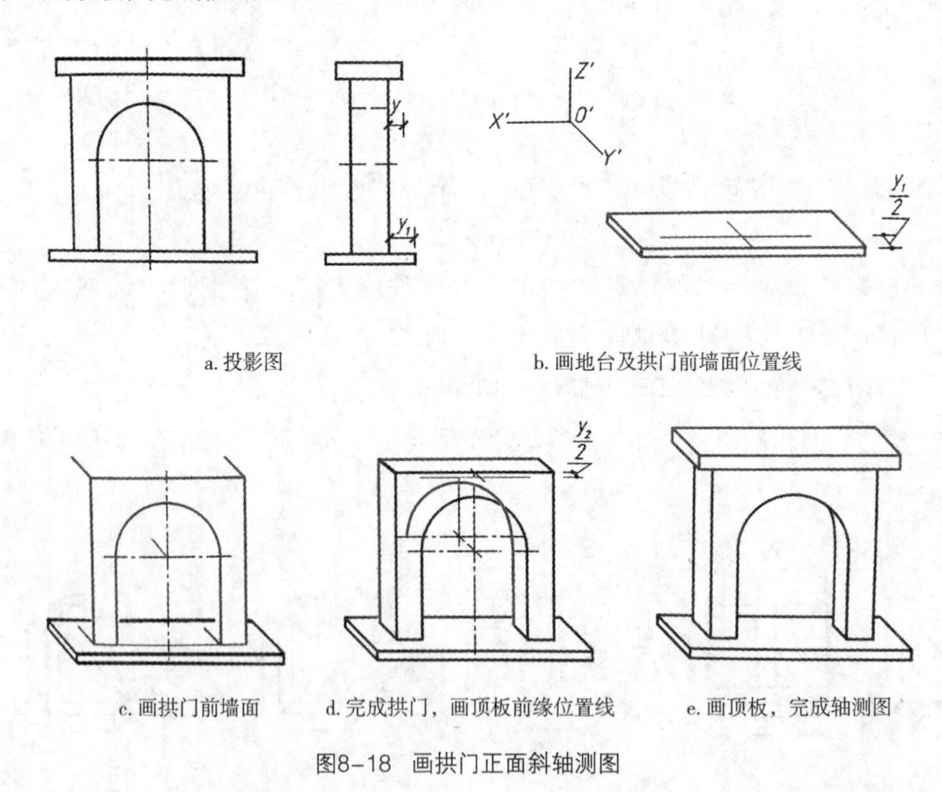

a. 投影图　　b. 画地台及拱门前墙面位置线

c. 画拱门前墙面　　d. 完成拱门，画顶板前缘位置线　　e. 画顶板，完成轴测图

图8–18　画拱门正面斜轴测图

二、水平面斜轴测图

形体处于作正投影时的位置，投射方向倾斜于H面并向H面进行投射（图8–19a），得形体的水平面斜轴测图。显然，$O'X'$与$O'Y'$之间的轴间角仍是90°，轴向伸缩系数都是1，即在水平面斜轴测图上能反映与H面平行的平面图形的实形。至于$O'Z'$与$O'X'$之间的轴间角以及$O'Z'$的轴向伸

缩系数，同样可以单独任意选择。通常，轴间角$Z'O'X'$取120°，$O'Z'$的轴向伸缩系数仍取1（图8-19b）。画图时，习惯把$O'Z'$画成竖直方向，则$O'X'$和$O'Y'$分别与水平线成30°和60°角（图8-19c）。这种轴测图，适宜用来绘制一幢房屋的水平剖面或一个区域的总平面图，它可以反映出房屋内部布置，或一个区域中各建筑物、道路、设施等的平面位置及相互关系，以及建筑物和设施等的高度。

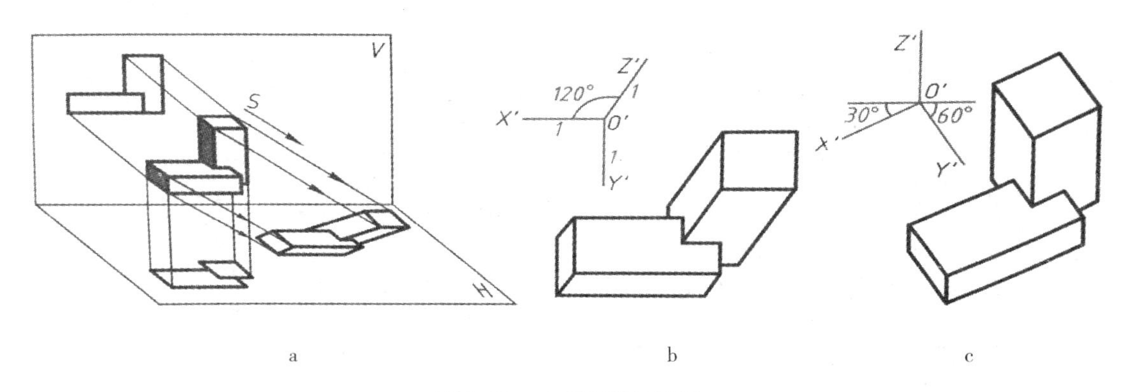

图8-19　水平面斜轴测图

【例8-7】作出带水平截面的房屋的水平面斜轴测图（图8-20）。

解：

（1）本例实质上是用水平剖切平面剖切房屋后，将下半截房屋画成水平面斜轴测图。

（2）先画断面，即把平面图旋转30°后画出。然后过各个角点往下画高度线，画出屋内外的墙

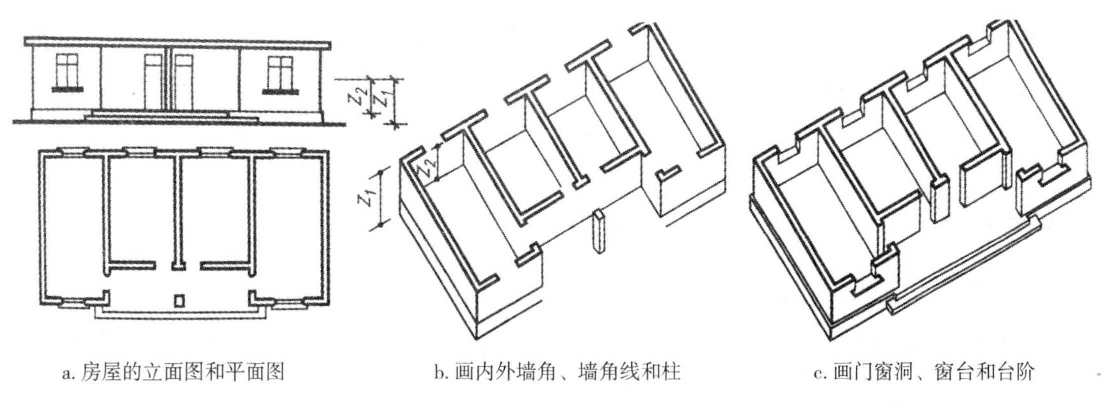

图8-20　带水平截面的房屋水平斜轴测

脚线。要注意室内外地面标高的不同（图8-20b）。

（3）画门窗洞、窗台和台阶，完成轴测图（图8-20c）。

【例8-8】作出总平面图（图8-21a）的水平面斜轴测图。

解：由于房屋的高度不一，可先把总平面图旋转30° 画出，然后在房屋的平面图上向上竖相应高度，如图8-21b 所示。

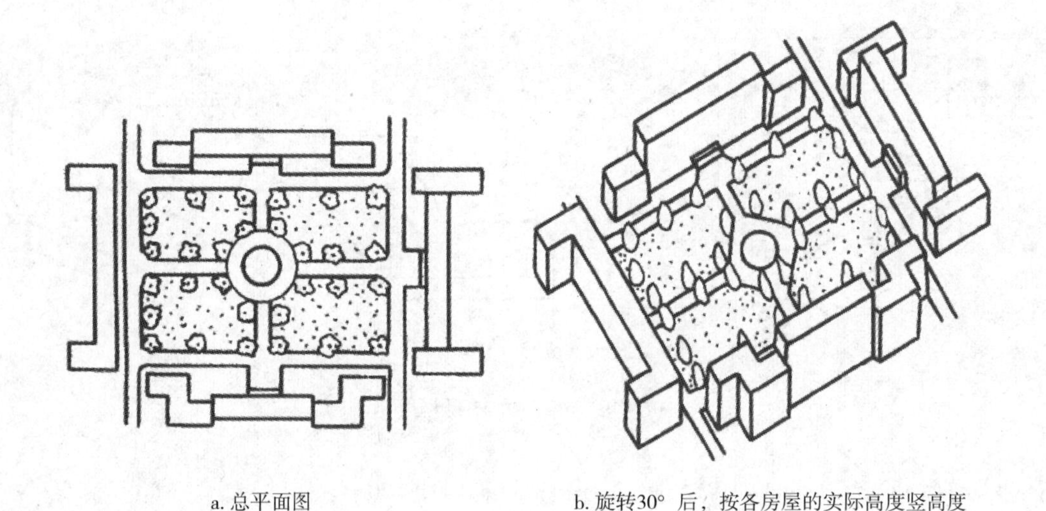

a. 总平面图　　b. 旋转30° 后，按各房屋的实际高度竖高度

图8-21　总平面的水平斜轴测图

本章复习指引

1. 轴测投影是一种单面的平行投影，投影的平行性和定比性是绘制轴测图的依据。

2. 不同种类的轴测图，虽然各有不同的轴倾角和轴间伸缩系数，但作图的原理和方法是相同的。

复习思考题

1. 常用的轴测图有几种？轴间角和轴向伸缩系数各是多少？

2. 画轴测图的方法与步骤是什么？

第九章　室内装饰施工图绘制与识图

第一节　概述

第二节　室内装饰装修制图图纸编排顺序

第三节　室内装饰装修制图图纸深度

第四节　平面布置图

第五节　楼地面平面图

第六节　天花平面图

第七节　墙柱装修图

第八节　装修详图

【学习内容】

本章的任务是学习室内装饰装修制图图纸编排顺序及深度，进一步掌握室内装饰施工图绘制与识图。

【基本要求】

通过学习，熟悉并掌握平面布置图、楼地面平面图、天花平面图、墙柱面装修图及装修详图的应用和画法。

室内装饰施工图是装饰工程的“技术语言”，是装饰工程造价的重要依据，是建筑装饰工程施工的重要依据，是工程施工人员从事材料选择和技术操作的依据以及工程验收的依据。

由于室内设计不仅要求设计者具有相关的建筑工程知识，还必须具有装饰工程制图、建筑美学、人体工程学、环境心理学、环境物理学、环境保护学及环境美学、装饰材料学、装饰施工、装饰工程经济、建筑风水学等方面的知识，每一项室内装修工程都是一项比较复杂的综合性建设工程，所以，室内装饰装修工程的图样种类，既有建筑工程施工图样，也有家具、木制品施工图样，采暖通风管线施工图样，电气安装图样等。由于这些图样都是按照国家颁布的相应的设计标准绘制的，因此，室内装饰工程图的第一个作用就体现为是装饰工程建设的依据。其次，设计、生产、施工和监理所用的是同一套图样，为了使生产或施工者严格按照设计图样进行作业，从而充分体现设计者的意图，使产品或作业有一个统一的技术规范，以保证产品或施工作业的质量，故室内装饰工程图又起到了一种技术语言的作用。

第一节　概　述

一、装饰施工图的概念和组成

室内装饰施工图是设计人员按照一定的投影原理，用各种线条、符号、文字和数字等绘制的图样，用以表达设计思想、装饰结构、装饰造型及饰面处理要求等，并遵照建筑及装饰设计规范所规定的要求编制的用于指导装饰施工生产的技术文件。

室内装饰施工图纸内容一般包括图纸目录、装修施工工艺说明、平面布置图、楼地面装修平面图、天花平面图、墙柱装修立面图，以及装修细部结构的节点详图等内容。

二、装饰施工图的特点

装饰施工图是用正投影方法绘制的用于指导施工的图样，制图应遵守《房屋建筑室内装饰装修制图标准》（JGJ/T 244—2011）的要求。装饰施工图反映的内容多、形体尺度变化大，通常选用一定的比例，采用相应的图例符号和标注尺寸、标高等加以表达，必要时绘制透视图、轴测图等辅助表达，以利识读。

建筑装饰设计通常是在建筑设计的基础上进行的，由于设计深度的不同、构造做法的细化，以及为满足使用功能和视觉效果而选用材料的多样性等，在制图和识图上装饰工程施工图有其自身的规律，如图样的组成、施工工艺及细部做法的表达等都与建筑工程施工图有所不同。

装饰设计同样经方案设计和施工图设计两个阶段。方案设计阶段是根据业主要求、现场情况，以及有关规范、设计标准等，以透视效果图、平面布置图、室内立面图、楼地面平面图、尺寸、文字说明等形式，将设计方案表达出来，经修改补充，取得合理方案后，报业主或有关主管部门审批，再进入施工图设计阶段。施工图设计是装饰设计的主要程序。

三、装饰施工图与建筑施工图相关图样的比较（表9-1）

表9-1　装饰施工图与建筑施工图相关图样的比较

序号	建筑施工图	装饰施工图
1	扉页	扉页
2	设计说明、图样目录	设计说明、图样目录
3	总平面图、相关表格	区位关系、相关表格
4	平面图（各层平面图、屋顶平面图）	平面图（平面布置图、地面材料图等）
5	建筑立面图（室外立面）	立面图（室内主要造型立面）
6	剖面图	立面剖面图
7	构、配件详图（楼梯、门窗等）	构、配件详图（楼梯、门窗等）
8	节点详图（连接部位）	节点详图（连接部位、材料过渡）
9	透视图（不同视角）	透视图（不同功能房间）
10	预算	报价书
11		原始建筑平面图

第二节 室内装饰装修制图图纸编排顺序

工程图纸应按照专业顺序编排，一般应为图纸目录、总图、房尾建筑室内装饰装修图、建筑图、结构图、给水排水图、暖通空调图、电气图、景观图等。以某专业为主的工程图纸应突出该专业。

在同一专业的一套完整图纸中，也要按照图纸内容的主次关系、逻辑关系有序排列，做到先总体、后局部，先主要、后次要：布置图在先，构造图在后，底层在先，上层在后；同一系列的构配件按类型、编号的顺序编排。同楼层各段（区）房屋建筑室内装饰装修设计图纸应按主次区域和内容的逻辑关系排列。

房屋建筑室内装饰装修图纸按设计过程可分为方案设计图、扩初设计图和施工图。方案设计图和施工图阶段的图纸依次为图纸目录、房屋建筑室内装饰装修图、给水排水图、暖通空调图、电气图等；扩初设计图阶段根据室内装饰装修设计的特点增加了设计总说明，图纸的编排顺序为图纸目录、设计总说明、房屋建筑室内装饰装修图、给水排水图、暖图空调图、电气图等。

房屋建筑室内装饰装修图纸编排宜按设计（施工）说明，总平面图，天花总平面图，天花装饰灯具布置图，设备设施布置图，天花综合布点图，墙体定位图，地面铺装图，陈设、家具平面布置图，部品部件平面布置图，各空间平面布置图，各空间天花平面图、立面图，部品部件立面图、剖面图、详图、节点图，装饰装修材料表，配套标准图的顺序排列。

规模较大的房屋建筑室内装饰装修设计需绘制的图纸内容不应少于上述列出的项目。而规模较小的住房室内装饰装修设计通常可以减少部分配套图纸。墙体定位图应反映设计部分的原始建筑图中墙体与改造后的墙体关系，以及现场测绘后对原建筑图中墙体尺寸修正的状况。

各专业的总平面图布图方向应一致，各专业的单体建筑平面图布图方向也应一致。当一张图上绘制几个图样时，宜按主次顺序从左至右依次排列；绘制各层平面时，宜按层的顺序从左至右或从下至上依次排列。

第三节 室内装饰装修制图图纸深度

房屋建筑室内装饰装修设计的制图图纸深度应根据房屋建筑室内装饰装修设计文件的阶段性要求确定。房屋建筑室内装饰装修设计中图纸的阶段性文件应包括方案设计图、扩初设计图、施工设计图、变更设计图、竣工图。

房屋建筑室内装饰装修设计图纸的绘制应符合本书第二章的规定，图纸深度应满足各阶段的深度要求。房屋建筑室内装饰装修设计的图纸深度与设计文件深度有所区别，不包括对设计说明、施工说明和材料样品表示内容的规定。

一、方案设计图

1. 方案设计应包括设计说明、平面图、天花平面图、主要立面图、必要的分析图、效果图等。

2. 平面图绘制应标明及标注下列内容：

（1）标明房屋建筑室内装饰装修设计的区域位置及范围以及房屋建筑室内装饰装修设计中对原建筑改造的内容；

（2）标明主要使用房间的名称和主要部位的尺寸，标明楼梯的上下方向：房屋建筑室内装饰装修设计后的所有室内外墙体、门窗、管道井、电梯和自动扶梯、楼梯、平台和阳台等位置；

（3）标注轴线编号，并应使轴线编号与原建筑图相符；

（4）标注总尺寸及主要空间的定位尺寸，房屋建筑室内地面的装饰装修设计标高，指北针、图纸名称、制图比例以及必要的索引符号、编号；

（5）标明主要装饰装修材料和部品部件的名称，主要部位固定和可移动的装饰造型、隔断、构件、家具、陈设、厨卫设施、灯具以及其他配置、配饰的名称和位置；

（6）根据需要绘制主要房间的放大平面图，以及反映方案特性的分析图，包括功能分区、空间组合、交通分析、消防分析、分期建设等图示。

3. 天花平面图绘制应标明及标注下列内容：

（1）标注轴线编号，并使轴线编号与原建筑图相符；

（2）标注总尺寸及主要空间的定位尺寸，天花主要装饰装修造型位置的设计标高，图纸名称、制图比例以及必要的索引符号、编号；

（3）标明房屋建筑室内装饰装修设计调整过后的所有室内外墙体、管道井、天窗等的位置；

（4）标明天花的主要装饰装修材料及饰品的名称，装饰造型、灯具、防火卷帘以及主要设施、设备、主要饰品的位置。

4. 立面图绘制应标明及标注下列内容：

（1）标注立面范围内的轴线和轴线编号，并标注立面两端轴线之间的尺寸；

（2）绘制有代表性的立面，标明房屋建筑室内装饰装修完成面的底界面线和装饰装修完成面的顶界面线，标注房屋建筑室内主要部位装饰装修完成面的净高，并根据需要标注楼层的层高；

（3）绘制墙面和柱面的装饰装修造型、固定隔断、固定家具、门窗、栏杆、台阶等立面形状和位置，标注主要部位的定位尺寸；

（4）标注主要装饰装修材料和部品部件的名称；

（5）标注图纸名称、制图比例以及必要的索引符号、编号。

5. 剖面图绘制应标明及标注下列内容：

（1）一般情况方案设计不绘制剖面图，但在空间关系比较复杂、高度和层数不同的部位可绘制剖面；

（2）标明房屋建筑室内空间中高度方向的尺寸和主要部位的设计标高及总高度；若遇有高度控制时，还应标明最高点的标高；

（3）标注图纸名称、制图比例以及必要的索引符号、编号。

6. 效果图的表现部位应根据业主委托和设计要求确定。其绘制应反映方案设计的房屋建筑室内主要空间的装饰装修形态，并应符合下列要求：

（1）做到材料、色彩、质地真实，尺寸、比例准确；

（2）体现设计的意图及风格特征；

（3）图面美观、有艺术性。

二、扩初设计图

1. 规模较大的房屋建筑室内装饰装修工程，根据委托的要求可绘制扩大初步设计图。扩大初步设计应包括设计说明、平面图、天花平面图、主要立面图、主要剖面图等。它可以作为深化施工图的依据，作为工程概算的依据，作为主要材料和设备的订货依据，对设计方案进一步深化。

2. 平面图绘制应标明及标注下列内容：

（1）标明房屋建筑室内装饰装修设计的区域位置及范围，以及对原建筑改造的内容及定位尺寸；

（2）标明建筑图中柱网、承重墙以及需要装饰装修设计的非承重墙、建筑设施、设备的位置和尺寸。

（3）标明轴线编号（并使轴线编号与原建筑图相符），轴线间尺寸及总尺寸；

（4）标明房间的名称和主要部位的尺寸，标明楼梯的上下方向，固定的和可移动的装饰装修造型、隔断、构件、家具、陈设、厨卫设施、灯具以及其他配置、配饰的名称和位置；

（5）标明房屋建筑室内装饰装修设计后的所有室内外墙体、门窗、管道井、电梯和自动扶梯、楼梯、平台、阳台、台阶、坡道等位置和使用的主要材料；

（6）标明定制部品部件的内容及所在位置，门窗、橱柜或其他构件的开启方向和方式，标注主要装饰装修材料和部品部件的名称；

（7）标明建筑平面或空间的防火分区和防火分区分隔位置，以及安全出口位置示意并单独成图（如为一个防火分区，可不注防火分区面积）；

（8）标注房屋建筑室内地面设计标高，索引符号、编号、指北针、图纸名称和制图比例。

3. 天花平面图的绘制应标明及标注下列内容：

（1）标明建筑图中柱网、承重墙以及房屋建筑室内装饰装修设计需要的非承重墙；

（2）标注轴线编号（并使轴线编号与原建筑图相符），轴线间尺寸及总尺寸；

（3）标明房屋建筑室内装饰装修设计调整过后的所有室内外墙体、管井、天窗等的位置，注明必要部位的名称，并标注主要尺寸；

（4）标明天花的主要饰品的名称，装饰造型、灯具、防火卷帘以及主要设施、设备、主要饰品的位置；

（5）标注天花主要部位的设计标高，索引符号、编号、指北针、图纸名称和制图比例。

4. 立面图绘制应标明及标注下列内容：

（1）绘制需要设计的主要立面，标注立面两端的轴线、轴线编号和尺寸；

（2）标注房屋建筑室内装饰装修完成面的地面至天花的净高；

（3）绘制房屋建筑室内墙面和柱面的装饰装修造型、固定隔断、固定家具、门窗、栏杆、台阶、坡道等立面形状和位置，标注主要部位的定位尺寸；

（4）标明立面主要装饰装修材料和部品部件的名称；

（5）标注索引符号、编号、图纸名称和制图比例。

5. 剖面应剖在空间关系复杂、高度和层数不同的部位和重点设计的部位。剖面图应准确、清楚地表示出剖到或看到的各相关部位内容，其绘制应标明及标注下列内容：

（1）标明剖面所在的位置，标注设计部位结构、构造的主要尺寸、标高、用材、做法；

（2）标注索引符号、编号、图纸名称和制图比例。

三、施工设计图

1. 施工设计图纸应包括平面图、天花平面图、立面图、剖面图、详图和节点图。施工图的平面图应包括设计楼层的总平面图、建筑现状平面图、各空间平面布置图、平面定位图、地面铺装图、索引图等。

2. 总平面图绘制应标注或表明下列内容：

（1）应全面反映房屋建筑室内装饰装修设计部位平面与毗邻环境的关系，包括交通流线、功能布局等；

（2）应标明需作特殊要求的部位，详细注明设计后对建筑的改造内容；

（3）在图纸空间允许的情况下可在平面图旁绘制需要注释的大样图。

3. 施工图中的平面布置图可分为陈设、家具平面布置图、部品部件平面布置图、设备设施布置图、绿化布置图、局部放大平面布置图等。应标注或注明下列内容：

（1）陈设、家具平面布置图应标注陈设品的名称、位置、大小、必要的尺寸以及布置中需要说明的问题；应标注固定家具和可移动家具及隔断的位置、布置方向，以及柜门或橱门开启方向，并标注家具的定位尺寸和其他必要的尺寸。必要时还应确定家具上电器摆放的位置，如电话、电脑、台灯等；对于所需的构造节点详图应标注索引号。

（2）部品部件平面布置图应标注部品部件的名称、位置、尺寸、安装方法和需要说明的问题。

（3）设备设施布置图应标明设备设施的位置、名称和需要说明的问题。

（4）规模较大的房屋建筑室内装饰装修设计中应有绿化布置图，应标注绿化品种、定位尺寸和其他必要尺寸；规模较小的房屋建筑室内装饰装修设计中陈设、家具平面布置图、设备设施布置图以及绿化布置图可以合并。

（5）如果建筑单层面积较大，可根据需要绘制局部放大平面布置图，但须在各分区平面布置图适当位置上绘出分区组合示意图，并明显表示本分区部位编号。

（6）当照明、绿化、陈设、家具、部品部件或设备设施另行委托设计时，可根据需要绘制照明、绿化、陈设、家具、部品部件及设施设备的示意性和控制性布置图。

（7）图纸如系对称平面，对称部分的内部尺寸可省略，对称轴部位用对称符号表示，但轴线号不可省略；楼层标准层可共用同一平面，但需注明层次范围及各层的标高。

4. 施工图中的平面定位图应表达与原建筑图的关系，并体现平面图的定位尺寸，平面定位图应标注或注明下列内容：

（1）标注房屋建筑室内装饰装修设计对原建筑或房屋建筑室内装饰装修设计的改造状况。

（2）标注房屋建筑室内装饰装修设计中新设计的墙体和管井等的定位尺寸、墙体厚度与材料种类，并注明做法；标注新设计的门窗洞定位尺寸、洞口宽度与高度尺寸、材料种类、门窗编号等。

（3）标注房屋建筑室内装饰装修设计中新设计的楼梯、自动扶梯、平台、台阶、坡道等的定位尺寸、设计标高及其他必要尺寸，并注明材料及其做法；标注固定隔断、固定家具、装饰造型、台面、栏杆等的定位尺寸和其他必要尺寸，并注明材料及其做法。

5. 地面铺装图应标注或注明下列内容：

（1）标注地面装饰材料的种类、拼接图案、不同材料的分界线；

（2）标注地面装饰的定位尺寸、规格和异形材料的尺寸、施工做法，标注地面装饰嵌条、台阶和梯段防滑条的定位尺寸、材料种类及做法。

6. 房屋建筑室内装饰装修设计需绘制索引图。索引图应注明立面、剖面、详图和节点图的索引符号及编号，必要时可增加文字说明帮助索引，在图面比较拥挤的情况下可适当缩小图面比例。

7. 天花平面图应包括装饰装修楼层的天花总平面图、天花综合布点图、天花装饰灯具布置图、各空间天花平面图等。天花总平面图的绘制应标注或注明下列内容：

（1）应全面反映天花平面的总体情况，包括天花造型、天花装饰、灯具布置、消防设施及其他设备布置等内容，需做特殊工艺或造型的部位应标明；

（2）标注顶面装饰材料的种类、拼接图案、不同材料的分界线；

（3）在图纸空间允许的情况下可在平面图旁边绘制需要注释的大样图。

8. 天花平面图绘制应标注或注明下列内容：

（1）标明天花造型、天窗、构件、装饰垂挂物及其他装饰配置和饰品的位置，注明定位尺寸、标高或高度、材料名称和做法；对于所需的构造节点详图需标注索引号。

（2）如果建筑单层面积较大，可根据需要单独绘制局部的放大天花图，但需在各放大天花图的适当位置上绘出分区组合示意图，并明显地表示本分区部位编号；表述内容单一的天花平面可缩小比例绘制。

（3）图纸如系对称平面，对称部分的内部尺寸可省略，对称轴部位用对称符号表示，但轴线号不得省略；楼层标准层可共用同一天花平面，但需注明层次范围及各层的标高。

9. 天花综合布点图应在扩初设计图阶段天花平面图的基础上，标明天花装饰装修造型与设备设施的位置、尺寸关系。

10. 天花装饰灯具布置图应在扩初设计图阶段天花平面图的基础上，标注所有明装和暗藏的灯具（包括火灾和事故照明灯具）、发光天花、空调风口、喷头、探测器、扬声器、挡烟垂壁、防火卷帘、防火挑檐、疏散和指示标志牌等的位置，标明定位尺寸、材料名称、编号及做法。

11. 立面图的绘制应在扩初设计图阶段立面图绘制基础上，标注或表明下列内容：

（1）绘制立面左右两端的墙体构造或界面轮廓线、原楼地面至装修楼地面的构造层、天花面层装饰装修的构造层；对于所需要的构造节点详图标注索引号。

（2）标注设计范围内立面造型的定位尺寸及细部尺寸，立面投视方向上装饰物的形状、尺寸及关键控制标高。

（3）标明立面上装饰装修材料的种类、名称、施工工艺、拼接图案、不同材料的分界线。

（4）对需要特殊和详细表达的部位，可单独绘制其局部放大立面图，并标明其索引位置；无特殊装饰装修要求的立面可不画立面图，但应在施工说明中或相邻立面的图纸上予以说明。

（5）各个方向的立面应绘齐全，但差异小、左右对称的立面可简略，但应在与其对称的立面的图纸上予以说明。中庭或看不到的局部立面，可在相关剖面图上表示，若剖面图未能表示完全时，则需单独绘制。

（6）凡影响房屋建筑室内装饰装修设计效果的装饰物、家具、陈设品、灯具、电源插座、通信和电视信号插孔、空调控制器、开关、按钮、消火栓等物体，宜在立面图中绘制出其位置。

12. 剖面图应标明平面图、天花平面图和立面图中需要清楚表达的部位。应在扩初设计图阶段剖面图绘制基础上，标注或注明下列内容：

（1）根据表达的需要确定剖切部位，标注平面图、天花平面图和立面图中需要清楚表达部分的详细尺寸、标高、材料名称、连接方式和做法；

（2）标注所需的构造节点详图的索引号。

13. 施工图应将平面图、天花平面图、立面图和剖面图中需要更加清晰表达的部位索引出来，并应绘制详图或节点图。

14. 施工图中详图的绘制应标注或注明下列内容：

（1）标明物体的细部、构件或配件的形状、大小、材料名称及具体技术要求，注明尺寸和做法；

（2）凡在平、立、剖面图或文字说明中对物体的细部形态无法交代或交代不清的可绘制详图；

（3）标注详图名称和制图比例。

15. 施工图中节点图的绘制应标注或注明下列内容：

（1）标明节点处构造层的支撑、连接关系，标注材料的名称及技术要求，注明尺寸和构造做法；

（2）凡在平、立、剖面图或文字说明中对物体的构造做法无法交代或交代不清的可绘制节点图；

（3）标注节点图名称和制图比例。

四、变更设计图

变更设计应包括变更原因、变更位置、变更内容等。变更设计的形式可以是图纸，也可以是文字说明。

五、竣工图

竣工图的制图深度同施工图，内容应完整记录施工情况，并应满足工程决算、工程维护以及存档的要求。

第四节　平面布置图

一、平面布置图的形成及用途

1. 平面布置图的形成。

平面布置图是假想沿各层的门、窗洞口（通常离本层楼、地面约1.2m，在上行的第一个梯段内）的水平剖切面，将建筑剖开成若干段，并将其用直接正投影法投射到*H*面的剖面图，即为相应层平面图。各层平面图只是相应“段”的水平投影。平面布置图与建筑平面图一样，实际上是一种水平剖面图，但习惯上称为平面布置图。

2. 平面布置图的用途。

室内平面布置图是方案设计阶段的主要图样。它能较全面且直观地反映建筑物的平面形状、大小、内部布置、内外交通联系、采光通风处理、构造做法等基本情况，表明室内设施、陈设、隔断的位置，表明室内地面的装饰情况。

二、平面布置图的识读

平面布置图决定室内空间的功能及流线布局，是天花设计、墙面设计的基本依据和条件，平面布置图确定后再设计楼地面平面图、天花平面图、墙（柱）面装饰立面图等图样。平面布置图的识读如下：

1. 先浏览平面布置图中各房间的功能布局、图样比例等，了解图中基本内容；

2. 注意各功能区域的平面尺寸、地面标高、家具及陈设等的布局；

3. 理解平面布置图中的内视符号；

4. 识读平面布置图中的详细尺寸。

三、平面布置图的表达

1. 比例。

平面布置图的比例一般采用1∶100、1∶50，内容比较少时采用1∶200。

2. 线形。

平面布置图中剖切到的墙、柱轮廓线等用粗实线表示；未剖切到但能看到的内容用细实线表示，如家具、地面分格、楼梯台阶等。在平面布置图中，门扇的开启线宜用细实线表示。

3. 尺寸标注。

平面布置图的尺寸标注分为外部尺寸和内部尺寸两种：外部尺寸共有两道，分别为轴线尺寸和总体尺寸；内部尺寸直接标注在所示内容附近。

为了区别平面布置图上不同平面的上下关系，必要时应注出标高。为了简化计算、方便施工，装饰平面布置图一般取各层的室内主要地面为标高零点。

4. 内视投影符号。

为表示室内立面在平面图上的位置，应在平面图上用内视符号注明视点位置、方向及立面编号。符号中的圆圈应用细实线绘制，根据图面比例圆圈直径可选择8～12mm。立面编号宜用拉丁字母或阿拉伯数字。

四、平面布置图的绘图步骤

1. 选比例、定图幅。 画出建筑主体结构（如墙、柱、门、窗等）的平面图，比例为1：50或大于1：50 时，墙身应画出饰面材料轮廓线（用细实线表示），如图9–1所示。

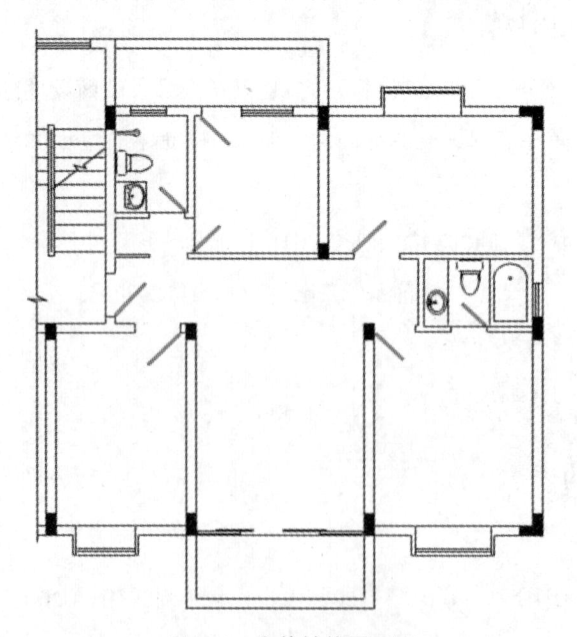

图9–1　主体结构平面图

2. 画出家具、厨房设备、卫生间洁具、电器设备、隔断、装饰构件等的布置，如图9-2所示。

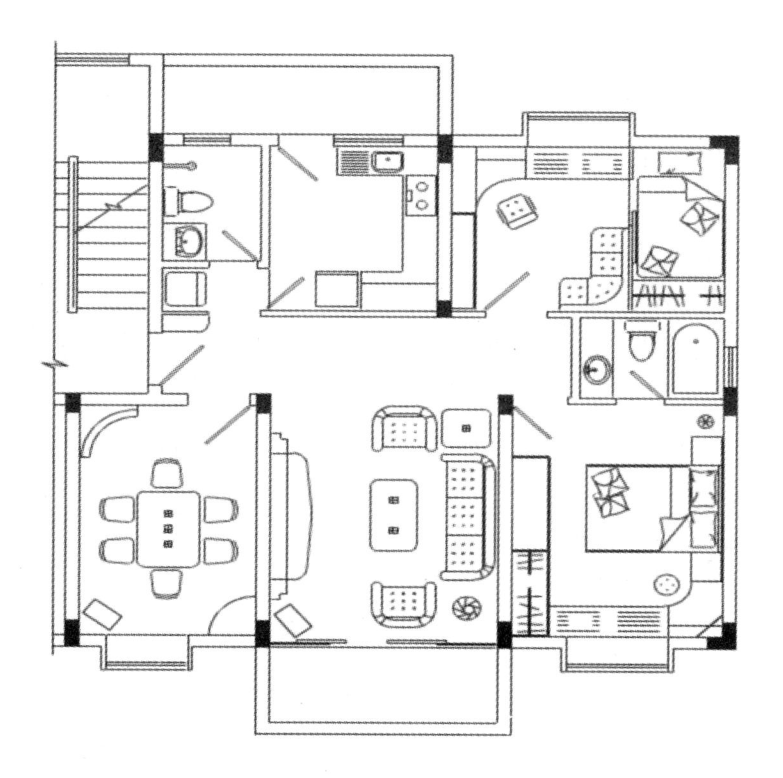

图9-2　画出家具设备

3. 标注尺寸、剖面符号、详图索引符号、图例名称、文字说明等，如图9-3所示。

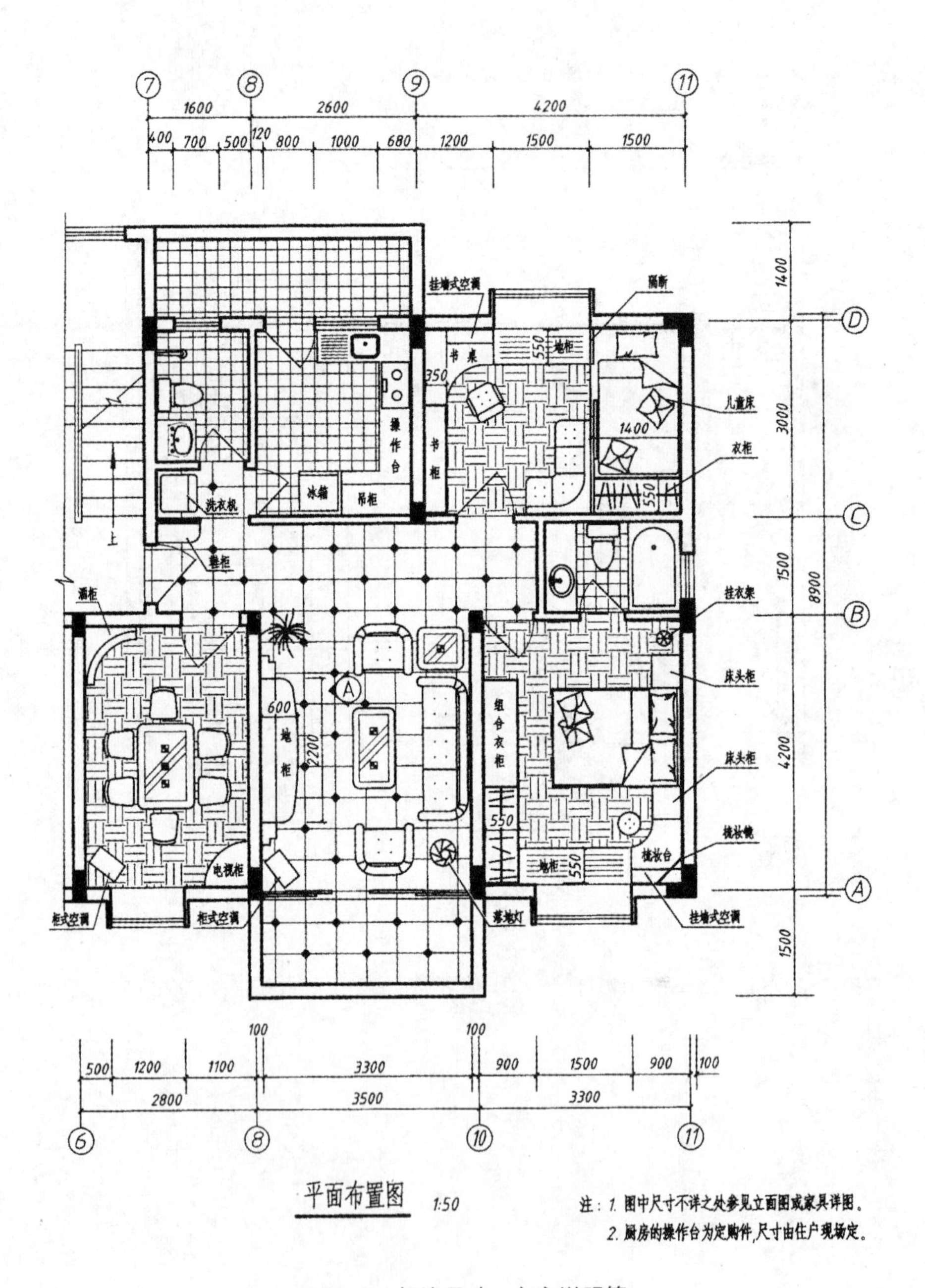

图9-3 标注尺寸、文字说明等

4. 画出地面的拼花造型图案、绿化等。描粗整理图线，结果如图所示。其中建筑结构部分仍按建筑制图的要求，如墙、柱用粗实线表示，门窗、楼梯等用中粗线表示；装修轮廓线如隔断、家具、洁具、电器等主要轮廓线用中粗线表示；地面拼花等次要轮廓线用细实线表示。

5. 检查并加深、加粗图线。剖切到的墙柱轮廓、剖切符号用粗实线，未剖切到但能看到的图线，如门扇开启符号、窗户图例、楼梯踏步、室内家具及绿化等用细实线表示。

6. 完成作图。

第五节　楼地面平面图

一、楼地面平面图的形成与表达

1. 楼地面平面图的形成。

楼地面平面图同平面布置图的形成一样，所不同的是地面布置图不画活动家具及绿化等布置，只画出地面的装饰分格，标注地面材质、尺寸和颜色，地面标高等。

2. 楼地面平面图的表达。

楼地面装修图主要表达地面造型、材料名称和工艺要求。对于块状地面材料，用细实线画出块材的分格线，以表示施工时的铺装方向（非整砖应安排在较隐蔽的位置）。对于台阶、基座、坑槽等特殊部位还应画出剖面详图，表示构造形式、尺寸及工艺做法。楼地面装修图不但是施工的依据，同时是地面材料采购的参考图样。

（1）比例。

楼地面平面图的常用比例为1∶50、1∶100、1∶150。图中的地面分格采用细实线表示，其他内容按平面布置图要求绘制。地面平面图不太复杂时，可与平面布置图合在一起绘制。

（2）线形。

凡是剖切到的墙、柱的断面轮廓线用粗实线表示，固定设备的轮廓线用中实线表示，地面分格线用细实线表示 。

（3）图例。

如果地面做法复杂，使用了多种材料，可以把图中使用过的材料列表加以说明，该表格一般绘制在图纸的右下角。

二、楼地面平面图的画法

楼地面平面图的面层分格线用细实线画出，用于表示地面施工时的铺装方向。对于台阶和其他凹凸变化等特殊部位，还应画出剖面（或断面）符号。

1. 画出建筑主体结构，标注其开间、进深、门窗洞口等尺寸。

2. 画出楼地面面层分格线和拼花造型等（家具、内视投影符号等省略不画）。

3. 标注分格和造型尺寸。材料不同时用图例区分，并加引出说明，明确做法。

4. 细部做法的索引符号、图名比例。

5. 检查并加深、加粗图线，楼地面分格用细实线表示。

6. 完成作图，见图9-4所示。

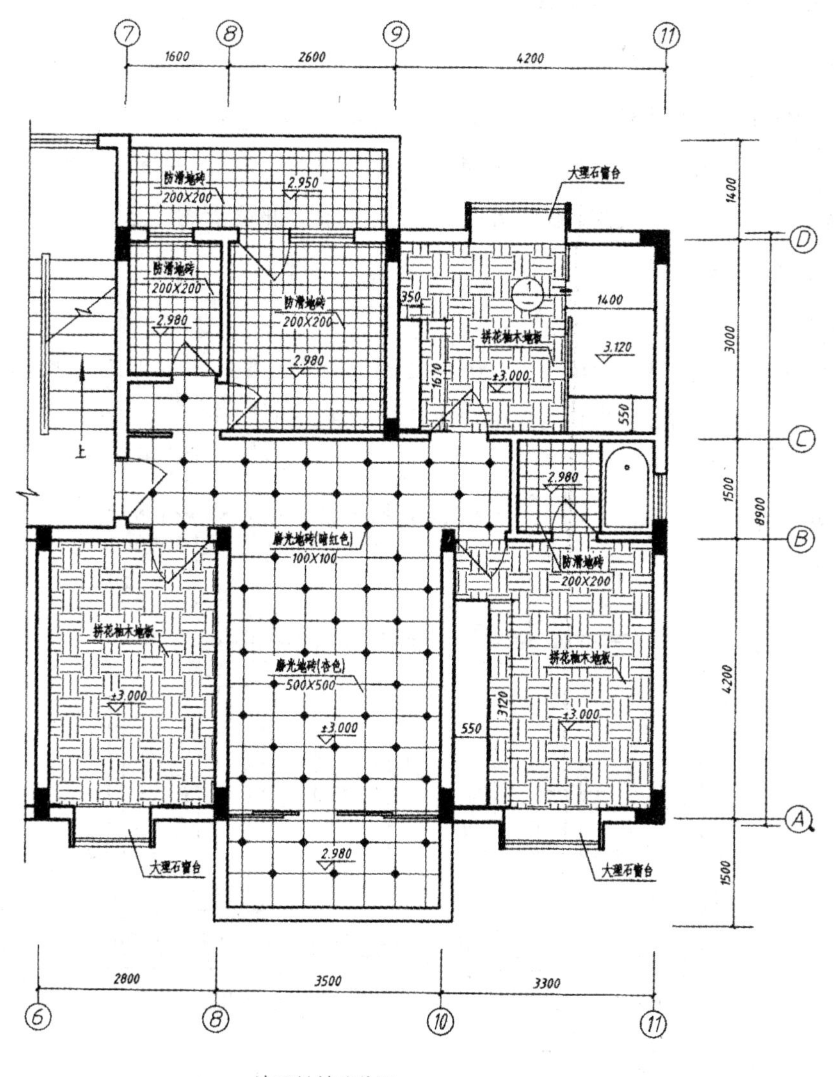

图 9-4　楼地面装修图

第六节　天花平面图

一、天花平面图的形成与表达

1. 天花平面图的形成。

用一个假想的水平剖切平面，沿需装饰房间的门窗洞口处作水平全剖切，移去下面部分，对剩余的上面部分所作的镜像投影，就是天花平面图，如图9–5所示。天花平面图反映天花平面形状、灯具位置、材料选用、尺寸标高及构造做法等内容，是装饰施工的主要图样之一。

2. 天花平面图的表达。

（1）比例。

天花平面图的常用比例为1：50、1：100、1：150。在天花平面图中剖切到的墙柱用粗实线，未剖切到但能看到的天花、灯具、风口等用细实线表示（图9–5）。

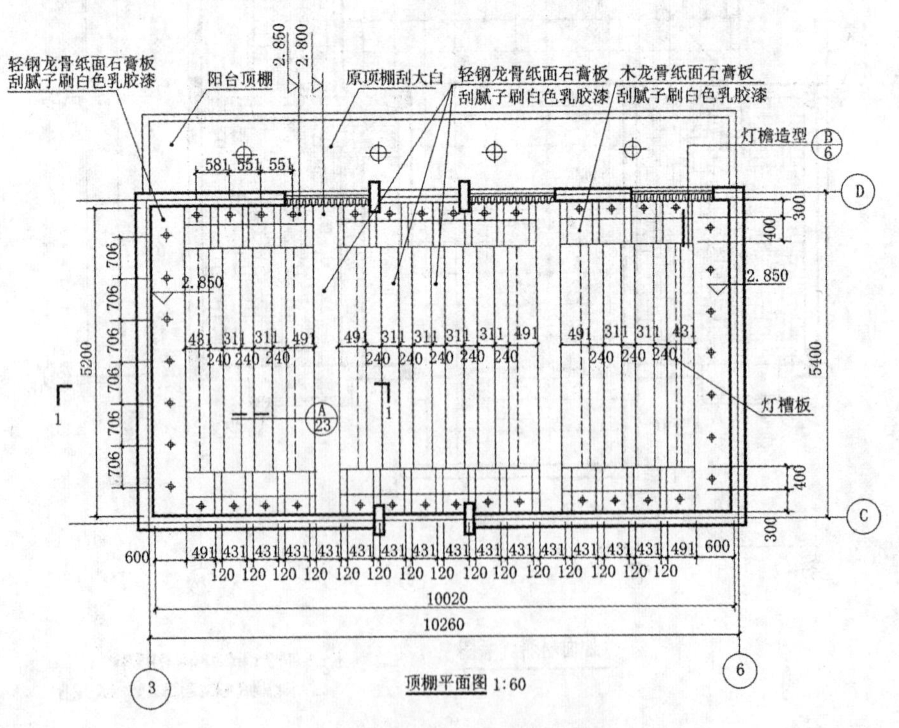

图 9–5　天花（顶棚）平面图

表示天花时，既可使用水平剖面图，也可使用仰视图。两者唯一的区别是：前者画墙身剖面（含其上的门、窗、壁柱等），后者不画，只画天花的内轮廓。

（2）图例。

为了表达清楚，避免产生歧义，一般把天花平面图中使用过的图例列表说明，如表9-2。

表9-2　天花图例说明

图例	说明
C-01	轻钢龙骨石膏板吊顶天花
C-02	暗架龙骨白色方块铝板吊顶天花300mm×300mm
C-03	建筑天花油白
◎	吸顶灯/吊灯
⌖	石英射灯
⌖	4″ 防雾筒灯
▤	暖风/排风风扇

二、天花布置图的识读

步骤如下：

1. 在识读天花平面图前，应了解天花所在房间平面布置图的基本情况；
2. 识读天花造型、灯具布置及其底面标高；
3. 明确天花尺寸、做法；
4. 注意图中各窗口有无窗帘及窗帘盒做法，明确其尺寸；
5. 识读图中有无与天花相接的吊柜、壁柜等家具；
6. 识读天花平面图中有无顶角线做法；
7. 注意室外阳台、雨棚等处的吊顶做法与标高。

三、天花平面图的画法

1. 选比例、定图幅。

2. 画出建筑主体结构的平面图。由于天花一般都在门窗洞的上方，因此不用画出门窗（可用虚线表示门窗洞的位置），如图9-6所示。

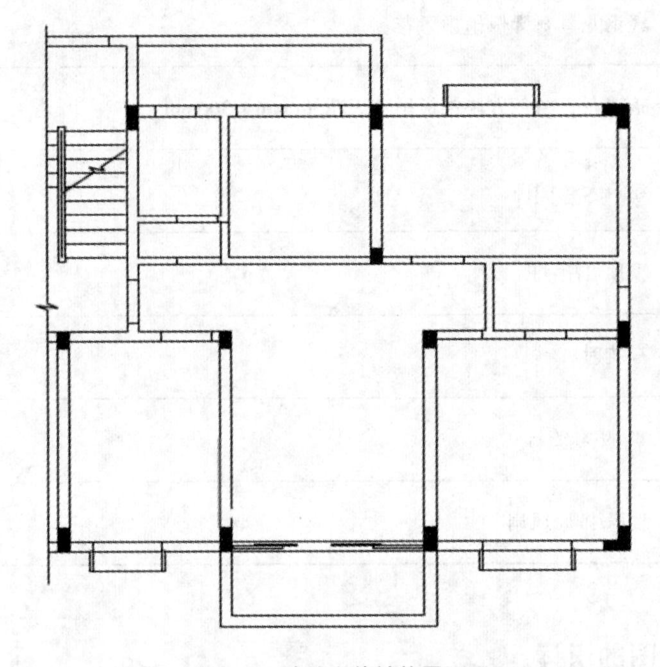

图9-6　建筑主体结构平面图

3. 画出天花的造型轮廓线、灯饰及各种设施，如图9-7所示。

4. 标注尺寸、剖面符号、详图索引符号、文字说明等。

5. 描粗整理图线后，结果如图9-8所示。其中墙、柱用粗实线表示；天花的藻井、灯饰等主要造型轮廓线用中实线表示；天花的装饰线、面板的拼装分格等次要的轮廓线用细实线表示。

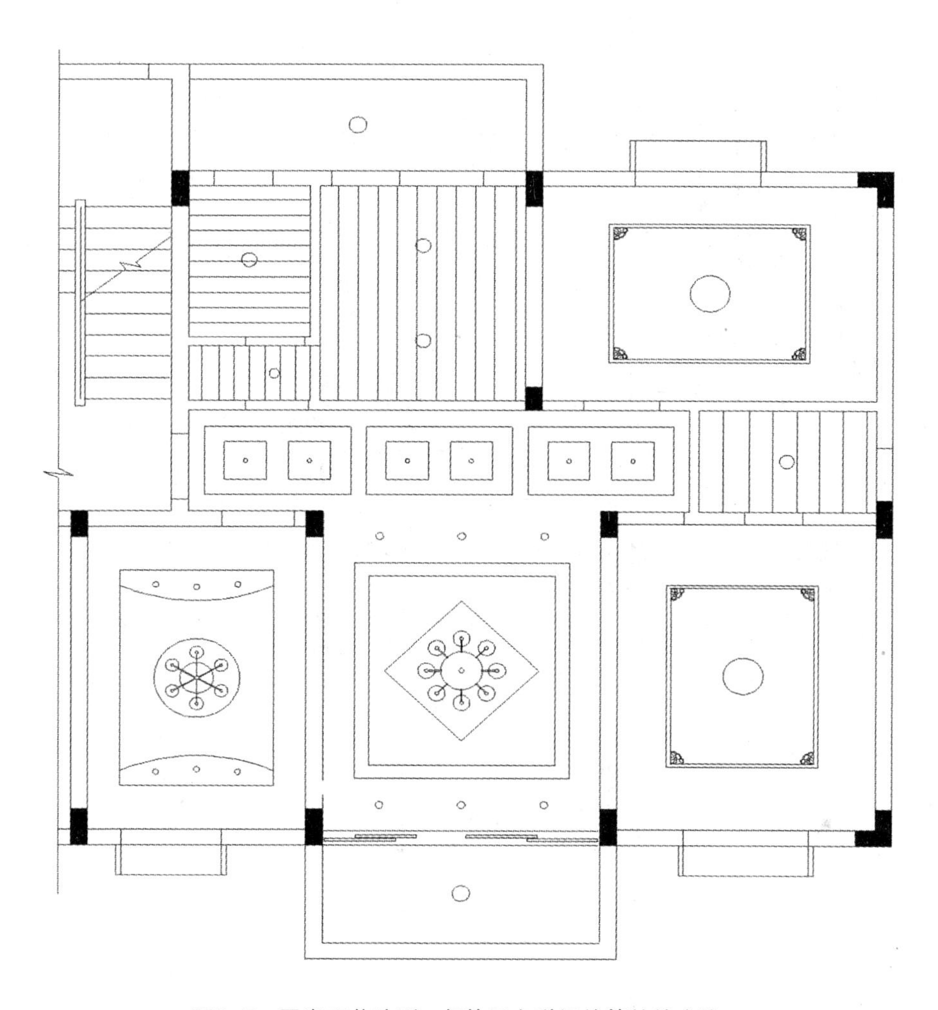

图9-7　画出天花造型、灯饰及各种设施等的轮廓线

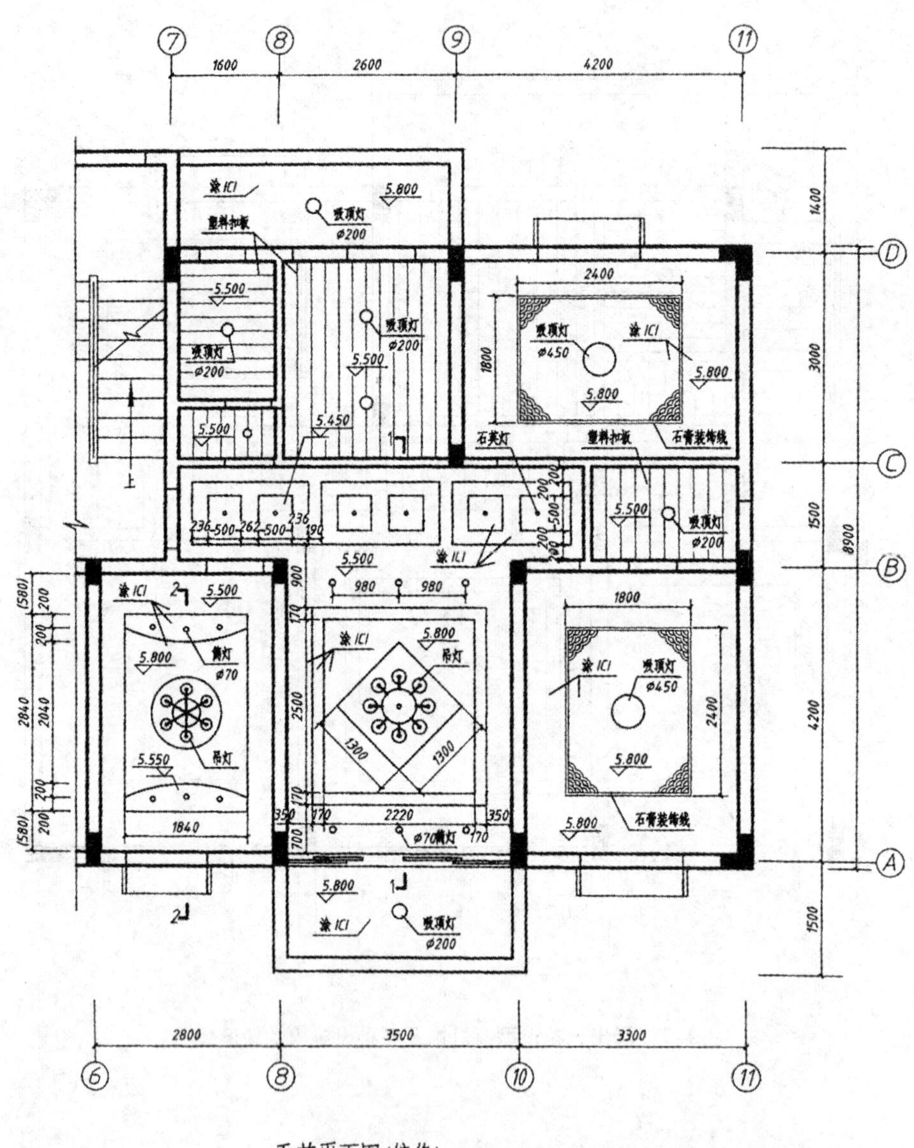

天花平面图(镜像) 1:50

注：1. 图中尺寸不详之处另见节点详图。

2. 图中的ICI乳胶漆均采用白色。

3. 图中的标高是相对于楼面的高度。

图9-8　天花（顶棚）平面图

第七节　墙柱装修图

一、墙柱装修图的用途及图示内容

1. 用途。

墙柱装修图主要表示建筑主体结构中竖直立面的装修做法。对于不同性质、不同功能、不同部位的墙柱，其装修的繁简程度差异较大。

2. 图示内容。

（1）室内立面轮廓线，天花有吊顶时可画出吊顶、叠级、灯槽等剖切轮廓线（粗实线表示），墙面与吊顶的收口形式，可见的灯具投影图形等。

（2）墙面装饰造型及陈设（如壁挂、工艺品等），门窗造型及分格，墙面灯具、暖气罩等装饰内容。

（3）装饰选材、立面的尺寸标高及做法说明。国外一般标注一至两道竖向及水平向尺寸，以及楼地面、天花等的装饰标高；国内一般应标注主要装饰造型的定形、定位尺寸。做法标注采用细实线引出。

（4）附墙的固定家具及造型（如影视墙、壁柜）。

（5）索引符号、说明文字、图名及比例等。

二、墙柱装修立面图的识读

1. 首先确定要读的室内立面图所在房间位置，按房间顺序识读室内立面图。

2. 在平面布置图中按照内视符号的指向，从中选择要读的室内立面图。

3. 在平面布置图中明确该墙面位置有哪些固定家具和室内陈设等，并注意其定形、定位尺寸，做到对所读墙（柱）面布置的家具、陈设等有一个基本了解。

4. 选定的室内立面图，了解所读立面的装饰形式及其变化。

5. 详细识读室内立面图，注意墙面装饰造型及装饰面的尺寸、范围、选材、颜色及相应做法。

6. 查看立面标高、其他细部尺寸、索引符号等。

三、墙柱装修立面图的画法

1. 选比例、定图幅，画出地面、楼板及墙面两端的定位轴线等（图9–9）。

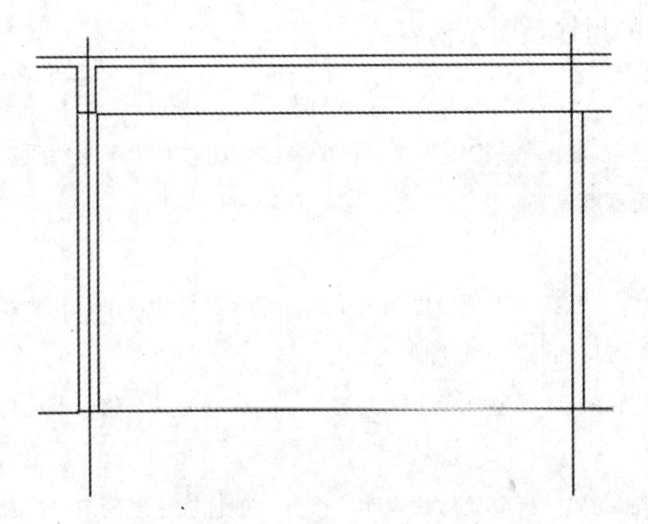

图9–9 地面、楼板及墙面两端定位轴线

2. 画出墙面的主要造型轮廓线（图9–10）。

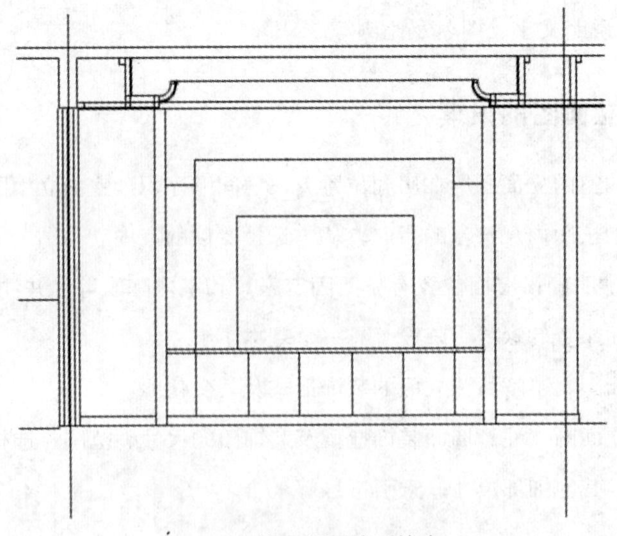

图9–10 墙面主要造型轮廓

3. 画出墙面次要轮廓线、尺寸标注、剖面符号、详图索引、文字说明。

4. 描粗整理图线标注详图索引符号、剖切符号、说明文字、图名比例。

（1）建筑主体结构的梁、板、墙用粗实线；

（2）墙面主要造型轮廓线用中实线；

（3）次要的轮廓线如装饰线、浮雕图案等用细实线表示。

5. 完成图示（图9-11）。

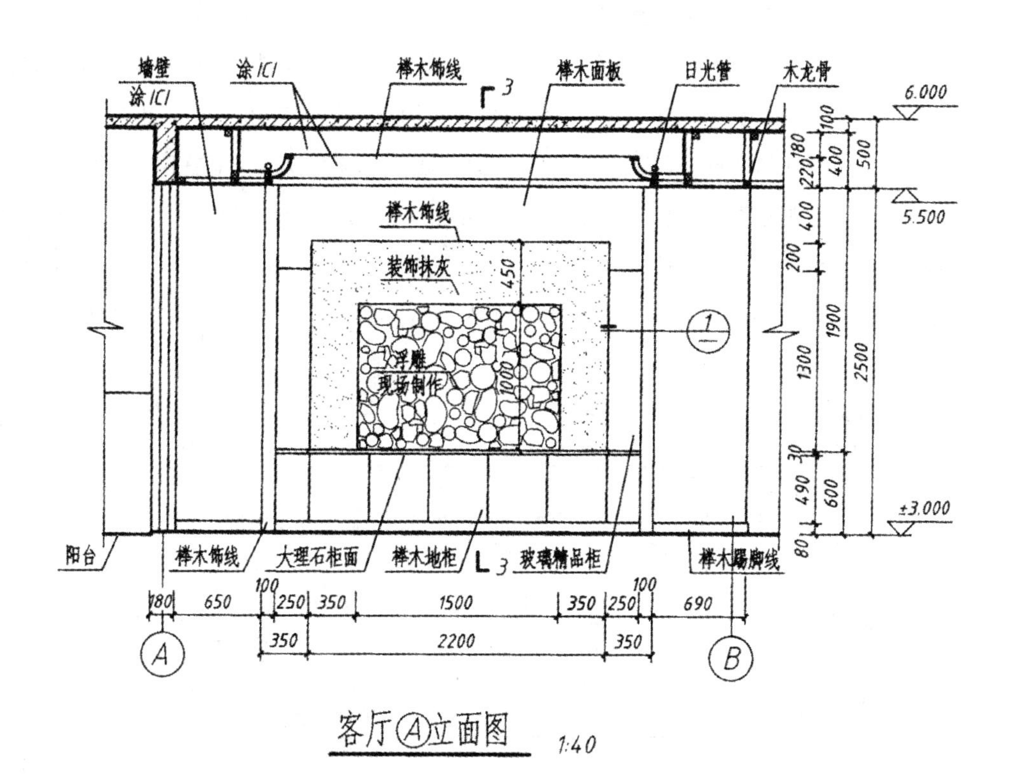

图9-11　客厅墙柱装修立面图

第八节 装修详图

装修详图亦称节点详图，指的是装修细部的局部放大图、剖面图、断面图等。由于在装修施工中常有一些复杂或细小的部位，在以上所介绍的平、立面图样中未能表达或未能详尽表达时，则需绘画节点详图来表示该部位的形状、结构、材料名称、规格尺寸、工艺要求等。虽然在一些设计手册（如标准图册或通用图册）中会有相应的节点详图可套用，但由于装修设计往往具有鲜明的个性，加上装修材料、工艺做法不断推陈出新，以及设计师经常有很多创意，能套用的标准节点详图往往不多，因此，节点详图是装修施工图中不可缺少的，而且是具有特殊意义的图样。

图9-12是图9-3的客厅*A*向墙面精品柜的节点详图，通常与墙面立面图画在同一张图纸上，以便对照阅读。图中详尽地表达了这些较为复杂部位的构造、材料、涂料、尺寸、工艺说明等，并画出这些部位的骨架（木龙骨）构造形式以及骨架与主体结构（墙、梁、板等）的联系节点详图。选用较大的比例作图，一般不宜小于1：30，对于特别复杂或细小的部位甚至采用1：1的比例。

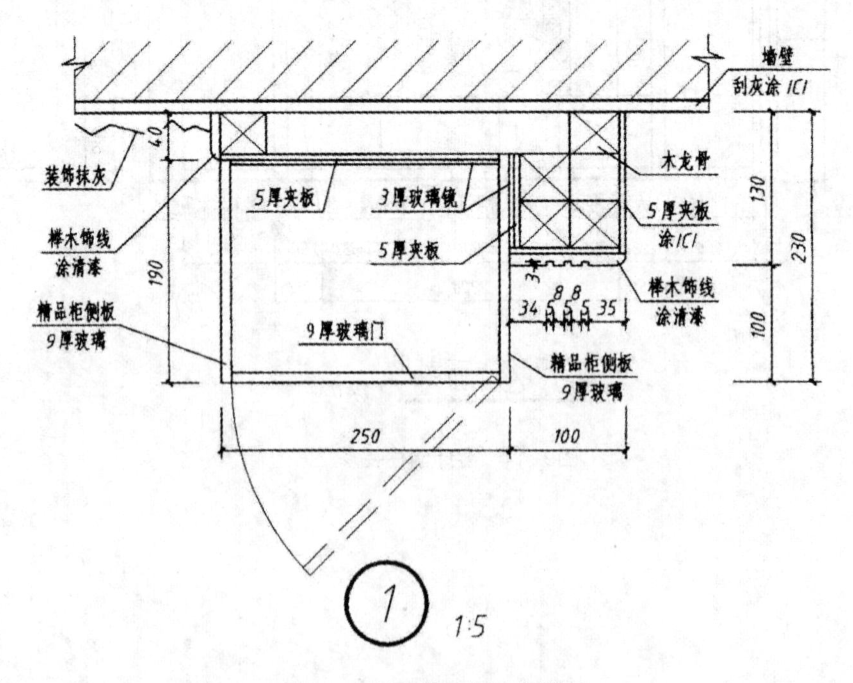

图9-12 墙面精品柜节点详图

现以图9–12 墙面精品柜的节点详图为例，介绍其画法步骤：

（1）选比例、定图幅，画出墙面及精品柜的外形轮廓线（图9–13）。

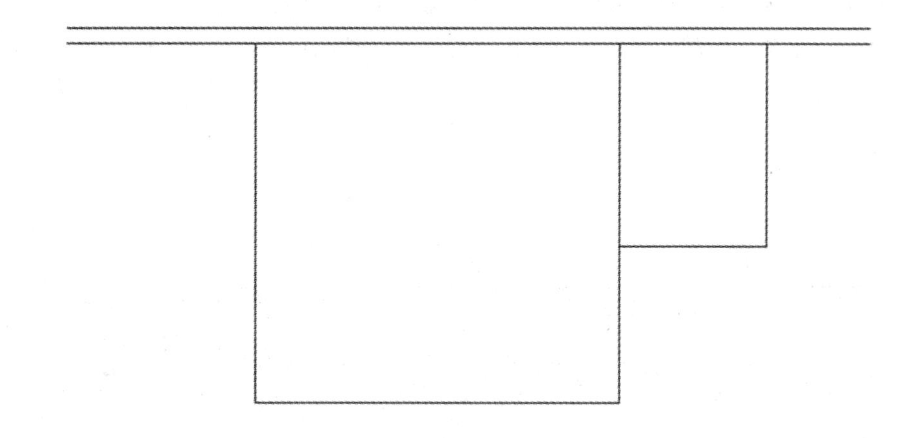

图9–13　墙面及精品柜外形轮廓线

（2）画出精品柜结构的主要轮廓线，如木龙骨、夹板、玻璃侧板、玻璃门、玻璃镜等（图9–14）。

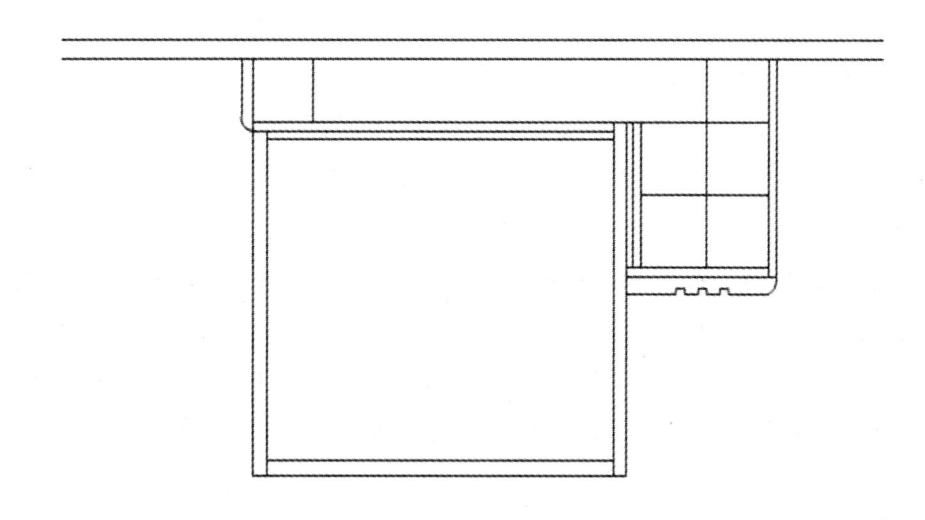

图9–14　画出精品柜结构主要轮廓线

（3）画出精品柜结构的次要轮廓线，标注尺寸、文字说明等。

（4）描粗整理图线，结果如图所示。其中建筑主体结构墙、梁、板等用粗实线表示；主要造型轮廓线如龙骨、夹板、玻璃等用中实线表示，次要轮廓线用细实线表示。

图9-15为该客厅吊顶天花剖面详图，其作图步骤可参考精品柜节点详图的画法过程，在此不再重复。

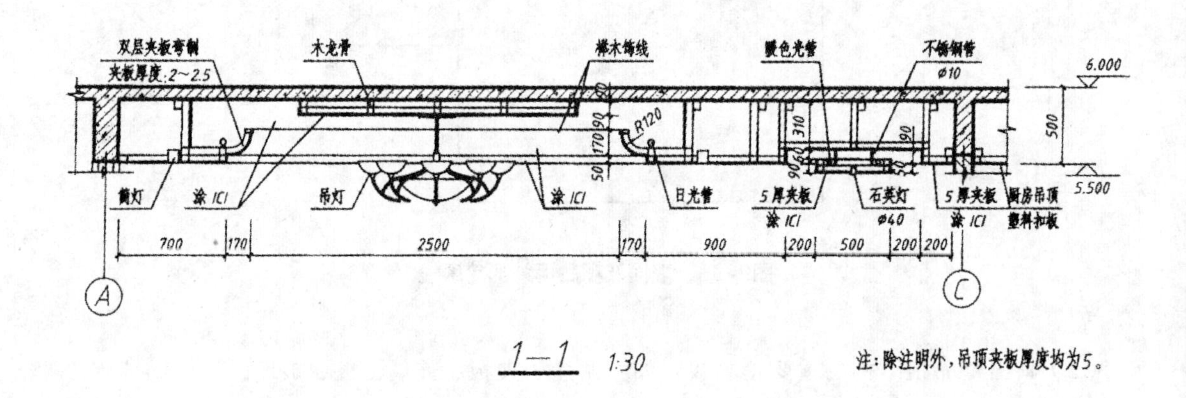

图 9-15　客厅吊顶天花剖面详图

虽然不同部位节点的做法不同，但都离不开以下的一些基本构造：

（1）底层：支撑该部位的造型骨架的受力层，通常是建筑主体结构的梁、板、柱、墙等。如图精品柜节点的墙，起到支撑精品柜骨架的作用；又如图客厅吊顶天花节点的楼板，起到承受悬吊天花荷载的作用。

（2）中间层：即骨架层，起构型和找平等作用。如精品柜的龙骨、吊顶天花中的龙骨，又如墙面在涂ICI乳胶漆之前的刮灰层等。

（3）面层：如面板、饰面涂料等，起装饰作用。如精品柜面层夹板、玻璃、玻璃镜、装饰木线，吊顶天花中的面层夹板、装饰木线、ICI乳胶漆、清漆等。

本章复习指引

1. 装饰工程施工图的图示原理是用正投影方法绘制的用于指导施工的图样，制图应遵守《房屋建筑室内装饰装修制图标准》（JGJ/T244—2011）的要求。

2. 装饰工程施工图一般由装饰设计说明、平面布置图、楼地面平面图、天花平面图、室内立面图、墙（柱）面装饰剖面图、装饰详图等图样组成。需了解这几种图是怎样产生的，各有哪些内容。

3. 识读和绘制各种装饰工程图样前，应熟悉装饰工程施工图的有关规定，如图样的比例、图例符号、字体、图线等。

复习思考题

1. 室内平面布置图主要表达什么内容?

2. 楼地面装修图主要表达什么内容?

参考文献

[1] 沈百禄. 建筑装饰装修工程制图与识图 [M] . 北京：机械工业出版社，2008.

[2] 行业标准. JGJ/T 244—2011，房屋建筑室内装饰装修制图标准 [S] . 北京：中国建筑工业出版社，2011.

[3] 高祥生.《房屋建筑室内装饰装修制图标准》实施指南 [M] . 北京：中国建筑工业出版社，2011.

[4] 国家标准. GB/T 50001—2010，房屋建筑制图统一标准.

[5] 国家标准. GB/T 50103—2010，总图制图标准.

[6] 国家标准. GB/T 50104—2010，建筑制图标准.

[7] 国家标准. GB/T 50105—2010，建筑结构制图标准.

[8] 国家标准. GB/T 50106—2010，建筑给水排水制图标准.

[9] 国家标准. GB/T 50114—2010，暖通空调制图标准.

[10] 国家标准. GB/T 14689—2008，技术制图-图纸幅面和格式.

[11] 国家标准. GB/T 17452—1998，技术制图-图样画法剖视图和断面图.

[12] 孙世青. 建筑装饰制图与阴影透视 [M] . 2版. 北京：科学出版社，2005.

[13] 何斌，陈锦昌，王枫红. 建筑制图 [M] . 6版. 北京：高等教育出版社，2010.

[14] 刘志麟. 建筑制图 [M] . 北京：机械工业出版社，2005.